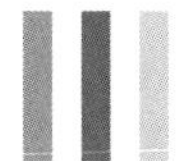

非计算机专业计算机公共课系列教材

C语言程序设计

主　编　高建华　张　华　关焕梅　陈　萍
副主编　刘　英　滕　冲　周雅洁　汤　洁

WUHAN UNIVERSITY PRESS
武汉大学出版社

图书在版编目(CIP)数据

C语言程序设计/高建华等主编．—武汉：武汉大学出版社，2015.1(2023.8重印)
非计算机专业计算机公共课系列教材
ISBN 978-7-307-15099-7

Ⅰ.C…　Ⅱ.高…　Ⅲ.C语言—程序设计—高等学校—教材　Ⅳ.TP312

中国版本图书馆CIP数据核字(2015)第021642号

责任编辑：林　莉　　责任校对：汪欣怡　　版式设计：马　佳

出版发行：**武汉大学出版社**　(430072　武昌　珞珈山)
(电子邮箱：cbs22@whu.edu.cn　网址：www.wdp.com.cn)
印刷：湖北恒泰印务有限公司
开本：787×1092　1/16　印张：22.75　字数：599千字　插页：1
版次：2015年1月第1版　　2023年8月第9次印刷
ISBN 978-7-307-15099-7　　定价：45.00元

前 言

C语言是一种使用方便、功能强大、移植性好、兼具高级语言和低级语言优点、能产生高效率目标代码的、优秀的结构化程序设计语言。C语言作为一种既适合于开发系统软件又适合于开发应用软件的语言，已经成为计算机程序设计语言的主流语种之一，得到广泛的认同。

二十多年来，除了计算机专业人员外，其他行业的广大计算机应用人员也喜欢使用C语言。全国计算机等级考试、全国计算机应用技术证书考试、全国计算机软件专业技术资格及水平考试等都将C语言纳入了考试范围。随着C语言在国内普及、推广、应用的需要，全国许多高校已不仅对计算机专业的学生，而且对广大非计算机专业的学生也相继开设了C语言程序设计课程。此外，成人教育、函授教育等同样广泛开设了C语言程序设计课程。

C语言与其他高级语言相比更复杂一些。这是由于它规则较多，涵盖的知识面更广，尤其是涉及一些机器及环境方面的实现细节，使用灵活，难点较多，容易出错，初学者不易掌握。

本书的对象主要为大学非计算机专业的本科生和专科生。其特点如下：

(1)本着不苛求读者具备太多计算机专门知识也能学好C语言的愿望，尽量做到叙述通俗易懂，一方面要有利于组织教学，另一方面又要有利于自学。

(2)学习的目的在于应用。通过学习，读者应该能做到自己动手编程来解决问题。本教材强调了算法在编程中的重要性，同时也希望通过学习，读者能养成良好的编程习惯和风格。

(3)知识的积累有一定的过程，循序渐进是必要的，帮助读者建立正确、清晰的概念是本书的主要任务。

(4)章节的安排尽量做到结构合理，难点和重点突出。

(5)围绕引例进行简明扼要的语法说明，通过完整的案例传递程序设计的思想。

(6)既要说明问题，又不能太过于拘泥于语法细节，让人产生畏难情绪。

本书共分为13章。

第1章介绍了C语言简介、基本结构和程序开发基本知识；第2章介绍了C语言的基本数据类型、运算符和表达式；第3章介绍了结构化程序设计和算法的概念、基本语句、顺序结构和基本的输入输出函数；第4章介绍了选择结构，包括关系运算和逻辑运算、if条件语句和switch语句；第5章介绍了循环结构，包括while语句、do-while语句、for语句、break语句、continue语句和goto语句；第6章介绍了数组，主要包括一、二维数组的定义、存储、元素的引用、初始化和输入输出；第7章介绍了C语言函数，包括函数的分类与定义、函数调用、变量的作用域与存储类别、较大型C语言程序的组织；第8章介绍了指针，包括指针与指针变量的概念、指向变量的指针变量、指针与数组、指针数组和指向指针的指针、指针与函数、指针与动态内存管理；第9章介绍了字符串，包括字符串的基本概念、用字符数组存储和处理字符串、指向字符串的指针变量、常用的字符串处理函数；第10章介绍了结构体、共用体和枚举类型，包括结构体类型的变量、结构体数组、结构体指针、结构体作为函数参数、用结构体和指针实现链表、共用体变量的定义和引用、枚举变量的定义和引用；第11章介绍了文件处理，包括文件与文件类型指针、文件的打开与关闭、文件的存取、文件的定位；第12章介绍了位运算和位段，包括位运算的概念、位运算符和位段的使用；第13章介绍了编译预处理，包括编译预处理的概念、宏定义、文件包含和条件编译。

本书第1、2章由高建华编写，第3章由陈萍编写，第4、5章由刘英编写，第6章由汤洁编写，第7章由张华编写，第8、9章由滕冲编写，第10章由关焕梅编写，第11章由周雅洁编写、第12章由张华编写，第13章由陈萍编写。在编写过程中，得到武汉大学本科生院、武汉大学计算机学院和武汉大学出版社领导的大力支持，汪同庆和王丽娜等许多老师给予帮助并提出了宝贵意见，在此表示衷心的感谢。

作为课堂教学的补充，与此书同时出版有《C语言程序设计实验与习题》作为配套教材使用。

由于计算机技术发展迅速以及编者水平所限，加之时间紧迫，对书中存在的错误和遗漏，恳请同行专家和广大读者批评指正。

编　者

2014年12月

目　录

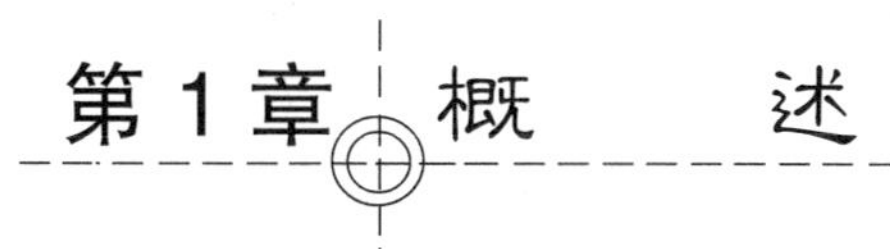

第1章 概 述

C 语言是一种通用的程序设计语言，深受广大科技人员和专业编程者的喜爱。随着计算机软硬件技术的发展，C 语言已经成为当前计算机程序设计语言的主流语种。

本章主要介绍计算机语言与程序设计的基本方法、C 语言的发展和特点、C 语言程序的基本结构与开发过程。本章重点是掌握 C 语言程序的基本结构与开发过程。

1.1 计算机程序与语言简介

1.1.1 计算机程序

为了利用计算机来处理问题，必须编写使计算机能够按照人的意愿工作的程序。

所谓程序，就是计算机解决问题所需要的一系列代码化指令、符号化指令或符号化语句。著名的计算机科学家沃思(Wirth)提出过一个著名的公式来表达程序的实质，即

程序=数据结构+算法

也就是说，“程序是在数据的某些特定的表示方式和结构的基础上，对抽象算法的具体描述”。但是，在实际编写计算机程序时，还要遵循程序设计方法，在运行程序时还要有软件环境的支持。因此，有学者将上述公式扩充为：

程序=数据结构+算法+程序设计方法+语言工具

即一个应用程序应该体现四个方面的成分：采用的描述和存储数据的数据结构，采用的解决问题的算法，采用的程序设计的方法和采用的语言工具和编程环境。

在学习利用计算机语言编写程序时要掌握三个基本概念。一是语言的语法规则，包括常量、变量、运算符、表达式、函数和语句的使用规则；二是语义规则，包括单词和符号的含义及其使用规则；三是语用规则，即善于利用语法规则和语义规则正确组织程序的技能，使程序结构精练、执行效率高。

此外，还要弄清“语言”和“程序”的关系。语言是构成程序的指令集合及其规则，程序是用语言为实现某一算法组成的指令序列。学习计算机语言是为了掌握编程工具，它本身不是目的；当然，脱离具体语言去学习编程是十分困难的，因此两者有密切的联系。

1.1.2 计算机语言及其处理程序

计算机系统由硬件系统和软件系统两大部分组成的，硬件系统是系统运行的物质基础，软件是管理、维护计算机系统和完成各项应用任务的程序。程序是由计算机语言编写而成的。计算机语言的发展经历了机器语言、汇编语言和高级语言的发展历程。

1. 机器语言

机器语言是以二进制代码表示的指令集合。用机器语言编写的程序称为机器语言程序，

可以交付计算机直接执行。机器语言程序的优点是占用内存少、执行速度快，缺点是用二进制代码形式表示不易阅读和记忆，而且是面向机器的，通用性差。用机器语言来编写程序是一项非常繁琐、乏味和费力的工作。因为即使是一件非常简单的事，例如两个数相加，也必须被分解成若干个步骤：

(1)把地址为2000的内存单元中的数复制到寄存器1；

(2)把地址为2004的内存单元中的数复制到寄存器2；

(3)把寄存器2中的数与寄存器1中的数相加，结果保留在寄存器1中；

(4)把寄存器1中的数复制到地址为2008的内存单元中。

更令人头痛的是必须以指令的数字形式来书写程序。可想而知，一旦程序中间有错误(常常发生)，在一堆数字中查找出错点犹如大海捞针。

2. 汇编语言和汇编程序

汇编语言用助记符来代替机器指令，是一种面向机器的符号化语言。用汇编语言编写的程序称为汇编语言程序。由于其指令是用助记符表示的，所以比机器语言易于理解和记忆。程序员不再写数字形式的指令代码，而是写指令的符号代码，并且可以为每个数据的存储位置定义一个名字。如下面是用汇编语言来表示两个数相加所要执行的动作：

(1)ldreg n1，r1　　把变量n1的值复制到寄存器1(r1)；

(2)ldreg n2，r2　　把变量n2的值复制到寄存器2(r2)；

(3)add r1，r2　　把r2中的数与r1中的数相加，结果保留在r1中；

(4)store r1，sum　　把r1中的数复制到变量sum。

其中，每一个变量对应一个内存单元，变量的值就是该内存单元中保存的数。

尽管汇编语言程序读起来清楚一些，但计算机却无法理解它，需要将它翻译成机器语言。汇编程序就是用来完成这项任务的语言处理程序。在把汇编语言程序翻译成机器语言程序时，汇编程序将为变量分配内存单元。我们把汇编语言程序用汇编程序翻译成机器语言程序的过程称为汇编。如图1-1所示。

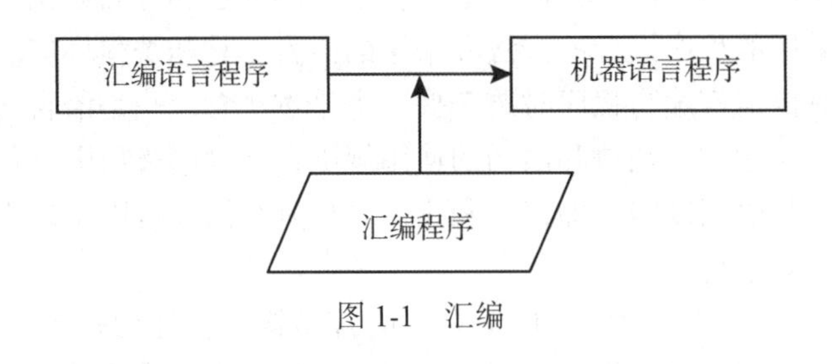

图1-1　汇编

3. 高级语言和编译程序

使用汇编语言编写程序时仍然需要很多指令才能够实现最简单的任务。为了加速编程的过程，人们开发了高级语言，在高级语言中，单个语句就能够实现基本任务。下面是用C语言来表示两个数相加的一条语句：

sum=n1+n2;

可以看出，它包含常用的数学符号和数学表达式。

很明显，用高级语言编写的程序更容易被人们理解和接受，同时也将从多方面提高编程的效率。首先，不必去考虑CPU的指令集，其次，不必考虑CPU实现特定任务所需采取的

精确步骤，而是采用更接近人类思考问题的方式去书写语句、表达意图。

用高级语言编写的程序通用性强、可靠性高、简洁易读、便于维护，给程序设计从形式到内容上都带来了重大的改变。

与汇编语言程序类似，高级语言程序需要被编译程序(或编译器)翻译成机器语言，才能被计算机所理解。编译程序就是用来完成这项任务的语言处理程序。使用编译器将高级语言程序翻译成机器语言程序的过程称为编译。如图 1-2 所示。

一般来说，每种计算机在设计上都有其自身特有的机器语言。为英特尔的奔腾 CPU 编写的机器语言或汇编语言程序对苹果的麦金塔 CPU 来说是不能理解的。但可以选择正确的编译器将同一个高级语言程序转换为各种不同的机器语言程序。也就是说，程序员解决一个编程问题只需一次，然后可以让编译器将该解决方案解释为各种机器语言，即可以在各种机器上运行同一个高级语言程序。

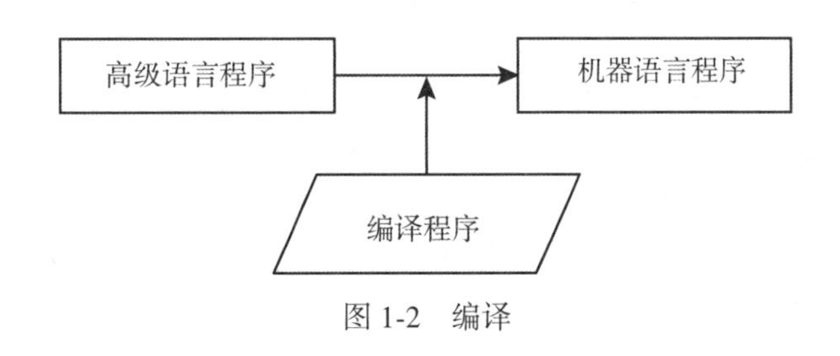

图 1-2 编译

1.1.3 程序开发的一般步骤

开发一个应用程序的过程，随问题的复杂程度不同会有所不同。对于一个大型复杂的问题来说，应当采用软件工程的方法，运用工程学和规范化设计方法进行软件的开发工作。对于简单的问题，如果是一般的数值计算问题，可能会有现成的算法可供参考；如果是一个非数值计算问题，一般没有现成的算法可供利用，需要根据具体的问题由程序员自己设计出算法。然而，无论是一个大型复杂的问题或是一个简单的问题，在程序开发过程中通常都要经过以下几个步骤：

1. 需求分析

开发任何一个应用程序首先都要作需求分析，即先要对解决的问题进行“剖析”。需求分析阶段主要分析两方面问题：一是明确要解决的问题是什么，解决问题的目的和要达到的目标是什么，解决的主要问题中还涉及哪些子问题，以及主要问题和子问题之间的关系。二是要弄清楚解决的问题中要用到哪些数据，包括原始数据、中间数据和最终结果数据，以及数据的来源和特征。因为，数据的来源、可靠性和特征会直接影响到最终解决问题的结果。其次还要考虑各种客观环境对解决问题的影响等。

2. 程序设计

程序设计是根据需求分析阶段明确的问题和所要达到的目标，确定解决问题的方法和步骤。这一阶段的关键是在对解决的问题进行系统分析的基础上，建立数学模型和确定相应的求解方法，包括程序的总体设计和程序的详细设计。

程序总体设计的主要任务是将所解决的问题进行分割、离散和细化，确定应用程序的结构，建立相对独立的程序模块。

程序详细设计是根据总体设计划分的模块，分别设计出每个模块相应的数据类型和算法，画出流程图或用伪代码等表示。

程序的关键是算法，算法是对计算机解题过程的抽象，是程序的灵魂。在学习程序设计语言时，要注意积累和留心一些基本的算法表达形式，如迭代和数值计算等，非数值计算问题的算法则比较复杂，需要花费精力加以归纳和总结。

另外，从1946年第一台电子计算机ENIAC问世到今天的IBM Deep Blue(深蓝)，计算机技术得到突飞猛进的发展，程序设计的方法也随之不断进步。20世纪80年代以前，程序设计方法主要采用面向过程的程序设计方法。进入80年代之后，随着计算机应用领域的扩大和开发大型信息系统的需要，面向对象的程序设计应运而生。面向过程的程序设计强调应用程序的过程和结构性，面向对象的程序设计更加强调应用程序的运行机制。然而，面向对象的程序设计方法是建立在面向过程的程序设计方法基础上的，这两种程序设计方法仍然是程序设计的主要方法。本书主要介绍面向过程的结构化程序设计方法。

3. 编写程序代码

根据算法表示的每一个步骤，用计算机语言(例如C语言)编写源程序。这一步的关键在于要能熟练运用计算机高级语言中的典型算法，按照题意和编程语言的语法、语义、语句和程序组成规则，尽快整理出编程思路，尽量保证程序的清晰、简洁、完整和可读性。

开发人员可以先草拟代码，再将代码输入计算机。输入代码所采用的机制则取决于具体的编程环境。一般来说，需要使用文本编辑器来创建一个后缀名为“.c”的C语言源代码文件，即C语言源文件。

4. 编译源文件

用计算机高级语言(例如C语言)编写的程序，计算机是不能直接执行的，需要经过编译转换成机器语言表示的程序，即可执行程序。编译源文件一般分两步完成：编译和链接。

编译是将源代码转换成目标代码的过程。因为源文件是用高级语言编写的，计算机不能直接执行，必须翻译成计算机可以识别的二进制代码形式机器指令并存入目标文件中；链接是将目标代码与其他代码结合起来生成可执行代码并存入可执行文件中。这种把编译和链接分开来做的方法便于程序的模块化，即可以分别编译程序的各个模块，然后用链接器把编译过的模块结合起来。这样，如果需要改变一个模块，就不需要重新编译所有其他模块了。

5. 运行、测试和调试程序

即运行可执行文件，观察运行的结果。在不同的系统中运行程序的方式可能不同，例如在Windows和Linux的控制台中，要运行某个程序，只需输入相应的可执行文件名称即可。而在Windows的资源管理器中，可以通过双击可执行文件的图标来运行程序。

运行可执行文件是应用程序开发过程中的最后一步，但要想一次性得到程序的正确结果往往是困难的，还需要对程序进行若干次的调试。比较好的做法是尽早地为验证程序的正确性设计一个测试计划，这有助于理清程序员的思路。对程序中可能存在各种错误要进行调试，调试是发现程序中的错误并修正错误的过程。

1.2　C语言简介

1.2.1　C语言的起源

随着计算机技术在社会各个领域中的广泛应用，作为计算机软件基础的程序设计语言也得到了迅速的发展和不断充实。C 语言是继 FORTRAN 语言、COBOL 语言、BASIC 语言和 PASCAL 语言之后，又一极具生命力的程序设计语言。C 语言既适用于开发系统软件(如操作系统、编译程序、汇编程序、数据库管理系统等)，也适用于开发应用软件(如数值计算、文字处理、控制系统、游戏程序等)，深受广大用户青睐且广泛流行。目前 C 语言已成为计算机程序设计语言中的主流语种。

C 语言是在 B 语言基础上发展起来的，与 PASCAL 语言一并同属于 ALGOL(algorithmic language)语言族系。

1960 年 ALGOL60 问世，这是一种适用于科学与工程计算的高级语言，有很强的逻辑处理功能。但这种语言不能操作硬件，不适合编写计算机系统程序。虽然汇编语言能够充分体现计算机硬件指令级特性，形成的代码也有较高的质量，但它的可读性、可移植性以及描述问题的性能都远不及高级语言。能否开创一种既有汇编语言特性，又有高级语言功能的计算机语言呢？C 语言就是在此背景下诞生的。

1963 年英国剑桥大学推出了 CPL(combined programming language)语言，这种语言虽然可以操作硬件，但系统规模较大，难以实现。1967 年英国剑桥大学的 Matin Richards 对 CPL 语言进行了优化，推出了 BCPL(basic combined programming language)语言。BCPL 语言只是 CPL 语言的改良版，使用起来仍有很大的局限性。1970 年美国 Bell 实验室的 K. Thompson 在 BCPL 语言基础上，对 BCPL 语言进行了进一步的简化，设计出了很接近硬件的 B 语言，并用 B 语言编写了第一个 UNIX 操作系统。“B 语言”的意思是将 CPL 语言煮干，提炼出它的精华。1973 年，B 语言也被人“煮”了一下，美国 Bell 实验室的 D. M. Ritchie 在 B 语言的基础上最终设计出了一种新的语言，他使用了 BCPL 的第二个字母作为这种语言的名字，这就是 C 语言。

C 语言最初用于 PDP－11 计算机上的 UNIX 操作系统。1973 年 D. M. Ritchie 和 K. Thompson 合作将 UNIX 操作系统用 C 语言改写了一遍(即 UNIX 第 5 版)，把 UNIX 推进到一个新阶段。以后的 UNIX 第 6 版、第 7 版，以及 System Ⅲ 和 System Ⅴ 都是在 UNIX 第 5 版的基础上发展起来的。

1.2.2 C 语言的标准

随着 UNIX 操作系统日益广泛的使用，C 语言也得到了迅速的发展。1977 年，出现了不依赖于具体机器的 C 语言编译文本。继而也出现了各种不同版本的 C 语言。不同版本实现之间微妙的差别令程序员头痛。为解决这种问题，美国国家标准化组织(ANSI)于 1983 年成立了一个委员会(X3J11)，以确定 C 语言的标准。该标准(ANSIC)于 1989 年正式采用。国际标准化组织(ISO)于 1990 年采用了一个 C 标准(ISO C)。ISO C 和 ANSI C 实质上是同一个标准，通常被称为 C89 或 C90。现代的 C 语言编译器绝大多数都遵守该标准。

最新的标准是 C11 标准。制定该标准的意图不是为语言添加新特性，而是为了满足新的目标(例如支持国际化编程)，所以该标准依然保持了 C 语言的本质特性：简短、清楚和高效。目前，大多数 C 语言编译器没有完全实现 C99 的所有修改。本书将遵循 C89 标准，并不涉及 C99 的修改。

由于 C 语言功能强大而灵活，世界各地的程序员都使用它来编写各种程序，适用于不同操作系统和不同机型的 C 语言编译环境也相继出现。常用的编译环境有 MicrosoftVisualC++、Borland C++、Microsoft C、Turbo C、Borland C、Quick C 和 AT&T C

等。这些系统环境的语言功能基本一致，大多遵循 ANSI C 的标准，但在某些方面仍存在一些差异，如在程序运行方式、库函数的功能、种类和调用等方面。本书采用 Visual C++2010 Express(简称 VC2010)作为 C 语言程序设计的编译环境。

1.2.3 C 语言的主要特点

计算机语言语种很多，每种语言各有其特色，但随着计算机软件行业的发展，有很多计算机语言已逐渐退出了应用。C 语言从诞生至今 30 多年，之所以能迅速发展、广泛流行且深受广大用户青睐，完全依赖于它独特的优势和优良的特征，概括起来主要有以下特点：

1. C 语言是一种结构化程序设计语言

C 语言提供了结构化程序所必需的基本控制语句，如条件判断语句和循环语句等，实现了对逻辑流的有效控制。C 语言的源程序由函数组成，每个函数各自独立，把函数作为模块化设计的基本单位。C 语言的源文件可以分割成多个源程序，进行单独编译后可链接生成可执行文件，为开发大型软件提供了极大的方便。C 语言提供了多种存储属性，通过对数据的存储域控制提高了程序的可靠性。

2. 具有丰富的数据类型

C 语言除提供整型、实型、字符型等基本数据类型外，还提供了用基本数据类型构造出的各种复杂的数据结构，如数组、结构、联合等。C 语言还提供了与地址密切相关的指针类型。此外，用户还可以根据需要自定义数据类型。

3. 具有丰富的运算符

C 语言提供了多达 44 种运算符，运算能力十分丰富，它把括号、逗号、问号、赋值等都作为运算符来处理。多种数据类型与丰富的运算符相结合，能使表达式更具灵活性，可以实现其他高级语言难以实现的功能，同时也提高了执行效率。

4. C 语言结构紧凑，使用方便、灵活

C 语言只有 32 个保留字(关键字)，9 种控制语句，大量的标准库函数可供直接调用；C 语言程序书写形式自由，语法限制不太严格，程序设计自由度大，有些表达式可以用简洁式书写，源程序简练，提高了程序设计的效率和质量。

5. C 语言具有自我扩充能力

C 语言程序是各种函数的集合，这些函数由 C 语言的函数库支持，并可以再次被用在其他程序中。用户可以不断地将自己开发的函数添加到 C 语言函数库中去。由于有了大量的函数，C 语言编程也就变得简单了。

6. C 语言具有低级语言的功能

C 语言既具有高级语言面向用户、可读性强、容易编程和维护等特点，又具有汇编语言面向硬件和系统的许多功能，提供了对位、字节和地址等直接访问硬件的操作，生成的目标代码一般只比汇编语言生成的目标代码效率低 10%~20%。所以也可以这样说：C 语言是高级语言中的低级语言。

7. C 程序可移植性好

C 语言具有执行效率高、程序可移植好的特点。这意味着为一种计算机系统(如一般的 PC 机)编写的 C 语言程序，可以在不同的系统(如 HP 的小型机)中运行，而只需作少量的修改或不加修改。这种可移植性也体现在不同的操作系统之间，如 DOS、Windows、Unix 和 Linux。

由于C语言具有以上诸多特点，因此C语言发展迅速、生命力强，特别是在微型计算机系统的软件开发和各种软件工具的研制中，使用C语言的趋势日益俱增，呈现出可能取代汇编语言的发展趋势。

1.3 C语言程序的基本结构

这里给出三个简单的C语言例程，通过分析它们的组成部分和执行过程，来说明C语言程序的基本结构，使我们对程序有初步的认识和了解，详细内容将在后面的章节介绍。

1.3.1 几个简单的C语言程序

1. Hello world 程序

【程序1-1】在屏幕显示 Hello world!。

下面是程序的源代码(ch01_1.c)：

```
#include<stdio.h>
int main(void)
{
    printf("Hello world!\n");/*屏幕显示*/
    return 0;
}
```

执行该程序得到下面的运行结果：

```
Hello world!
```

程序说明：

(1)在C语言中，函数是程序的基本组成单位。以上C语言程序仅由一个主函数，即main函数构成。C语言程序中的函数由函数说明部分和函数体两部分组成，一般形式为：

```
函数类型　函数名(参数表)
{
  说明语句
  功能语句
}
```

int main(void)为函数说明部分，函数体由大括弧{}括起来。函数说明部分中：main是函数的名称；圆括号()内为函数的参数列表，void表示本程序的主函数main()没有定义参数；int表示函数类型为整型，即函数结束时可以返回一个整型数据。

(2)函数结束时，可以将函数处理的结果返回给调用者，这种数据传送称为函数的返回值。函数的返回值通常采用在函数体中用return语句显式给出。return语句的一般形式为：

return　[(]表达式[)];

主函数通过return 0这条语句，返回0这个整数给调用者，意图是告诉系统：“我正常地结束了”。当然在今后更复杂的程序编写中，可以通过返回预设的非0错误代码，告诉调用者程序发生了什么错误。

(3)在函数体内只有一行语句，是一个函数调用语句，调用系统标准输出函数printf( )输出，输出的字符串要用双引号引起来，其中“\ n”代表换行。系统的标准输出设备为显示器。C语言中，一般情况下，语句结束时要加分号“;”作为结束符号。

(4)程序的第1行“#include<stdio. h>”是一条编译预处理命令，用“#include”将头文件“stdio. h”包含在源程序中。在使用标准输入输出库函数时，应在程序前加上该预编译命令。

(5)程序中的“/ * 屏幕显示 * /”为程序注释。程序中加注释主要为了阅读程序方便，在程序编译和运行时不起作用。其中“/ * ”表示注释开始，“ * /”表示注释结束，这种是可以跨行的注释。

2. 计算1到100的累加和

【程序1-2】求1+2+3+…+100的累加和。

下面是程序的源代码(ch01_ 2. c)：

```
#include<stdio.h>
int main(void)
{
    int i,sum=0;   //定义变量
    for(i=1;i<=100;i++)
        sum=sum+i;
    printf("sum=%d\n",sum);
    return 0;
}
```

执行该程序得到下面的运行结果：

```
sum=5050
```

程序说明：

(1)在函数体内的第1行是变量说明语句，说明变量i和变量sum为基本整型(int)的变量，同时为变量sum赋予初值0。

(2)“//定义变量”为单行注释。从“//”后开始注释内容，到本行行尾结束。Visual C++ 2010 Express支持单行注释。

(3)for是循环的关键字，用变量i作为循环的计算器，循环执行求和语句，求得1+2+3+…+100的累加和，并将其结果赋给变量sum。

(4)第4行是一个函数调用语句，调用系统标准输出函数printf( )输出变量sum的值，“%d”表示输出按十进制整数形式输出变量sum。

3. 求三个数中的最大数

【程序1-3】输入三个整数，输出其中的最大数。

下面是程序的源代码(ch01_ 3. c)：

```
#include<stdio.h>
int max(int a,int b,int c)      /*定义 max 函数*/
{
    int big;
    big=a;
    if(b>big)big=b;
    if(c>big)big=c;
    return big;
}
int main(void)      /*定义 main 函数  */
{
    int x,y,z,s;
    printf("input three integral numbers:\n");
    scanf("%d,%d,%d",&x,&y,&z);
    s=max(x,y,z);
    printf("maxnum=%d\n",s);
    return 0;
}
```

执行该程序得到下面的运行结果：

```
input three integral numbers:
23,45,13
maxnum=45
```

程序说明：

(1)以上 C 语言程序是由两个函数组成的：一个主函数(main 函数)和一个被调用函数(max 函数)。

(2)在主函数的函数体内第 1 行是变量说明语句，说明变量 x，y，z，s 为基本整型(int)变量；第 2 行是调用系统标准输出函数 printf()在显示器屏幕上输出一个字符串“input three integral numbers:”，以提示用户从键盘上输入三个整数；第 3 行是函数调用语句，调用系统函数库中的标准输入函数 scanf()，该函数的功能是从键盘输入数据赋给指定的变量。这里要输入三个整数分别赋给变量 x、y 和 z；第 4 行是一个赋值语句，执行该语句时要调用 max 函数，待其值求得后赋给变量 s。因此，此时将调用 max 函数，程序执行的控制流程也将转入执行 max 函数。在转入执行 max 函数的过程中，函数调用处将变量 x、y、z 的值分别传送给 max 函数的三个参数 a、b 和 c。

(3)max 函数是用户自定义函数，其功能是求出三个整数的最大值。在 max 函数体中，将其求得的最大值赋给变量 big，由 return 语句确定变量 big 的值为函数返回值。然后，通过函数名 max 将函数返回值带回到 main 函数的调用处，同时程序控制执行流程也返回到 main

函数的调用处，并将 max 函数值赋给变量 s；main 函数的第 5 行调用系统标准输出函数 printf( )，在系统默认的输出设备上输出变量 s 的值。至此程序运行结束。

(4)一般情况下，C 语言程序的执行从主函数的起始处开始，至主函数的末尾处结束。

1.3.2 C 语言程序的基本结构

从上面列举的三个例程，可归纳出 C 语言程序的基本结构。

(1)程序中可以有预处理命令(如：include 命令等)。预处理命令通常位于程序的最前面位置。

(2)一般每条语句必须以分号结尾，分号是语句的终止符。但是，预处理命令、函数头和函数体尾部的花括号“}”之后不能加分号。

(3)程序中一行可以写一个语句，也可以写多个语句。当一个语句一行写不下时，可以分成多行写。

(4)标识符和关键字(保留字)之间至少加一个空格符以示间隔。

(5)为了增强程序的可读性，可以在程序中的适当位置增加注释。注释的形式为：跨行注释，即括在/ * …… * /其间的部分为注释内容；Visual C++2010 Express 中还支持单行注释，从双斜杠“//”后开始到本行结束的内容为注释内容。

(6)程序中区分大小写字母。一般变量、语句等用小写字母书写，符号常量、宏名等用大写字母书写。

(7)为便于程序的阅读，编写程序时最好采用“缩进”方式。属于较内层的语句从行首缩进若干列，并与属于同一结构的语句对齐。

(8)函数是 C 语言程序的基本单位，在程序中出现的操作对象(如变量、数组、函数等)都必须在使用前进行说明或定义。

(9)一个 C 语言程序可以由一个函数组成，也可以若干个函数组成，这些函数可以是系统函数，也可以是用户自定义函数。

(10)一个 C 语言程序不论由多少个函数组成，都有且仅有一个主函数(main 函数)，它是程序开始执行的入口，也是程序结束运行的出口。

(11)程序中各函数的位置可以置换。当一个 C 程序由多个函数组成时，这些函数既可以放在一个文件中，也可以放在多个文件中。

(12)C 语言程序中的函数由函数说明部分和函数体两部分组成。

每个 C 语言程序根据实现功能和算法的不同，其构成规模也有所不同。对于大的应用，需用多个文件、多个函数组成；对于复杂的应用，需要采用复杂的数据结构。但无论其功能和算法如何，都必须符合 C 语言程序结构的组成规则。

1.3.3 C 语言的字符集、关键字和标识符

1. 字符集

字符是组成语言单词的基本成分，C 语言程序代码是由来自 C 语言字符集中的字符组成的。C 语言字符集包括字母、数字、空白符和某些特殊字符，其中：

(1)字母

26 个英文小写字母(a，b，…，z)和 26 个英文大写字母(A，B，…，Z)。

(2)数字

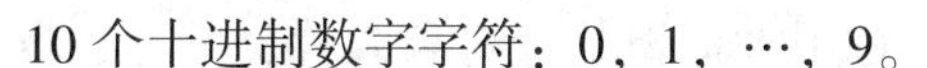
10个十进制数字字符：0，1，…，9。

(3)空白符

空白符包括空格符、制表符、回车换行符等。一般情况下，空白符在程序中只起分隔单词的作用，编译程序对它们忽略不计。在程序中的适当位置增加空白符会增强程序的可读性。

为了表述的方便，本书中在需强调的地方用“↙”代表回车换行符，用“␣”代表空格符。

(4)特殊字符

特殊字符包括：+、-、*、/、%、=、(、)、<、>、[、]、{、}、!、&、|、,、?、~、#、_、'、"、;、:、.、\。

在编写C语言程序时，只能使用C语言字符集中的字符，且区分大小写字母。如果使用其他字符，C语言编译系统不予识别，均视为非法字符而报错。

2. 关键字

关键字也称保留字，是C语言中预定的具有特定含义的单词。由于这些字保留着C语言固有的含义，因此不能另作他用。

C语言中共有32个保留字，分为以下几类：

(1)类型说明保留字

即用于说明变量、函数或其他数据结构类型的保留字。它们是：

int、long、short、float、double、char、unsigned、signed、const、void、volatile、enum、struct、union

(2)语句定义保留字

即用于表示一个语句功能的保留字。它们是：

if、else、goto、switch、case、do、while、for、continue、break、return、default、typedef

(3)存储类说明保留字

即用于说明变量或其他数据结构存储类型的保留字。它们是：

auto、register、extern、static

(4)长度运算符：sizeof

即用于以字节为单位计算类型存储大小的保留字。

注意：C语言保留字均使用小写字母。

3. 标识符

标识符是用户定义各种对象的名称。如用户定义的变量名、函数名、数组名、文件名、标号等都称为标识符。

C语言标识符的命名规则如下：

(1)标识符由字母(A~Z，a~z)、数字(0~9)和下划线(_)组成。

(2)标识符的第一个字符必须是字母或下划线，后续字符可以是字母、数字或下划线。

(3)标识符的长度因不同的编译系统会有所不同。在Visual C++2010 Express中，虽然允许标识符的有效长度在一百个字符以上，但太长的标识符不便于使用。

(4)标识符不能和C语言的关键字相同，也不能和已定义的函数名或系统标准库函数名同名。

(5)标识符区分大小写字母。例如a和A是两个不同的标识符。

(6)以下划线开头的标识符一般用在系统内部，作为内部函数和变量名。

(7)虽然可以随意命名标识符，但由于标识符是用来标识某个对象名称的符号，因此，命名应尽量有相应的意义，以便“见名知意”便于阅读理解。

下面列举的是几个正确和不正确的标识符名称：

正确的标识符	不正确的标识符
C	5_x(以数字开头)
x1	x+y(出现非法字符+)
sum_5	*Z3(以*号开头)
count_z3	$ x_8(出现非法字符 $)
test123	sum#(出现非法字符#)

1.4　C 语言程序的编程环境

在 1.1.3 节中我们介绍了程序开发的一般过程，其中需求分析和程序设计属于应用程序开发的分析设计阶段，编写程序代码、编译源文件、运行、测试和调试程序属于应用程序开发的实施阶段，要在计算机程序开发环境下进行。由于 C 语言是可移植的，它在许多环境中都是可用的，如 UNIX、Linux、Windows 和 MS-DOS。下面简要介绍这些 C 语言编程环境中所共有的方面。

C 语言编程环境包括一系列程序，这些程序允许程序员输入代码创建程序、编译程序、链接程序、执行和调试程序。图 1-3 说明了在编程环境中创建程序的过程。

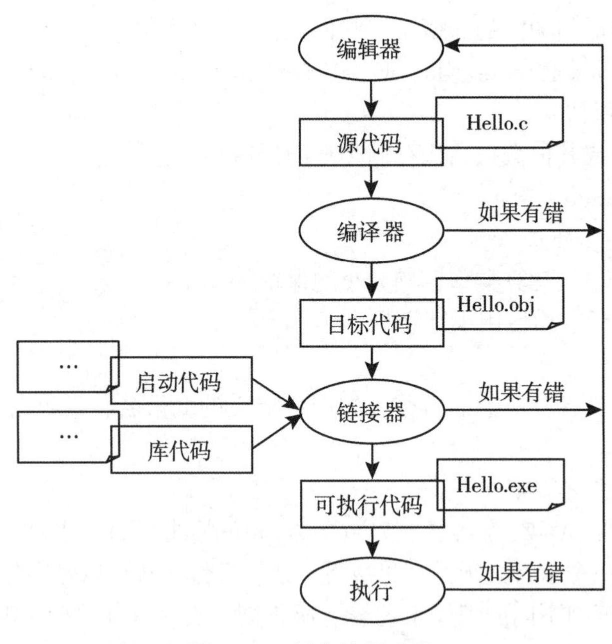

图 1-3　C 语言编程过程

本书采用 Visual C++2010 Express 作为 C 语言程序设计的编程工具。Visual C++2010 Express 是微软公司开发的基于 Windows 平台的 C 和 C++语言可视化集成开发环境，可在其中进行编辑、编译、链接、运行和调试等操作。有关 Visual C++2010 Express 的基本操作请

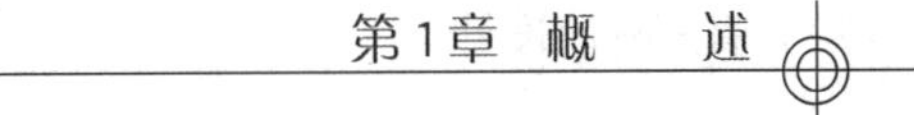

参阅本书配套教材《C语言程序设计实验与习题》。

1. 编辑器

用C语言编写程序时，需要使用一个文本编辑程序输入源代码，并将代码保存在源文件中。一般C语言程序的源文件名称的扩展名是.c，例如welcometoyou.c和hello.c。该名称应该遵循特定的操作系统的命名规则；例如：ab?2.c是非法的Windows文件名，因为不能含有?、*、\、/和：等字符。

2. 编译器

正如前面所介绍的，不同的计算机有不同的机器语言，C编译器用来把C语言转换成特定的机器语言。编译器接收源文件，生成目标文件，扩展名为.obj或.o。

编译器还会检查输入的程序是否是有效的C语言程序。如果编译器发现错误，就会报告出错，且不能生成可执行程序。这时就必须修改错误，然后再编译。显然，为了能迅速找到错误，理解特定编译器的报错信息是重要的。

3. 链接器

虽然编译后生成的目标文件包含的已经是机器语言代码，但是该文件还不是一个完整的可执行程序，不能运行。目标文件中所缺少的第一个元素是一种叫做启动代码的东西，该代码相当于程序和操作系统之间的接口，而缺少的第二种元素是库函数的代码。几乎所有的C语言程序都利用标准C库中所包含的函数。因为目标文件中不包含这些函数的代码，实际的代码存储在另一个称为“库”的文件中。库文件中包含许多函数的目标代码。

链接器的作用就是将这三个元素(目标代码、启动代码和库代码)结合起来，并将它们放在一个文件中，即可执行文件，扩展名为.exe或.com。对库代码来说，链接器只从库中提取使用到的函数的代码。

4. 运行和调试

程序编译和链接完成后会生成可执行文件。在Visual C++2010 Express中，可以通过快捷键Ctrl+F5(不带调试)或者F5(带调试)两种方式运行编写的程序。其中不带调试的方式运行结束前，程序会暂停，以便查看程序的运行效果。如果以调试方式运行程序，程序在结束前的暂停功能需要增加代码实现。

下面的代码演示了如何在程序1-1中增加暂停功能，请注意加粗的命令和语句。

```
#include<stdio.h>
#include<stdlib.h>
int main(void)
{
    printf("Hello world! \n"); /*屏幕显示*/
      system("pause"); /*实现暂停*/
    return 0;
}
```

在本书的示例程序的源代码中未添加暂停功能。如果读者在调试程序时需要暂停功能，请仿照此例自行添加。

本章小结

本章主要介绍了计算机语言与程序设计的基本方法、C 语言的发展和特点、C 语言程序的基本结构与开发过程。

C 语言之所以能得到迅速的发展和广为流行，是因为它具有优良的特性；计算机语言有三类：机器语言、汇编语言和高级语言，C 语言是高级计算机语言；程序设计的基本方法有面向过程的程序设计和面向对象的程序设计；C 语言程序由一个或多个函数组成，函数是 C 语言程序的基本单位，无论一个 C 语言程序中包含多少个函数，其中有且仅有一个主函数；一个 C 语言程序编写好之后，要在一定的编程环境下经过编辑、编译、链接、运行，才能得到程序的结果。

思考题

1. C 语言有哪些主要特点？
2. 何谓面向过程和面向对象的程序设计？
3. C 程序开发的基本过程如何？
4. C 程序的基本结构如何？
5. 什么是算法，如何表示？

第2章　基本数据类型、运算符和表达式

C 语言具有丰富的数据类型和运算符。C 语言处理的数据类型不仅有字符型、整型和实型等基本数据类型，还有由基本数据类型构成的数组、结构体和共用体等构造类型以及指针类型。丰富的运算符使得 C 语言描述各种算法的表达方式非常灵活。

本章主要介绍 C 语言的基本数据类型、常量和变量、基本运算符与表达式。重点阐述变量的基本概念和类型说明、基本运算符的优先级和结合性以及数据类型转换等内容。

2.1　引例

【程序 2-1】求半径为 *r* 的半圆的面积，半径 *r* 由用户从键盘输入。

下面是程序的源代码(ch02_1. c)：

```
#include<stdio. h>
int main(void)       /*定义主函数*/
{
    double r,s;  /*定义双精度实数变量*/
    printf("请输入半圆半径 r:");
    scanf("%lf",&r);  /*输入半径 r*/
    s=3. 14*r*r/ 2;
    printf("半圆面积为:%lf\n",s);  /*显示计算结果*/
    return 0;
}
```

执行该程序得到下面的运行结果：

```
请输入半圆半径 r：1
半圆面积为：1. 570000
```

在【程序 2-1】中 scanf 函数和 printf 函数分别用于输入和输出数据(详见第 3 章)。

“s=3. 14*r*r/ 2”是表达式，3. 14、2、r 和 s 是数据，其中 3. 14 和 2 是常量，r 和 s 是变量，用户输入不同的半径，r 中存放的值是不同的；“=”、“*”和“/”是运算符，分别为“赋值”、“乘”和“除”，不同的运算符，优先级不同。只有熟练掌握了 C 语言中不同类型的数据和各种运算符，才能在程序中写出正确的表达式。

2.2 C语言的数据类型

在C程序中，需要对所用到的数据指定其数据结构，即要说明数据的组织形式。C语言中，对数据结构的描述是通过说明数据类型来体现的。强调数据类型的意义在于确定不同数据类型的存储长度、取值范围和允许的操作。

C语言的数据类型有基本类型、构造类型、枚举类型、指针类型和空类型。

1. 基本类型

基本类型数据的主要特点是其值不能再分解为其他类型。C语言的基本数据类型包括整型、实型(也称为浮点型)和字符型等。整型数据用于表达或存储整数值，实型数据用于表达或存储实数值，字符类型数据用于表达或存储ASCII码字符(实际上是字符的编码)。

由基本数据类型可以构造出其他复杂的数据类型，如数组、结构体和共用体。本章主要介绍基本数据类型，其他数据类型将在后续章节中介绍。

2. 构造类型

构造类型是根据已定义的一种或多种数据类型用构造的方法定义的。也就是说，一个构造类型的值可以分解成若干个"成员"或"元素"。每个"成员"或"元素"都是一个基本数据类型或又是一个构造类型。C语言的构造类型包括：数组类型、结构体类型和共用体类型。

3. 枚举类型

所谓"枚举"就是将一类数据所有可能的取值都一一列举出来，并给每一个值指定一个名称和一个整型的编号。

4. 指针类型

指针是一种特殊而又具重要作用的数据类型，其值表示某个量在内存中的地址。虽然指针变量的取值类似于整型量，但这是两种完全不同类型的量，一个是变量的数值，而指针变量的值是变量在内存中存放的地址。

5. 空类型(无值型)

通常情况下，在调用函数时被调用函数要向调用函数返回一个函数值。函数值的类型应该在定义函数时在函数的说明部分(函数头)加以说明。例如，在程序1-3中给出的max函数定义中，函数说明部分为"int max(int a, int b, int c)"。其中，写在函数名max之前的类型说明符"int"就限定了该函数的返回值为整型。但是，在实际应用中也有这样一类函数：该函数被调用后无需向调用函数返回函数值，即该函数只是作为调用函数执行中的一个"过程"。这类函数定义为"空类型"(也称为"无值型")，其类型说明符为void。

2.3 常量和变量

程序中处理的主要对象是数据，数据在程序中有两种表示形式：常量和变量。要创建一个应用程序，首先要描述算法，算法中要说明的数据也是以常量和变量的形式来描述的。所以，常量和变量是程序员编程时使用最频繁的两种数据形式。

1. 常量

常量用来表示数据的值，它在程序运行期间其值是不可改变的。在C语言中，常量有两类表示形式：值常量和符号常量。

(1)值常量

值常量，也称为直接常量或字面值，即直接以输入输出字面值表示。

例如：

46、-35、235.8、'a'、'm'、"programming"等。

值常量在程序中可以直接使用。

(2)符号常量

符号常量，也称为宏，是用一个标识符来代表一个常量。符号常量和值常量不一样，它不能直接使用，要遵循"先定义，后使用"的原则。即符号常量在使用前要先作明确的定义，然后才能在程序中代替常量使用。符号常量详见2.4.4节。

2. 变量

变量是在程序运行期间其值可以改变的量。变量有三个属性：变量名、变量的数据类型和变量值。变量名说明变量的名称，变量名的命名应遵循标识符的命名规则；变量的数据类型决定了变量值的数据类型、表现形式和分配存储空间的大小，同时也规定了对该变量能执行的操作；变量值为变量存储的数据，通过变量名引用变量的值。

程序中要使用的变量必须"先定义，后使用"，这样做以便让系统在程序运行时为变量分配相应的存储单元，用以存放变量的值。

定义一个变量包括：指定变量的存储类别，即变量的作用域和生存期；指定变量的数据类型；指定一个变量标识符，即变量的名称。

本章按C语言缺省存储类别定义变量，即按自动存储类别定义变量。有关变量的存储类别将在第7章中详细介绍。

定义变量的一般形式：

　　数据类型说明符　变量名；

基本数据类型的类型说明符见表2-1。

表2-1　**基本数据类型说明符**

数据类型		类型说明符的简写形式
整型	基本整型	int
	短整型	short
	长整型	long
	无符号整型	unsigned
	无符号短整型	unsigned short
	无符号长整型	unsigned long
实型	单精度实型	float
	双精度实型	double
字符型		char

例如：

```
int num;                    /*定义变量 num 为基本整型变量*/
char c1,c2;                /*定义变量 c1、c2 为字符型变量*/
float f1,f2,f3;           /*定义变量 f1、f2、f3 为单精度实型变量*/
double area;                 /*定义变量 area 为双精度实型变量*/
```

在程序中使用变量时，变量必须要有确定的值，否则系统以一个不确定的值参与操作。因此，在定义变量时可以给变量赋一个初值，即对变量进行初始化。

例如：

```
int x=238,y=345;
```

即给变量 x 存储单元赋予数据值 238，给变量 y 存储单元赋予数据值 345。如果给变量 x 和 y 赋予了新的值，那么它们存储单元内原数据值就会改变。一个变量只能有一个确定的值。当变量赋予新值时，原来的值就被新值所取代。

说明：

(1)允许一个数据类型说明符后定义多个相同类型的变量，各变量名之间用逗号分隔。

(2)在定义变量时，类型说明符与变量名之间至少用一个空格分隔。

(3)定义变量放在使用变量之前，一般放在函数体的开头部分。

(4)C 语言允许在定义变量的同时为需要初始化的变量赋予初值，并且可以为多个同类型的变量赋同一初值，但要分别赋给各个变量。例如：

```
int x=y=z=10;
```

是错误的，正确的写法应该是：

```
int x=10, y=10, z=10;
```

2.4 C 语言程序中的数据

2.4.1 整型数据

1. 整型常量

整型常量就是整数。在 C 语言中，整数有三种表示形式：十进制整数，八进制整数和十六进制整数。

(1)十进制整数

用(0~9)10 个数字表示。例如：

12，65，-456，65535 等。

(2)八进制整数

以 0 开头，用(0~7)8 个数字表示。例如：

014，0101，0177777 等。

(3)十六进制整数

以 0X 或 0x 开头，用(0~9)10 个数字、A~F 或 a~f 字母表示。例如：

0xC，0x41，0xFFFF 等。

八进制数和十六进制数一般用于表示无符号整数。

(4)长整型数

在 C 语言中，整数又可分为基本整型、长整型、短整型和无符号整型等。

长整数用后缀“L”或“l”来表示。例如：

十进制长整型数：12L，65536L 等。

八进制长整型数：014L，0200000L 等。

十六进制长整型数：0XCL，0x10000L 等。

(5)无符号整型数

无符号整型数用后缀“U”或“u”表示。例如：

十进制无符号整型数：15u，234u 等。

八进制无符号整型数：017u，0123u 等。

十六进制无符号整型数：0xFu，0xACu 等。

十进制无符号长整型数：15Lu，543Lu 等。

【程序 2-2】整数的三种表示形式。

下面是程序的源代码(ch02_2. c)：

```
#include<stdio. h>
int main(void)
{
    int a,b,c;
    a=20;
    b=027;
    c=0x3F;
    printf("%d,%d,%d\n",a,b,c);
    printf("%o,%o,%o\n",a,b,c);
    printf("%x,%x,%x\n",a,b,c);
    return 0;
}
```

执行该程序得到下面的运行结果：

```
20,23,63
24,27,77
14,17,3f
```

说明：输出时，八进制不输出前导符 0，十六进制不输出前导符 0x。

2. 整型变量

在C语言中，整型变量分为基本整型、短整型、长整型和无符号型。无符号型又可与前三种类型组合出无符号基本整型、无符号短整型和无符号长整型，总共有六种类型。数据类型的描述确定了数据所占内存空间的大小和取值范围。表2-2列出了在32位微机中整型类型在内存中所占字节数以及取值范围。

表2-2　　　　整型类型分类表

变量类型名	类型说明符	所占字节数	取值范围
短整型	short int(short)	2	-32768~32767
基本整型	int	4	-2147483648~2147483647
长整型	long int(long)	4	-2147483648~2147483647
无符号短整型	unsigned short int	2	0~65535
无符号基本型	unsigned int	4	0~4294967295
无符号长整型	unsigned long int	4	0~4294967295

说明：标准C语言并没有具体规定各类数据所占内存的字节数，不同的编译系统在处理上有所不同，一般取计算机系统的字长或字长的整数倍作为数据所占的长度。

【程序2-3】在VC2010编程环境下，输出整型数据所占字节的大小。

下面是程序的源代码(ch02_ 3.c)：

```
#include<stdio.h>
int main(void)
{
    printf("短整型占%d 个字节。\n",sizeof(short));
    printf("基本型占%d 个字节。\n",sizeof(int));
    printf("长整型占%d 个字节。\n",sizeof(long));
    printf("无符号短整型占%d 个字节。\n",sizeof(unsigned short));
    printf("无符号基本型占%d 个字节。\n",sizeof(unsigned));
    printf("无符号长整型占%d 个字节。\n",sizeof(unsigned long));
    return 0;
}
```

执行该程序得到下面的运行结果：

```
短整型占 2 个字节。
基本型占 4 个字节。
长整型占 4 个字节。
无符号短整型占 2 个字节。
无符号基本型占 4 个字节。
```

无符号长整型占 4 个字节。

以上程序中使用了 C 语言内置的单目运算符"sizeof"，该运算符称为"长度运算符"或"取占内存字节数"运算符，运算优先级为 2 级，运算结合性为右结合。使用"sizeof"构成表达式的一般格式为：

sizeof(类型说明符)

或：

sizeof(表达式)

其值为类型说明符指定类型数据或表达式在内存中所占的字节数。

【**程序 2-4**】求 50 的三次方。

下面是程序的源代码(ch02_4. c)：

```
#include<stdio.h>
int main(void)
{
    short int x;
    x=50*50*50;
    printf("%d\n",x);
    return 0;
}
```

执行该程序得到下面的运行结果：

```
-6072
```

显然，这个结果是不正确的。其原因是 50×50×50 的值超出了短整型变量 x 的取值范围(125000>32767)，导致"溢出"。因此，应将变量 x 定义为基本整型或长整型，即将以上程序中的第 4 行改为 int x;，程序如下：

```
#include<stdio.h>
int main(void)
{
   int x;/*或改为:long int x; */
   x=50*50*50;
   printf("%d\n",x);
   return 0;
}
```

程序新的运行结果为：

125000

本例说明，在定义变量时，要注意不同数据类型的取值范围，当其值超出了最大取值范围时，就会产生“溢出”错误。

2.4.2 字符型数据

1. 字符常量

在C语言中，字符常量用单引号括起来的单个字符来表示。例如：

‘a’，‘A’，‘=’，‘+’，‘?’等都是合法的字符常量。

字符常量在计算机中是以ASCII码值存储的。因此，每个字符都有对应一个ASCII码值(见附录1)。

字符常量有以下特点：

(1)字符常量只能用单引号括起来，不能用双引号或其他括号。

(2)字符常量只能是一个字符，不能是多个字符或字符串。

(3)字符常量可以是字符集中的任意字符。

在C语言中，还有一种特殊的字符常量称为“转义字符”。转义字符主要用来表示那些不可视的打印控制字符和特定的功能字符。

转义字符以反斜杠“\”开头，后跟一个或几个字符。

转义字符具有特定的含义，不同于字符原有的意义。

例如，函数调用语句“printf(“C Programming\n”);”在输出字符串“C Programming”后，再输出回车换行。“\n”是一个转义字符，意义是“换行”。常用的转义字符及其含义见表2-3。

表2-3　**C语言中常用的转义字符**

转义字符	转义字符的意义	ASCII码
\n	换行(Newline)	010
\t	横向跳到下一制表位置(Tab)	009
\v	竖向跳格(Vertical)	011
\b	退格(Backspace)	008
\r	回车(Return)	013
\f	走纸换页(Form Feed)	012
\\	反斜线符“\”	092
\′	单引号符	039
\”	双引号符	034
\a	鸣铃报警(Alert)	007
\0	空字符	000
\ddd	1~3位八进制数所代表的字符	1~3位八进制数
\xhh	1~2位十六进制数所代表的字符	1~2位十六进制数

使用转义字符‘ \ddd’和‘ \xhh’可以方便地表示任意字符。例如‘ \101’或‘ \x41’表示字母 A，‘ \102’或‘ \x42’表示字母 B。

‘ \0’或‘ \000’是代表 ASCII 码为 0 的控制字符，即空操作符。

注意，转义字符中的字母只能使用小写字母。在 C 程序中，对不可打印的字符，通常用转义字符表示。

【程序 2-5】转义字符的应用。

下面是程序的源代码(ch02_5. c)：

```
#include<stdio. h>
int main(void)
{
    int a,b,c;
    a=1;b=2;c=3;
    printf("%d\n\t%d%d\n%d%d\b%d\n",a,b,c,a,b,c);
    return 0;
}
```

执行该程序得到下面的运行结果：

```
1
␣␣␣␣␣␣␣␣23
13
```

2. 字符串常量

字符串常量由一对双引号括起的字符序列组成。例如：

“Wuhan”，“C Language Programming”，“ $ 1000”等都是合法的字符串常量。

字符串常量和字符常量的主要区别：

(1)字符常量用单引号作为定界符，字符串常量用双引号作为定界符。

(2)字符常量只能是单个字符，字符串常量则可以含零个、一个或多个字符。字符串常量中所含字符的个数，称为字符串的长度。

(3)可以把一个字符常量赋给字符型变量，但不能把一个字符串常量赋给字符型变量。在 C 语言中，没有字符串型变量。

(4)字符串常量占的内存字节数等于字符串中字符的个数加 1(在存放字符串时，每个字符串的末尾增加了一个字符串结尾符“ \0”，该结尾符作为字符串结束标志)。例如：

字符串“Wuhan”，在内存中存放的字符为：“Wuhan \0”，共占 6 个字节。

注意，双引号是字符串的定界符，不是字符串的一部分。如果字符串中需含有双引号(”)，则要使用转义符。例如：

```
printf("He said:\"I am a student. \"\n");
```

则输出：

He said:"I am a student."

3. 字符型变量

字符型变量用来存放字符常量，即存放一个字符。字符型变量的类型说明符是 char。按定义变量的一般格式定义字符变量，例如：

```
char c1,c2;/*定义变量 c1、c2 为字符型变量*/
char ch1='A',ch2='a';/*变量 ch1 的初值为字符 A,变量 ch2 的初值为字符 a*/
```

系统为每个字符型变量分配一个字节的内存空间，用于存放一个字符。在内存单元中，实际上存放的是字符的 ASCII 码值。例如：

ch1 单元存放的是 01000001(十进制 65)；

ch2 单元存放的是 01100001(十进制 97)。

由此可见，字符数据在内存中的存储形式与整型数据的存储形式类似。所以，在 C 语言中字符型数据和整型数据之间可以通用，即：

允许对整型变量赋以字符值；

允许对字符变量赋以整型值；

允许把字符变量按整型量输出；

允许把整型量按字符量输出；

允许整型量和字符量相运算。

注意，由于整型数据占用的字节数要比字符型数据多，故当整型数据按字符型数据处理时，只有低 8 位字节参与操作。

【**程序 2-6**】字符型变量的使用。

下面是程序的源代码(ch02_6.c)：

```
#include<stdio.h>
int main(void)
{
    char c1,c2;
    int x;
    c1=65;
    c2=97;
    x=100-c1;
    printf("c1=%c,c2=%c\nc1=%d,c2=%d\nx=%d\n",c1,c2,c1,c2,x);
    return 0;
}
```

执行该程序得到下面的运行结果：

```
c1=A,c2=a
c1=65,c2=97
x=35
```

【程序 2-7】将小写字母转换为大写字母。

下面是程序的源代码(ch02_7.c):

```
#include<stdio.h>
int main(void)
{
    char c1,c2;
    c1='a';
    c2='b';
    c1=c1-32;
    c2=c2-32;
    printf("%c,%c\n%d,%d\n",c1,c2,c1,c2);
    return 0;
}
```

执行该程序得到下面的运行结果:

```
A,B
65,66
```

C 语言允许字符型变量用字符的 ASCII 码参与数值运算。因为大小写字母的 ASCII 码相差 32，所以运算后很方便地将小写字母换成大写字母。

2.4.3　实型数据

1. 实型常量

实型常量就是实数，也称为浮点数。在 C 语言中，实型常量有两种表示形式：十进制小数形式和十进制指数形式。

(1)十进制小数形式

由数字 0~9 和小数点组成。例如：

0.0，.123，456.0，7.89，0.18，-123.45670 等。

注意：实数的小数形式必须有小数点的存在。例如：

0. 和 0，456. 和 456 是两种不同类型的量，前者是实型量，后者是整型量，它们的存储形式和运算功能不同。

(2)指数形式

指数形式又称为科学记数法。由整数部分、小数点、小数部分、E(或 e)和整数阶码组成。其中阶码可以带正负号。

例如：

$1.2\times10^5=120000$ 可写成实数指数形式为：1.2E5 或 1.2E+5

$3.4\times10^{-2}=0.034$ 可写成实数指数形式为：3.4E-2

以下是不正确的实数指数形式：

E3　　（E 之前无数字）

12.-E3 （负号位置不对）

2.0E　　（无阶码）

2.5E1.6（阶码必须是整数）

2. 实型变量

实型变量也称为浮点型变量。在 C 语言中，浮点变量分为单精度型、双精度型和长双精度型三类。C 语言编译程序为不同类型的数据分配不同大小的存储空间，表 2-4 中列出了在 32 位计算机中的浮点型数据在内存中所占的字节数、取值范围和有效数字。

表 2-4　　**浮点类型分类表**

变量类型名	类型说明符	所占字节数	取值范围	有效数字位数
单精度型	float	4	$\pm3.4\times10^{-38}\sim\pm3.4\times10^{38}$	7
双精度型	double	8	$\pm1.7\times10^{-308}\sim\pm1.7\times10^{308}$	16
长双精度型	long double	10	$\pm1.2\times10^{-4932}\sim\pm1.2\times10^{4932}$	19

说明：所有浮点常量默认为 double 类型，当把一个浮点常量赋给不同精度的浮点变量时，系统将根据变量的类型截取浮点常量的有效数字。如果要把一个浮点常量指定为 float 类型，则需要在常量后加后缀 f 或 F；指定为 long double 类型时，需加后缀 l 或 L。

【**程序 2-8**】分析以下程序的运行结果(ch02_8.c)。

```
#include<stdio.h>
int main(void)
{
    float f;
    double d;
    f=123456789.345;
    d=123456789.345;
    printf("f=%f\n",f);
    printf("d=%f\n",d);
    return 0;
}
```

编译以上程序时，系统会对程序中的第 6 行语句给出以下警告信息：

warning C4305:'=':truncation from 'const double' to 'float'

即警告：系统会将赋值运算符“=”后面的 double 型常量按 float 型有效位数进行截取。

尽管警告性错误不影响程序的运行操作，但可能会影响程序运行的结果。

执行该程序得到下面的运行结果：

```
f=123456792.000000
d=123456789.345000
```

可以看出，由于变量 f(单精度浮点型变量)有效数字为 7 位，故后两位数字为无效数字；变量 d(双精度浮点型变量)有效数字为 16 位，故以上数字全部为有效数字。

2.4.4　符号常量

定义符号常量的一般形式为：

#define 标识符常量

其中：标识符(宏名)被定义为符号常量，其值为后面的常量值。习惯上，符号常量使用大写字母形式。

定义符号常量的目的是为了提高程序的可读性，便于程序的调试、快速修改和纠错。当一个程序中要多次使用同一常量时，可定义符号常量。这样，当要对该常量值进行修改时，只需对宏定义命令中的常量值进行修改即可。

【程序 2-9】求半径为 *r* 的圆面积、圆周长和圆球体积。

下面是程序的源代码(ch02_9.c)：

```
#include<stdio.h>
#define  PI  3.1415926
int  main(void)
{
    float  r,s,c,v;
    printf("请输入半径值:\n");
    scanf("%f",&r);
    s=PI * r * r;
    c=2 * PI * r;
    v=4.0/3.0 * PI * r * r * r;
    printf("s=%f\n",s);
    printf("c=%f\n",c);
    printf("v=%f\n",v);
    return  0;
}
```

执行该程序得到下面的运行结果：

```
请输入半径值：
6
```

s=113.097336

c=37.699112

v=904.778687

程序在运行过程中，每次遇到符号常量 PI 时就会用所定义的常量值 3.1415926 替代，这一过程也称“宏替换”。

注意：符号常量不是变量，它所代表的值在整个作用域内不能再改变，即不允许对它重新赋值。

2.5 运算符和表达式

C 语言提供了丰富的运算符，包括：基本运算符、位运算符和特殊运算符等三类运算符，如图 2-1 所示。附录 B 列出了所有的运算符以及它们的优先级和结合性。

由常量、变量和函数调用按 C 语言语法规则用运算符连接起来的式子称为表达式。凡是合法的表达式都有一个值，即运算结果。单个的常量、变量、函数调用也可以看作是表达式的特例。本节主要介绍基本运算符及其表达式的使用。

表达式求值按运算符的优先级和结合性规定的顺序进行。在表达式中，优先级较高的运算符先于优先级较低的运算符进行运算。而在一个运算量两侧的运算符优先级相同时，则按运算符的结合性所规定的结合方向处理。例如 a+b/c * d 中，有 3 个运算符号“+”、“/”和“ * ”，其中“/”和“ * ”优先级别比“+”高先算；“/”和“ * ”级别相同，因为它们的结合性是左结合，所以在左边的“/”先算。

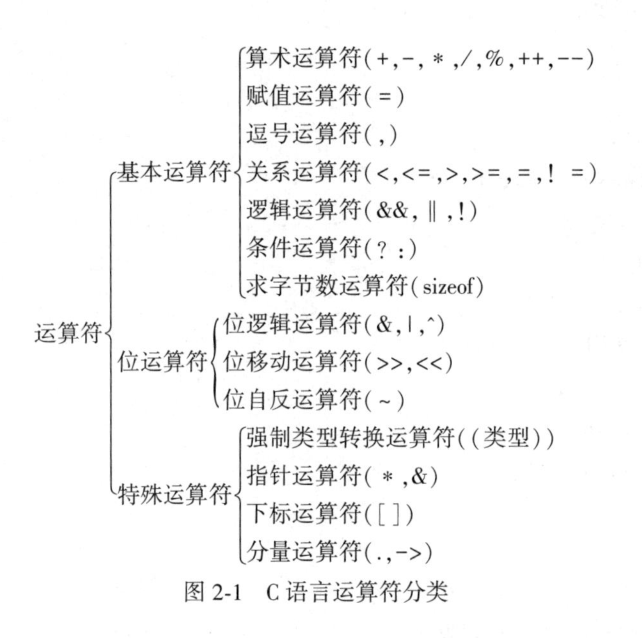

图 2-1　C 语言运算符分类

因此，在表达式中各运算量参与运算的先后顺序不仅要遵守运算符优先级别的规定，还要受运算符结合性的制约。

在 C 语言中，运算符的运算优先级共有 15 级。1 级最高，15 级最低。

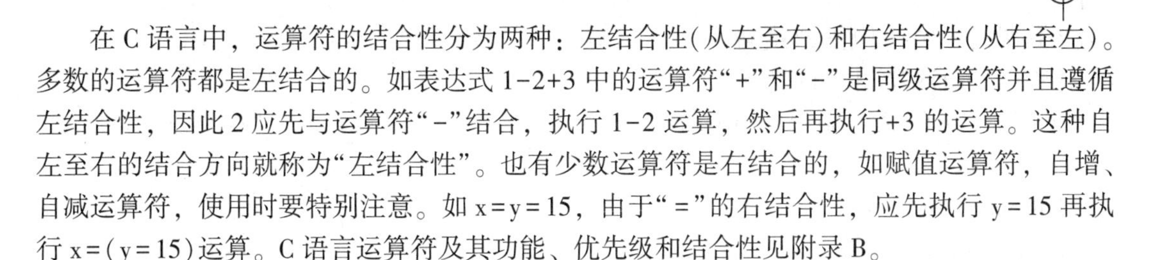

在 C 语言中，运算符的结合性分为两种：左结合性(从左至右)和右结合性(从右至左)。多数的运算符都是左结合的。如表达式 1-2+3 中的运算符“+”和“-”是同级运算符并且遵循左结合性，因此 2 应先与运算符“-”结合，执行 1-2 运算，然后再执行+3 的运算。这种自左至右的结合方向就称为“左结合性”。也有少数运算符是右结合的，如赋值运算符，自增、自减运算符，使用时要特别注意。如 x=y=15，由于“=”的右结合性，应先执行 y=15 再执行 x=(y=15)运算。C 语言运算符及其功能、优先级和结合性见附录 B。

2.5.1　算术运算符和算术表达式

算术运算符主要用于算术量的数值运算。在 C 语言中算术运算符包括：+(加)、-(减)、*(乘)、/(除)、%(求余)、++(自增)和--(自减)等七种运算符。

1. 基本算术运算符

基本算术运算符是：+(加)、-(减)、*(乘)、/(除)、%(求余)运算符。这些运算符需要有两个运算对象，称为双目运算符。其中运算符“+”和“-”也可用作取正和取负的单目运算符使用，如：+12.5、-128；求余运算符“%”的运算结果是两数相除所得的余数，运算符的左侧为被除数，右侧为除数。

值得注意的是，求余运算符的运算对象只能是整型量。

2. 自增、自减运算符

自增、自减运算符是：++(自增运算符)和--(自减运算符)。

自增运算符“++”的功能是使变量的值自增 1，自减运算符“--”的功能是使变量的值自减 1。自增、自减运算符只需要一个运算对象，称为单目运算符。在实际应用时，根据自增、自减运算符构成表达式形式的不同，其表达式的取值不同，而对于变量本身来说都是自增 1 或自减 1。自增、自减运算符构成的表达式有两种形式，前缀形式：++i 和--i，后缀形式：i++和 i--。

(1)++i　　i 变量自增 1 后再参与运算

(2)i++　　i 变量参与运算后，i 的值再自增 1

(3)--i　　i 变量自减 1 后再参与运算

(4)i--　　i 变量参与运算后，i 的值再自减 1

自增、自减运算符的优先级高于基本算术运算符，其结合性为右结合。自增、自减运算符只能用于变量，不能用于常量或表达式。

在基本算术运算符中，单目运算符的结合性为右结合，双目运算符的结合性为左结合。

基本算术运算符示例：

3+10/5　　结果为 5

3.0+10.0/-5.0　　结果为 1.0

3+10%5　　结果为 3

100%3　　结果为 1

3.0+10.0%5.0　　结果出错

(3+10)/5　　结果为 2

说明：

(1)整数相除，结果为整数，且只保留整数部分。

(2)取余数运算的两个操作数必须是整数，结果也是整数。

(3)圆括号( )的优先级最高。

【程序 2-10】整数相除的问题。

下面是程序的源代码(ch02_10. c):

```
#include<stdio.h>
int main(void)
{
    float f;
    f=1/4;
    printf("%f\n",f);
    return 0;
}
```

执行该程序得到下面的运行结果:

```
0.000000
```

若改为 f=1.0/4.0;,则程序运行结果为:

```
0.250000
```

【程序 2-11】自增、自减运算符的使用。

下面是程序的源代码(ch02_11. c):

```
#include<stdio.h>
int main(void)
{
    int i=8;
    printf("%d\n",++i);
    printf("%d\n",--i);
    printf("%d\n",i++);
    printf("%d\n",i--);
    printf("%d\n",-i++);
    printf("%d\n",-i--);
    return 0;
}
```

执行该程序得到下面的运行结果:

```
9
8
8
```

9
-8
-9

对以上结果的分析：

i 的初值为 8；

执行"printf("%d\n", ++i);"，因为是++i，所以 i 的值先加 1 然后再参与运算即输出，所以输出的结果为 9，这时 i 的值为 9；

执行"printf("%d\n", --i);"，因为是--i，所以 i 的值先减 1 然后再参与运算即输出，所以输出的结果为 8，这时 i 的值为 8；

执行"printf("%d\n", i++);"，因为是 i++，所以先参与运算即输出 i 的值，然后 i 的值再加 1，所以输出的结果为 8，这时 i 的值为 9；

执行"printf("%d\n", i--);"，因为是 i--，所以先参与运算即输出 i 的值，然后 i 的值再减 1，所以输出的结果为 9，这时 i 的值为 8；

执行"printf("%d\n", -i++);"，因为是 i++，所以先参与运算即输出-i 的值，然后 i 的值再加 1，所以输出的结果为-8，这时 i 的值为 9；

执行"printf("%d\n", -i--);"，因为是 i--，所以先参与运算即输出-i 的值，然后 i 的值再减 1，所以输出的结果为-9，这时 i 的值为 8。

3. 算术表达式

由算术运算符和括号将运算对象(常量、变量、函数等)连接起来的式子，称为算术表达式。有了算术表达式，在编程时就可以将数学算术式写成 C 语言的算术表达式来表达。除了基本的算术运算符，其他较复杂的数学计算，C 语言提供了一些数学函数以方便计算，例如开方函数 sqrt( )，各种数学函数的调用说明请参见附录。

下面的式子都为算术表达式：

```
x+y+z
(f1 * 2.0)/f2+5.0
++i
sqrt(a)+sqrt(b)
```

注意：在 C 语言表达式中，所有的运算符号都是不能省略的。例如，数学式 2x+y，在 C 语言中必须写成 2 * x+y，不能省略乘号。

2.5.2　赋值运算符和赋值表达式

1. 简单赋值运算符和赋值表达式

简单赋值运算符为"="。由"="连接的式子称为赋值表达式，其一般形式为：

变量=表达式

赋值表达式的功能是：将赋值运算符右边表达式的值赋给赋值运算符左边的变量。

以下均为赋值表达式：

```
c=a+b
z=sqrt(x)+sqrt(y)
k=i+++--j
a=b=c=d=10
x=(a=5)+(b=8)
```

赋值运算符为双目运算符。赋值运算符的优先级仅高于逗号运算符，低于其他所有的运算符。赋值运算符的结合性为右结合。

由于赋值运算符的结合性，因此，“a=b=c=d=10”可理解为：a=(b=(c=(d=10)))。

赋值表达式“x=(y=2)+(z=4)”的意义是：把2赋给y，4赋给z，再把2和4相加，其和赋给x，x等于6。

在其他高级语言中，赋值构成了一个语句，称为赋值语句。而在C语言中，把“=”定义为运算符，组成赋值表达式。因此，凡是表达式可以出现的地方均可出现赋值表达式。

赋值表达式有类型转换的问题。当赋值运算符两边的数据类型不同时，系统会进行自动类型转换，把赋值符右边的类型转换为左边的类型。

赋值表达式的转换规则为：

(1)实型(float、double)赋给整型变量时，只将整数部分赋给整型变量，舍去小数部分。

如：int x；执行“x=6.89”后，x的值为6。

(2)整型(int、short int、long int)赋给实型变量时，数值不变，但将整型数据以浮点形式存放到实型类型变量中，增加小数部分(小数部分的值为0)。

如：float x；执行“x=6”后，先将x的值6转换为6.0，再存储到变量x中。

(3)字符型(char)赋给整型(int)变量时，由于字符型只占1个字节，整型为2个字节，所以int变量的高八位补的数与char的最高位相同，低八位为字符的ASCII码值。

如：int x；x='\101'；(01000001)，高八位补0，即：0000000001000001。同样int赋给long int时，也按同样规则进行。

(4)整型(int)赋给字符型(char)变量时，只把低8位赋给字符变量，同样long int赋给short int变量时，也只把低16位赋给short int变量。

由此可见，当右边表达式的数据类型长度比左边的变量定义的长度要长时，将丢失一部分数据。

【程序2-12】赋值表达式中的类型转换。

下面是程序的源代码(ch02_12.c)：

```
#include<stdio.h>
int main(void)
{
    int i1,i2=15,i3,i4=3403;
    float f1,f2=8.88;
    char c1='A',c2;
    i1=f2;f1=i2;i3=c1;c2=i4;
    printf("%d,%f,%d,%c\n",i1,f1,i3,c2);
```

```
    return 0;
}
```

执行该程序得到下面的运行结果：

```
8,15.000000,65,K
```

本例表明了上述赋值运算中类型转换的规则。i1 为整型，赋予实型量 f2 值 8.88 后只取整数 8；f1 为实型，赋予整型量 i2 值 15，后增加了小数部分；字符型量 c1 赋予 i3 变为整型，整型量 i4 赋予 c2 后取其低八位成为字符型。

2. 复合赋值运算符及其表达式

复合赋值运算符是在简单赋值运算符"="前加其他双目运算符构成的。由复合赋值运算符连接的式子称为(复合)赋值表达式，一般形式为：

变量复合赋值运算符表达式

C 语言提供了以下复合赋值运算符：

+=，-=，*=，/=，%=，<<=，>>=，&=，^=，|=

以下的表达式均为复合赋值表达式：

a+=5 等价于 a=a+5　　x*=y+7 等价于 x=x*(y+7)

r%=p 等价于 r=r%p　　x+=x-=x*=x 等价于 x=x+(x=(x-(x=x*x)))

复合赋值运算符的运算优先级与简单赋值运算符同级，其结合性为右结合。复合赋值运算符这种写法，有利于提高编译效率并产生质量较高的目标代码。

2.5.3 逗号运算符和逗号表达式

在 C 语言中逗号","也是一种运算符，称为逗号运算符。逗号运算符的优先级是所有运算符中最低的。逗号运算符的结合性为左结合。

用逗号运算符连接起来的式子，称为逗号表达式。逗号表达式的一般形式为：

表达式 1，表达式 2，…，表达式 n

逗号表达式求值过程是：先求表达式 1 的值，再求表达式 2 的值，依次下去，最后求表达式 n 的值，表达式 n 的值即作为整个逗号表达式的值。

【程序 2-13】逗号表达式的应用。

下面是程序的源代码(ch02_14.c)：

```
#include<stdio.h>
int main(void)
{
    int a=2,b=4,c=6,x,y;
    y=((x=a+b),(b+c));
    printf("y=%d\nx=%d\n",y,x);
    return 0;
}
```

执行该程序得到下面的运行结果：

```
y=10
x=6
```

可以看出：y 等于整个逗号表达式的值，也就是逗号表达式中表达式 2 的值，x 是表达式 1 的值。

说明：

(1)程序中使用逗号表达式，通常是要分别求逗号表达式内各表达式的值，并不一定要求整个逗号表达式的值。

(2)并不是在所有出现逗号的地方都组成逗号表达式，如在变量说明中，函数参数表中的逗号只是用作各变量之间的间隔符。

2.6 不同类型数据间的混合运算

在 C 语言中，不同类型的量可以参与同一表达式的运算。当参与同一表达式运算的各个量具有不同类型时，需进行类型转换。转换的方式有两种："自动类型转换"和"强行类型转换"。

1. 自动类型转换

自动类型转换是当参与同一表达式中的运算量具有不同类型时，编译系统自动将它们转换成同一类型，然后再按同类型量进行运算的类型转换方式。

自动转换的规则为：当两个运算量类型不一致时，先将低级类型的运算量向高级类型的运算量进行类型转换，然后再按同类型的量进行运算。由于这种转换是由编译系统自动完成的，所以称为"自动类型转换"。各类型间自动类型转换规则如图 2-2 所示。

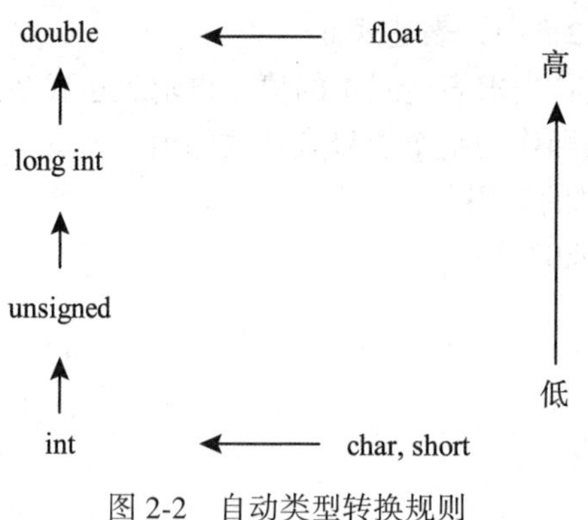

图 2-2　自动类型转换规则

图中的箭头方向表示类型转换方向。横向向左箭头表示必定转换，如 float 类型必定转换成 double 类型进行运算(以提高运算精度)；char 和 short 型必定转换成 int 类型进行运算；纵向向上箭头表示当参与运算的量其数据类型不同时需要转换的方向，转换由"低级"向"高

级”进行。例如，int 型和 long 型运算时，先将 int 型转换成 long 型，然后再按 long 型进行运算。float 型和 int 型运算时，先将 float 型转换成 double 型、int 型转换成 double 型，然后再按 double 型进行运算。从自动类型转换规则可以看出，这种由“低级”向“高级”转换的规则确保了运算结果的精度不会降低。自动类型转换也称隐式类型转换。

2. 强制类型转换

自动类型转换提供了一种由“低级”类型向“高级”类型转换的运算规则，但有时候由于应用的需要，想有意识地将某个表达式值的类型改变为指定的数据类型。为此，C 语言提供了一种强制类型转换功能。

强制类型转换的一般格式为：

(数据类型说明符)表达式

其功能是把表达式的运算结果强制转换成数据类型说明符所表示的类型。式中的“(数据类型说明符)”称为强制类型转换运算符，它是一个单目运算符，优先级为 2 级，结合性自右向左。

例如：

(int)6.25

即将实型常量 6.25(单个常量或变量也可视为表达式)强制转换为整型常量，结果为 6。

例如：

(double)i

即将整型变量 i 的值转换为 double 型。

例如：

(int)(f1+f2)

即将 f1+f2 的值转换为 int 型。

实际应用中，一般当自动类型转换不能实现目的时，使用强制类型转换。强制类型转换主要用在两个方面，一是参与运算的量必须满足指定的类型，如求余运算要求运算符(%)两侧的量均为整型量。二是在函数调用时，因为要求实参和形参类型一致，因此可以用强制类型转换运算得到一个所需类型的参数。

需要指出的是，无论是自动类型转换或是强制类型转换，都只是为了本次运算的需要而对变量或表达式的值的数据长度进行临时性转换，而不会改变在定义变量时对变量说明的原类型或表达式值的原类型。强制类型转换也称为显式类型转换。

【**程序 2-14**】强制类型转换的应用。

下面是程序的源代码(ch02_14.c)：

```
#include<stdio.h>
int main(void)
{
    int n;
    float f;
    n=25;
    f=46.5;
    printf("(float)n=%f\n",(float)n);
```

```
    printf("(int)f=%d\n",(int)f);
    printf("n=%d,f=%f\n",n,f);
    return 0;
}
```

执行该程序得到下面的运行结果:

```
(float)n=25.000000
(int)f=46
n=25,f=46.500000
```

可以看出，n 仍为整型，f 仍为浮点型。

2.7 标准库函数简介

为了方便用户开发 C 语言应用程序，每一种 C 语言编译系统都提供了一个能用于完成大部分常用功能的库函数。这些函数按应用功能分为字符处理函数、转换函数、目录路径函数、诊断函数、图形函数、输入输出函数、接口函数、字符串处理函数、内存管理函数、数学函数、日期和时间函数、进程控制函数等。在编写程序时，用户只需通过指定函数名及其相应的参数即可调用库函数。

函数在使用之前必须先说明，所谓说明函数是指说明函数的类型、函数的名称、函数的参数以及参数的类型。一般 C 语言库函数的函数原型定义都放在头文件(header file)中。系统提供的头文件均以 .h 作为文件的后缀。例如，输入输出函数包含在 stdio.h 中，数学函数包含在 math.h 中。因此，在使用库函数时应该遵循 C 语言的规则，在程序开头用 include 命令将调用库函数时所需用到的信息“包含”进来。例如，调用标准输入输出函数时，要求程序在调用前包含以下的命令:

```
#include<stdio.h>
```

或

```
#include "stdio.h"
```

用户在使用库函数时必须先知道该函数包含在什么样的头文件中，在程序的开头用 include 命令加以说明。只有这样，程序在编译、链接时系统才知道它提供的是库函数，否则将认为是用户自己编写的函数而不能链接。

不同编译系统所提供的库函数的函数数目和函数名以及函数功能不完全相同，本书附录 C 列出了 ANSI C 提供的常用标准库函数。

以下列出了几个最常用的数学库函数，见表 2-5。

表 2-5　**常用数学库函数表**

函数名	函数原型	功能
cos	double cos(double x)	计算 cos(x)的值

续表

函数名	函数原型	功能
exp	double exp(double x)	计算 e^x 的值
fabs	double fabs(double x)	计算 x 的绝对值
log	double log(double x)	计算 ln x 的值
log10	double log10(double x)	计算 lg x 的值
pow	double pow(double x, double y)	计算 x^y 的值
sin	double sin(double x)	计算 sin(x)的值
sqrt	double sqrt(double x)	计算 $\sqrt{x}$ 的值
tan	double tan(double x)	计算 tan(x)的值

说明：三角函数的角度单位使用的是弧度，而不是度、分、秒。

【程序 2-15】输入两个角度值 x、y，计算 sin(| x | +| y |)的值。

下面是程序的源代码(ch02_16.c)：

```
#include<stdio.h>
#include<math.h>
#define PI 3.14159
int main(void)
{
    double x,y,z;
    printf("请输入两个角度值:\n");
    scanf("%lf,%lf",&x,&y);
    x=x*PI/180.0;                    /*角度转换为弧度*/
    y=y*PI/180.0;
    z=sin(fabs(x)+fabs(y));
    printf("z=%lf\n",z);
    return 0;
}
```

执行该程序得到下面的运行结果：

```
请输入两个角度值:
40,70
z=0.939693
```

本 章 小 结

本章主要介绍了C语言的基本数据类型、常量和变量、基本运算符与表达式。这些都是编程的基础，也是正确构成程序语句的基本要素。通过本章的学习，掌握常量和变量的书写形式，基本数据类型数据的定义、初始化和各类基本运算符及其表达式的使用。

思 考 题

1. 在C程序中，常量125和125.0有何区别?
2. 程序中用到的变量为什么要先定义?
3. 如何避免数据“溢出”错误?
4. 存储字符串常量时，为什么要在末尾添加一个结束标记?
5. 所有常量在程序中都可以直接使用吗?

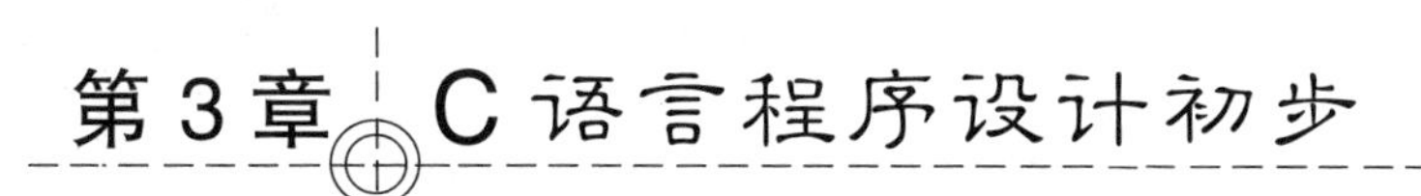

第3章 C语言程序设计初步

C语言是一种结构化程序设计语言，遵循模块化设计和结构化编码的基本原则。按照结构化程序设计的观点，任何算法功能都可以通过三种基本结构，即顺序结构、选择结构和循环结构的组合来实现。本章介绍结构化程序设计方法、算法、C语言的基本语句及输入输出语句。

3.1 结构化程序的概念

结构化程序设计是由荷兰学者 E. W. dijkstra 在 1969 年提出的，规定一个结构化程序由顺序结构、选择结构和循环控制结构三种基本结构组成。同时规定了三种基本结构之间可以并列和互相包含，不允许交叉和从一个结构直接转到另一个结构的内部。

设计和编写结构化程序设计的基本方法是：把一个需要求解的复杂问题分为若干个子问题来处理，每个子问题控制在一个可调试或可操作的模块内，设计时遵循自顶向下、逐步细化、模块化设计和结构化编码的原则。

"自顶向下"就是将整个待解决的问题按步骤、有次序地进行分层，明确先做什么，再做什么，各层包含什么内容。

"逐步细化"就是对分层后的每一层功能进行详细设计，并仔细检验其算法的正确性。只有当本层功能及其算法正确无误之后，才能向下一层细化。如果每一层的设计都没有问题，则整个程序功能及其算法就是正确的。

"模块化设计"就是将处理问题的整个程序分为多个模块，其中包含一个主模块和若干个子模块，由主模块控制各个处理子问题的子模块，最终实现整个程序的功能。所谓模块是指一个能完成某项特定功能、既可以组合又可以分解的程序单元。模块化设计的思想是一种"分而治之"的思想，即把一个复杂的问题分为若干个子问题来处理，简单且便于程序的检验和调试。

"结构化编码"是指在进行结构化程序设计之后，用结构化语言编写程序的过程。利用结构化语言编写程序非常方便。

结构化程序的主要优点是编程简单、结构性强、可读性好，执行时(除遇到特殊流程控制语句外)总是按事先设计的控制流程自顶而下顺序执行，时序特征明显。遵循这种结构的程序只有一个入口和一个出口。但结构化程序也存在缺点，如数据与程序模块的分离和程序的可重用性差等。

3.2 算法简介

3.2.1 算法的基本概念

程序设计的主要任务是描述数据和处理数据，前者是通过定义数据结构类型来实现，后者则是通过设计算法来实现。

算法是解决某个特定问题所采取的方法或步骤。无论是形成解题思路或是编写程序，都是在实施某种算法。这里专指计算机算法，其具有以下5个重要特征。

1. 有穷性

一个算法必须保证执行有限步骤之后结束。

2. 确定性

算法的每一步骤必须有确切的含义，不能模棱两可，不能有二义性。

3. 有效性

算法的每一步骤都应当能有效地执行，并能得出确定的结果。例如，若 a=0，运算式 b/a 则无法有效执行。

4. 有零个或多个输入

所谓输入是指在执行指定的算法时，需要从外界获取的信息。对于要处理的数据，大多通过输入得到，输入的方式可以通过键盘或文件等。一个算法也可以没有输入，例如，使用计算式 1×2×3×4×5 就能求出 5!。

5. 有一个或多个输出

执行算法的目的就是为了对问题的求解。程序的输出就是一种“解”。一个没有输出的算法是毫无意义的。因此，当执行完算法之后，一定要有输出的结果。输出的方式可以通过显示器、打印机或文件等。

注意，算法的特征中并没有包含正确性，算法的正确性是通过算法分析去证明的。对于同一个问题可能有多个算法，我们不但要学会设计算法，而且要设计出好的算法。判断一个算法的优劣也属于算法分析的范畴。

3.2.2 算法的基本结构

按照结构化程序设计的思想，最基本的结构有3种，即顺序结构、选择(分支)结构和循环结构，用这3种基本结构作为表示一个良好算法的基本单元。

顺序结构由若干个依次执行的处理模块组成，是构成算法的最简单也是最基本的结构。

选择结构又称为分支结构，这种结构是根据条件从若干个分支中选择其中的一个分支去执行。选择结构有单分支选择、双分支选择和多分支选择3种形式。

循环结构用来表示有规律地重复执行某一处理模块的过程，被重复执行的处理模块称为循环体。循环体执行的次数由控制循环的条件来决定。根据检查循环条件的方式，循环可分为当型循环和直到型循环两种结构。

由以上3种基本结构通过堆叠和嵌套方式组成的算法结构，可以解决任意复杂的问题。由基本结构所构成的算法属于“结构化”算法，它不存在无规律的转向，只在本基本结构内部才允许存在分支和向前或向后的跳转。

3.2.3 算法的表示方法

进行算法设计时，可以采用不同的方法来描述算法，如自然语言、伪代码、流程图和N-S流程图等。

1. 自然语言表示算法

自然语言表示算法就是用人们日常使用的语言来描述算法。

【**程序 3-1**】求两个数 A、B 中的最大数。

用自然语言表示算法如下：

步骤 1：将数 A、B 进行比较，如果 A 大于 B，则转向步骤 2，否则转向步骤 3。

步骤 2：A 是最大数，转向步骤 4。

步骤 3：B 是最大数。

步骤 4：算法结束。

用自然语言表示算法方便、通俗，但文字冗长，容易出现“歧义性”，不便于表示分支结构和循环结构的算法。因此，除特别简单的问题外，一般不用自然语言表示算法。

2. 伪代码表示算法

伪代码表示算法是用介于自然语言与计算机语言之间的文字和符号来描述算法。用伪代码写算法并无固定、严格的语法规则，可以用英文，也可以中英文混用。只要把意思表达清楚，便于书写和阅读即可。书写的格式尽量清晰易读。

若将程序 3-1 算法用伪代码表示，可表示为如下形式：

```
input  A,B
if  A>B
max=A
else  max=B
print   max
```

用伪代码表示算法书写自由，容易表达出设计者的思想，同时修改方便，易于读懂，也便于向计算机程序过渡。

3. 流程图表示算法

算法的传统流程图表示法一直是算法表示的主流之一，它是用一些图框和方向线来表示算法的图形表示法。美国国家标准化协会 ANSI(American National Standard Institute)规定了一些常用的流程图符号，如表 3-1 所示，现已为世界各国程序工作者普遍采用。

表 3-1　　流程图图形符号

图形符号	名称	操　　作
	起止框	流程的起始与终止
	输入/输出框	数据的输入与输出

续表

图形符号	名称	操　　作
	判断框	判断选择，根据条件满足与否选择不同路径
	处理框	各种形式的数据处理
	过程框	一个定义的过程或函数
	连接点	表示与流程图其他部分相连接
→↓	流程线	连接各图框，表示执行顺序
	注释框	书写注释

根据这些图形符号，可以将前面程序 3-1 的算法，用流程图表示如下：

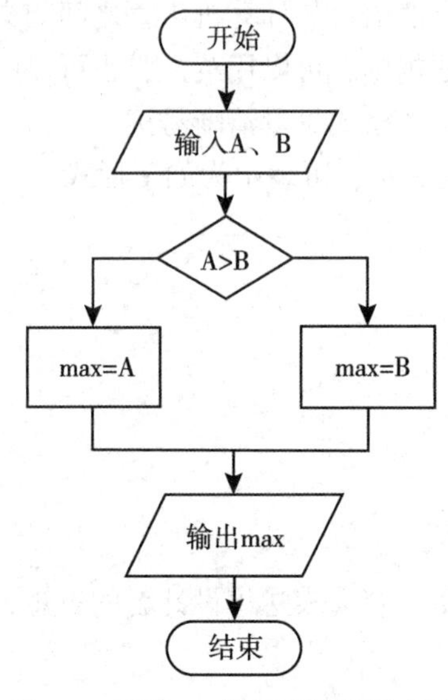

图 3-1　程序 3-1 算法的流程图表示

结构化程序设计方法中规定的三种基本结构，即顺序结构、选择结构和分支结构也可以用流程图表示出来，如图 3-2 和图 3-3 所示。

4. N-S 流程图表示算法

N-S 流程图是美国学者 I. Nassi 和 B. Shneiderman 在 1973 年提出的一种新型流程图形式。在这种流程图中，完全去掉了带箭头的流程线，全部算法写在一个矩形框内，在该框内还可以包含其他从属于它的框。

将结构化程序设计方法中三种基本结构用 N-S 流程图表示出来如图 3-4 所示。

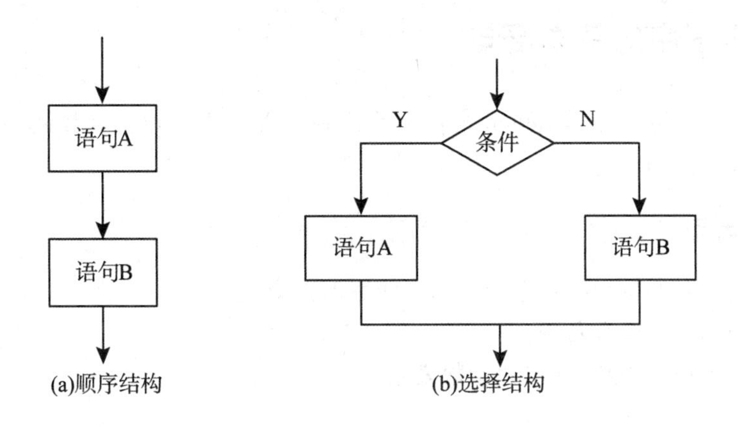

图 3-2　顺序结构和选择结构的流程图表示

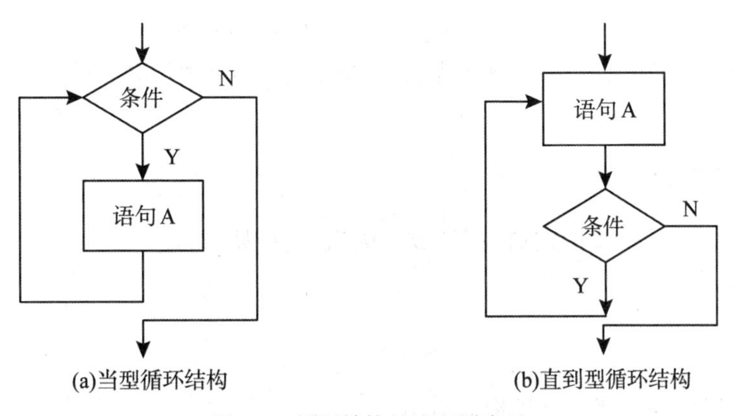

图 3-3　循环结构的流程图表示

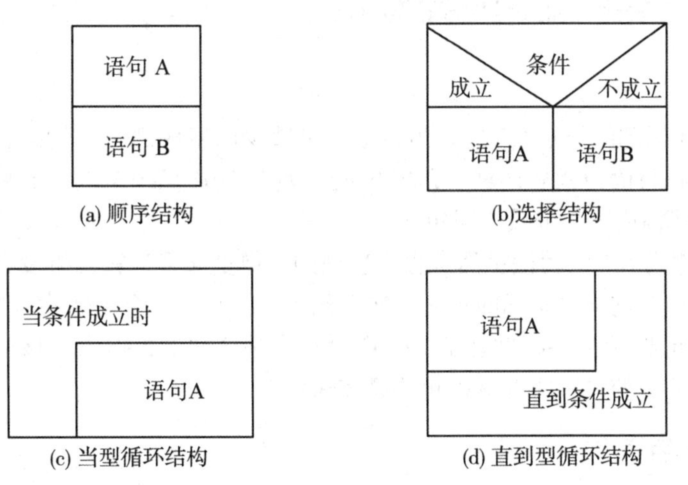

图 3-4　三种基本结构的 N-S 流程图表示

3.3 C 语言程序的基本语句

C 语言的基本语句从形式上可分为：声明语句，表达式语句，函数调用语句，控制语句，复合语句和空语句 6 类。

3.3.1 声明语句

声明语句用来对变量和函数进行说明。使用形式为：

类型说明符　变量名表;

类型说明符　函数名(形式参数表);

例如：

```
int a,b;                    /* 变量 a、b 为整型变量 */
double c,d;                 /* 变量 c、d 为双精度型变量 */
int max(int x,int y);       /* 函数 max 返回值的类型为整型 */
```

3.3.2 表达式语句

表达式语句是由一个表达式加“;”构成的语句。使用形式为：

表达式;

例如：

```
n=5;  /* 赋值表达式加分号构成语句 */
i++;  /* 自增运算表达式加分号构成语句 */
a+=b+c;  /* 复合赋值表达式加分号构成语句 */
a+b;  /* a+b 表达式加分号构成语句 */
```

注意：

(1)位于语句尾部的分号“;”是 C 语句中不可缺少的组成部分，任何表达式都可以加上分号构成语句。执行语句就是计算表达式的值。如上例中，n=5 是一个赋值表达式，加上“;”后的 n=5；就构成了一个赋值语句。

(2)有些表达式语句的写法虽然符合语法规则，但是如果计算结果没有保留在一个变量中，执行其操作指令就缺乏实际的意义。如上例中，a+b 是一个表达式，加上“;”之后构成一个语句，该语句执行了 a+b 的运算，在 C 语言中是合法的，但由于该语句并没有将 a+b 的计算结果赋给任何变量，所以该语句并无实际意义。

3.3.3 函数调用语句

函数调用语句由一个函数调用加分号“;”组成。使用形式为：

函数名(实参表);

例如：

```
printf("Hello,World! \n");
c=max(a,b);
```

其中，printf是一个标准库中的输出函数，max是一个用户自定义函数，在它们后面分别加一个分号“;”就构成了函数调用语句。

3.3.4 空语句

空语句是指仅由一个分号“;”组成的语句，即：

```
    ;
```

空语句不产生任何操作。

空语句的使用一般有两种情况，一是在循环语句中使用空语句提供一个不执行操作的空循环体，从语句的结构上来说，这个空语句是必需的；二是为有关语句提供标号，用以说明程序执行的位置。在程序设计初期，有时需要在某个位置加一个空语句来表示存在一条语句，以待之后进一步完善。

例如，下面的循环语句中的嵌套了一条空语句。

```
while(getchar()!='\n')
;/*空语句*/
```

该循环语句的功能是用键盘输入一个字符，只要输入的字符不是换行符('\n')则继续输入，直到输入的字符为回车换行符时循环终止。这里的循环体由空语句构成，表示循环体不执行任何操作。

3.3.5 复合语句

用一对大括号{}把多条语句和声明括起来，就构成了一个复合语句。复合语句又称为分程序或语句块，在语法上被看做是单条语句，而不是多条语句。

例如下面是一个复合语句：

```
{
    u=-b/(2*a);
    v=sqrt((x*x-4*a*c)/(2*a));
    x1=u+v;
    x2=u-v;
    printf("%f%f\n",x1,x2);
}
```

注意：

(1)在括号“}”外不需加分号。

(2)复合语句内的各条语句都必须以分号“;”结尾。组成复合语句的语句数量不限。

如：

```
{
    char c;
    c=65;
    putchar(c);
}
```

也是一条复合语句，输出字母“A”。从这个例子中可以看出，在复合语句中不仅有执行语句，还可以包含声明部分。

(3)复合语句可以出现在允许语句出现的任何地方。在选择结构和循环结构中都会看到复合语句的用途。

复合语句组合多个子语句的能力及采用分程序定义局部变量的能力是C语言的重要特点，它增强了C语言的灵活性，同时还可以按层次使变量作用域局部化，使程序具有模块化结构。

3.3.6 流程控制语句

流程控制语句由C语言规定的语句保留字组成，用于控制程序的流程，以实现程序的各种结构。C语言有9种流程控制语句，可分为以下三类：

(1)条件判断语句

条件语句：if()……和 if()……else……

多分支选择语句：switch(){……}

(2)循环执行语句

while 语句：while()……

do while 语句：do……while()；

for 语句：for()……

(3)转向语句

无条件转向语句：goto

结束本次循环语句：continue

终止执行 switch 或循环语句：break

函数返回语句：return

【程序3-2】编写程序用 if-else 语句求实数 x 的绝对值。

下面是程序的源代码(ch03_abs.c)：

```
#include<stdio.h>
int main(void)
{
    float x,y;

    printf("输入一个实数:");
```

```
    scanf("%f",&x);

    /*使用if-else语句计算x的绝对值,并将结果赋值给y*/
    if(x>=0)
      y=x;
    else
      y=-x;

    printf("%f的绝对值=%f\n",x,y);

    return 0;
}
```

执行该程序得到下面的运行结果:

```
输入一个实数:-6.2
-6.2的绝对值=6.2
```

上述三类流程控制语句将分别在选择结构和循环结构等有关章节中介绍。

3.4 数据输入输出的概念与C语言实现

数据的输入和输出是一个完整的程序必不可少的功能。程序要进行运算，就必须有数据，同时运算后的结果需要输出给人们使用，一个没有输出结果的程序是没有意义的。因此，数据的输入输出功能是程序最基本的操作之一。

所谓输入是指数据从外存或外设(如键盘、磁盘文件等)进入或读入计算机内存的过程，而输出则是指数据从计算机内存取出或写出到外存或外设(如显示器、磁盘文件等)的过程。

C语言中每个输入源和输出目的地都称为流。输入流是可读入程序的数据源，输出流是程序输出数据的终点。流和设备实体相互对应，分标准流和非标准流两类，其中标准流则对应系统的标准输入输出设备。标准输入流对应键盘，而标准输出流对应显示屏幕。在程序启动时将自动绑定标准输入流和标准输出流。

C语言本身没有提供输入输出命令，所有的数据输入与输出操作都是通过调用C标准库函数来实现的，其功能是按用户指定的格式进行数据的输入与输出操作。在C的标准库函数中包含“标准输入输出函数”，它们是以标准的输入输出设备(一般为终端设备如键盘及显示屏幕)为输入输出对象的。

注意，在使用C语言的库函数时，要在程序文件的开头部分用预编译命令“#include”将有关头文件包含到源文件中。使用标准输入输出库函数时要用到的头文件是“stdio.h”文件，因此源文件应有“#include<stdio.h>”开头。

3.5 几种输入输出数据的方法

C 语言最基本的数据输入输出函数有 4 个，可分为字符输入输出函数和格式输入输出函数两类。它们是：字符输出函数 putchar、字符输入函数 getchar、格式输出函数 printf 和格式输入函数 scanf。

3.5.1 用函数 putchar 输出单个字符数据

putchar 函数是字符输出函数，功能是在显示器上输出一个字符。使用形式如下：

putchar(c);

其中：c 为字符型数据或整型数据，当为整型数据时，它的值一般应是一个可见字符的 ASCII 编码，否则没有实际意义。

例如：

```
char c='A';
putchar(c);      /*输出大写字母 A*/
putchar('b');/*输出小写字母 b*/
putchar('\n');  /*输出一个换行符,使输出的当前位置移到下一行的开头*/
putchar('\101');/*输出大写字母 A*/
putchar('\'');/*输出单引号字符*/
putchar('\015');/*输出回车符,不换行,使输出的当前位置移到本行开头*/
```

注意，putchar 函数只有一个参数，一次只输出一个字符。

【程序 3-3】putchar 函数的使用方法。使用 putchar 函数输出字符型数据，整型数据和转义字符。

下面是程序的源代码(ch03_putchar.c)：

```
#include<stdio.h>
int main(void)
{
    char c1='A',c2='B',c3='C';

    putchar(c1);putchar(c2);putchar(c3);putchar('\t');
    putchar(c1);putchar(c2);
    putchar('\n');
    putchar(c2);putchar(c3);

    return 0;
}
```

执行该程序得到下面的运行结果：

```
ABC ␣␣␣␣␣AB
BC
```

3.5.2 用函数 getchar 输入单个字符数据

getchar 函数是字符输入函数，功能是读取从键盘上输入的一个字符。使用的一般形式如下：

变量=getchar( );

例如：

```
char c;
c=getchar();
```

运行程序时从键盘输入 A，则将输入的字符 A 赋予字符变量 c。

注意：

(1)getchar 函数是无参函数，但调用 getchar 函数时，后面的括号不能省略。getchar 函数从键盘上接收一个字符作为它的返回值。

(2)getchar 函数只能接受单个字符。输入多于一个字符时，只接收第一个字符。通常把输入的字符赋予一个字符变量，构成赋值语句。

(3)在输入时，空格、换行符等都作为字符读入，而且，只有在用户按回车键时，读入才开始执行。

【程序 3-4】getchar 函数的使用方法。使用 getchar 函数输入字符型数据和转义字符，再使用 putchar 函数输出。

下面是程序的源代码(ch03_getchar.c)：

```
#include<stdio.h>
int main(void)
{
    char c,d;
    /*使用 getchar 函数输入字符*/
    printf("请输入一个字符\n");
    c=getchar();
    d=getchar();
    /*使用 putchar 函数输出字符*/
    putchar(c);
    putchar('\n');
    putchar(d);
    putchar('\n');
```

```
    return 0;
}
```

执行该程序得到下面的运行结果:

```
请输入一个字符
NEW↙
N
E
```

结果分析:本例中输入了四个字符 N、E、W 和回车键,但只有 N 被赋值给变量 c,E 被赋值给变量 d,W 没有被赋给变量,并且读入字符是在按回车键后开始执行。

由此总结,getchar 函数的工作原理为:当程序调用 getchar 函数时,程序就等待用户按键输入。用户输入的字符被存放在键盘缓冲区中,直到用户按回车为止(回车字符也放在缓冲区中)。当用户键入回车之后,getchar 才开始从标准输入流中每次读入一个字符。getchar 函数的返回值是用户输入的第一个字符的 ASCII 码,即是一个 int 型值,且将用户输入的字符回显到屏幕,如出错则返回-1。若用户在按回车之前输入了不止一个字符,其他字符则保留在键盘缓存区中,等待后续 getchar 调用读取。也就是说,后续的 getchar 调用不会等待用户按键,而是直接读取缓冲区中的字符,直到缓冲区中的字符全部读完,才会等待用户按键。

3.5.3 用函数 printf 按指定格式输出数据

printf 函数称为格式输出函数,其最后一个字母 f 即为“格式”(format)之意,功能是按用户指定的格式,把指定的数据默认输出到显示器屏幕上。

1. printf 函数调用的一般形式

printf 函数是标准库函数,其函数原型在头文件<stdio. h>中定义,使用形式为:

printf(格式控制字符串,输出表);

例如:

```
printf("i1=%d,%f,%d,c2=%c\n",i1,f1,i+j,c2);
```

其中,格式控制字符串由双引号作为两端界符,用于指定输出格式。输出表列由需要输出的各个数据项组成,可以是常量、变量或表达式,各输出项之间用逗号“,”分隔。

2. printf 函数的格式控制字符串

格式控制字符串可以包含三种字符:格式说明符、转义字符和普通字符。

(1)格式说明符

格式说明符由“%”和格式字符组成,如%d,%f 等,其作用是将输出的数据转换为指定的格式然后输出。格式说明符总是由“%”开始。

printf 函数中常用的格式字符见表 3-2 所示。

表 3-2 **printf 格式字符**

格式字符		意　　义
整型数据	%d	输出十进制形式的带符号整数
	%u	输出十进制形式的无符号整数
	%o	输出八进制形式的无符号整数
	%x	输出十六进制形式的无符号整数，使用小写字母 a，b，c，d，e，f
	%X	与 x 相同，使用大写字母 A，B，C，D，E，F
实型数据	%f	输出小数形式的单、双精度实数
	%e	输出指数形式的单、双精度实数，指数用 e 表示
	%E	与 e 相同，指数用 E 表示
	%g	以%f、%e 中较短的输出宽度输出单、双精度实数，指数用 e 表示
	%G	与 g 相同，指数用 E 表示
字符型数据	%c	输出单个字符
	%s	输出字符串

在格式说明符中的%和字母之间，可以使用附加修饰符。常用的附加修饰符如表 3-3 所示。

表 3-3 **printf 附加修饰符**

附加修饰符	意　　义
-	结果左对齐，右边填空格
m	m 是一个整数，表示数据的最小宽度
. n	n 是一个整数。对实数，表示输出 n 位小数；对字符串，表示截取的字符个数
L 或 l	表示按长整型输出

(2)转义字符：这些字符用于在程序中描述键盘上没有的字符或某个具有复合功能的控制字符，如 \ n 或 \ t 等。

(3)普通字符；除格式说明符和转义字符之外的其他字符，这些字符原样输出，如上面例子中的“i1=”、“c2=”。普通字符可以根据需要来使用，不是必需项。

3. printf 函数的几种常用输出形式

(1)d 格式符

使用 d 格式符，用于输出一个有符号的十进制整数。在输出时，按十进制整型数据的实际长度输出，正数的符号不输出。如：

```
printf("i=%d",i);
```

可以使用附加说明符 m 来指定输出数据的最小宽度，即所占的列数。如：

```
printf("%5d%-7d",i,j);
```

指定输出数据 i 占 5 列宽度，右对齐，宽度不足左边补空格，数据 j 占 7 列宽度，左对齐，宽度不足右边补空格。

注意，当附加说明符 m 小于或等于数据的实际宽度时，按数据的实际宽度输出。

(2)c 格式符

使用 c 格式符，用于输出一个字符。如：

```
char ch='k';printf("%c",ch);/*运行后,输出字符k*/
```

同样可以使用附加说明符 m 来指定输出宽度。如：

```
printf("%5c",ch);/*运行后输出字符k,右对齐,左边补4个空格*/
"%-5c"的含义是字符k左对齐,右边补4个空格。
```

注意，一个数值范围在 0~255 范围内的整型数据，也可以使用%c 格式符按字符形式输出，输出前，系统会将该整数作为 ASCII 码转换为相应的字符。如：

```
short a=66;
printf("%c",a);
```

运行后输出字符 B。

如果整数值较大，超出 0~255 范围，则把它的最后一个字节的值按字符形式输出。如：

```
int b=377;
printf("%c",b);
```

运行后输出字符 y。

同样，一个字符型数据也可以用%d 格式符以整数形式输出其对应的 ASCII 值。如：

```
char ch='a';
printf("%d",ch);
```

运行后输出整数值 97。

(3)s 格式符

使用 s 格式符，用于输出一个字符串。如：

```
printf("%s","Program");/*运行后,输出字符串Program*/
```

同样可以使用附加说明符 m 来指定输出宽度。如：

```
printf("%5s","abc");/*运行后输出字符串abc,右对齐,左边补2个空格*/
```

注意，当m小于或等于字符串的实际长度时，按实际数据输出。如：

```
printf("%3s","china");/*运行后输出字符串china*/
```

(4)f格式符

使用f格式符，用于以小数形式输出一个实数。有以下几种用法：

①基本型%f

使用不带附加说明符的%f输出，不指定输出数据的长度，由系统根据数据的实际情况决定数据所占的列数(VC2010系统的处理方法是实数的整数部分全部输出，小数部分输出6位)。

【程序3-5】用%f格式符输出实数。

下面是程序的源代码(ch03_prifloat.c)：

```
#include<stdio.h>
int main(void)
{
    double a=1.0;
    printf("%f\n",a/3);
    return 0;
}
```

执行该程序得到下面的运行结果：

```
0.333333
```

注意，本例中a是双精度型，a/3的结果也是双精度型，但是用基本型%f格式则只能输出6位小数。

②%m.nf形式

用%m.nf形式可以指定数据宽度和小数位数。其中，m表示该浮点数整体所占的列数，包括整数部分、小数点和小数部分；n表示该浮点数中小数部分所占的列数。

如程序3-5中的printf语句若改为：

```
printf("%18.9f\n",a/3);
```

运行结果为：

```
␣␣␣␣␣␣␣0.333333333(␣为空格)
```

这里输出了 9 位小数，因为双精度数可以保证 16 位有效数字的精确度。

注意：在用%f 格式符输出时要注意数据本身能提供的有效数字，float 类型的存储单元只能保证 7 位有效数字。double 类型的数据可以保证 16 位有效数字。但是超出这个长度的单精度和双精度数据都不能保证其精确度。

③%-m.nf 形式

%-m.nf 形式输出的含义与%m.nf 相同，但是数据左对齐，右端补空格。

(5)e 格式符

使用 e 格式符，用于以指数形式输出一个实数。有以下几种用法：

①基本型%e

使用不带附加说明符的%e 输出，不指定输出数据的长度和小数部分的位数。在 VC2010 系统中输出的指数形式是：整数部分有 1 位非 0 数字，小数部分占 6 位，指数部分占 5 位，小数点占 1 位，共占 13 位。例如：

```
printf("%e",123.456);
```

输出结果为：

```
1.234560e+002
```

②%m.ne 形式

用%m.ne 形式可以指定数据宽度和小数部分的位数。其中，m 表示数据整体所占的列数，包括整数部分、小数点、小数部分和指数部分；n 表示数据小数部分的位数。

例如：

```
printf("%13.4e",123.456);
```

输出为：

```
␣␣1.2346e+002(␣为空格)
```

说明：取小数位数时遵循四舍五入的原则。当 m 的值小于或等于 13 时，则按基本型%e 形式输出。

③%-m.ne 形式

%-m.ne 形式输出的含义与%m.ne 相同，但是数据左对齐，右端补空格。

注意，格式符 e 也可以写为大写字母 E 形式，如 1.2346E+002，其含义与输出结果均与 1.2346e+002 相同。

(6)转义字符的输出

在格式控制字符串中包含转义字符时，一些特殊字符需要注意其输出结果。如：

如果想输出字符"%"，在"格式控制"字符串中用连续两个%表示。

如果想输出字符"\"，在"格式控制"字符串中用连续两个\\ 表示。

如果想输出字符单引号或双引号，在"格式控制"字符串中用\'或\"表示。

【程序 3-6】转义字符在 printf 函数中的使用。

下面是程序的源代码(ch03_priescape.c)：

```
#include<stdio.h>
int main(void)
{
    int a=1234,b=5678;
    printf("a=%d\tb=%d\n",a,b);
    printf("a=%d\tb=%d\n",a,b);
    printf("\'%s\'\n","CHINA");
    printf("%f%%\n",1.0*a/b);
    return 0;
}
```

执行该程序得到下面的运行结果：

```
a=1234 ␣␣b=5678
a=1234b=5678
'CHINA'
0.217330%
```

【程序 3-7】printf 格式说明符的综合示例一：数值型数据的多种格式。

下面是程序的源代码(ch03_prisample1.c)：

```
#include<stdio.h>

int main(void)
{
    int i=123;
    float f=3.1415;
    double d=1234.567890;
    long l=1234567890;

    printf("%d,%ld,%lo,%lx,%lu\n",l,l,l,l,l);
    printf("%d,%f,%e,%f,%e\n",i,f,f,d,d);
```

```
    printf("%-d,%-f,%-e,%-f,%-e\n",i,f,f,d,d);
    printf("%o,%x,%e,%f,%g\n",i,i,f,f,f);
    printf("%e,%f,%g\n",d,d,d);
    printf("\n%5d,%10f,%15e\n",i,f,f);
    printf("\n%-5d,%-10f,%-15e\n",i,f,f);
    printf("\n%.3f,%.4e,%.5g\n",f,d,d);
    printf("\n%10.2f,%15.4e,%20.5g\n",f,d,d);

    return 0;
}
```

执行该程序得到如图 3-5 的运行结果：

```
1234567890,1234567890,11145401322,499602d2,1234567890
123,3.141500,3.141500e+000,1234.567890,1.234568e+003
123,3.141500,3.141500e+000,1234.567890,1.234568e+003
173,7b,3.141500e+000,3.141500,3.1415
1.234568e+003,1234.567890,1234.57

  123,  3.141500,   3.141500e+000

123  ,3.141500  ,3.141500e+000

3.141,1.2346e+003,1234.6

      3.14,     1.2346e+003,                1234.6
```

图 3-5　程序 3-7 的运行结果

分析本例结果，可以注意到两个问题：①计算机的实数运算是存在误差的，并非精确运算。整数运算应注意是否会产生溢出错误。②程序运行结果通过 printf 函数格式化输出时，存在格式转换问题，可能会因为有效位数的限制、格式符使用不恰当等原因导致显示结果不正确。因此，在编写和调试程序过程中，printf 语句的格式符使用应重点检查。

【程序 3-8】printf 格式说明符的综合示例二：字符型数据的格式输出。

下面是程序的源代码(ch03_prisample2.c)：

```
#include<stdio.h>

int main(void)
{
    char c='p';
    printf("c=%c\n",c);
    printf("%c 的 ASCII 码=%d\n",c,c);
    printf("%s\n","Wuhan");
    printf("%5.2s,%-7.3s,%3s\n","Wuhan","Wuhan","Wuhan");
```

```
    return 0;
}
```

执行该程序得到下面的运行结果：

```
c=p
p的ASCII码=112
Wuhan
␣␣␣Wu,Wuh␣␣␣␣,Wuhan
```

4. 使用printf函数要注意的几点

(1)格式控制字符串和各输出项在数量和类型上应该一一对应。

在printf函数中，当输出表列中变量或表达式的个数多于格式控制字符串的个数时，多出项不予输出；当格式控制字符串的个数多于输出表列中变量或表达式的个数时，无对应变量或表达式的格式控制字符串会输出随机值。

【程序3-9】分析程序的运行结果。

下面是程序的源代码(ch03_prinum.c)：

```
#include<stdio.h>
int main(void)
{
    int a=1,b=2,c=3;
    printf("%d,%d,%d,%d\n",a,b,c);
    printf("%d,%d,%d",a,b,c,a+b+c);
    return 0;
}
```

执行该程序得到下面的运行结果：

```
1,2,3,1450
1,2,3
```

结果说明：函数调用printf("%d,%d,%d,%d\n", a, b, c)；语句输出结果为1，2，3，1450，原因为格式控制字符串的个数多于输出表列中给出的变量的个数，第4个格式控制符输出随机值。而执行函数调用printf("%d,%d,%d", a, b, c, a+b+c)；时，输出表列中变量和表达式的个数多于格式字符的个数，则表达式a+b+c不输出结果。

(2)注意输出表中的求值顺序。

其实质是当printf函数中的输出表列中有多个表达式时，先计算哪个表达式的问题。不同的编译系统对输出表列中的求值顺序不一定相同，可以从左到右，也可从右到左。VC 2010是按从右到左进行的。

【程序 3-10】VC2010 编译系统对输出表列中的求值顺序。

下面是程序的源代码(ch03_calorder. c):

```
#include<stdio.h>

int main(void)
{

    int i=8;
    printf("%d\n%d\n",i++,i--);

    return 0;
}
```

执行该程序得到下面的运行结果:

```
7
8
```

结果说明:本例中 printf 函数对输出表中各变量求值的顺序是自右至左进行的。在式中,先做最后一项"--i",--i 为前缀运算,i 先自减 1 后输出,输出值为 7。然后求输出表列中的第一项"++i",此时 i 自增 1 后输出 8。但是必须注意,求值顺序虽是自右至左,但是输出顺序还是从左至右,因此得到上述输出结果。

3.5.4 用函数 scanf 按指定格式输入数据

scanf 函数称为格式输入函数,功能是按格式控制字符串规定的格式,从指定的输入设备(一般为键盘)上把数据输入到指定的变量中。

1. scanf 函数调用的一般形式

scanf 函数是标准库函数,其函数原型在头文件<stdio. h>中定义,使用形式为:

scanf(格式控制字符串,输入项地址表);

例如:

```
scanf("%d%f ",&i1,&f1);
```

其中,格式控制字符串由双引号作为两端界符,用于指定输入格式。输入项地址表由若干个地址组成,相邻两个输入项地址之间用逗号分开。

输入项地址表中的地址,可以是变量的地址,也可以是字符数组名或指针变量(在后续章节中介绍)。变量地址的表示方法为"& 变量名",其中"&"是取变量地址运算符。例如,&a,&b,&c 分别表示变量 a,b 和 c 的地址。这个地址是在编译连接时系统分配给变量 a,b,c 的地址。

2. scanf函数的格式控制字符串

scanf函数的格式控制字符串可以包含三种字符：格式说明符、空白符和非空白符。

(1)格式说明符：用来指定数据的输入格式。

(2)空白符：包括空格、制表符和换行符，通常作为相邻两个输入数据的缺省分隔符。

(3)非空白符：又称普通字符，在输入有效数据时，必须原样输入。

与printf函数的格式说明符相似，scanf的格式说明符也由“%”和格式字符组成，如%d,%f等。scanf函数中的常用格式字符见表3-4所示。

表3-4 **scanf格式字符**

格式字符		意　　义
整型数据	%d	输入十进制形式的带符号整数
	%u	输入十进制形式的无符号整数
	%o	输入八进制形式的无符号整数
	%x	输入十六进制形式的无符号整数，使用小写字母a，b，c，d，e，f
	%X	与x相同，使用大写字母A，B，C，D，E，F
实型数据	%f %e %E %g %G	以小数或指数形式输入单精度实数
字符型数据	%c	输入单个字符
	%s	输入字符串

与printf函数的格式说明符相似，在scanf的格式说明符中的%和字母之间，也可以使用附加修饰符。常用的附加修饰符如表3-5所示。

表3-5 **scanf附加修饰符**

附加修饰符	意　　义
*	跳过该输入项，不赋值
l	输入长整型数据以及双精度实数数据
h	输入短整型数据
m	m是一个整数，指定输入的宽度

【程序3-11】scanf函数的使用格式。

下面是程序的源代码(ch03_usescanf.c)：

```
#include<stdio.h>
int main(void)
```

```
{
    int a,b,c;
    printf("请输入 a,b,c 的值:\n");
    scanf("%d%d%d",&a,&b,&c);
    printf("a=%d,b=%d,c=%d",a,b,c);
    return 0;
}
```

执行该程序得到下面的运行结果:

```
请输入 a,b,c 的值:
1 ␣2 ␣3 ↙(↙表示按回车键)
a=1,b=2,c=3
```

说明:该例中,因为没有非格式字符在"%d%d%d"之间作为输入数据的分隔符,所以在输入数据时,可以使用一个或多个空格、制表符或换行符作为两个数值型数据之间的分隔符。

【程序 3-12】当输入数据为 3 ␣2 ␣4 ␣5 时,程序的输出结果是什么?

下面是程序的源代码(ch03_scanfnum. c):

```
#include<stdio.h>
int main(void)
{
    int a,b,c;
    printf("请输入 a,b,c 的值:\n");
    scanf("%d%*d%d%d",&a,&b,&c);
    printf("s1=%d,s2=%d,s3=%d",a+b,b+c,a+b+c);
    return 0;
}
```

执行该程序得到下面的运行结果:

```
请输入 a,b,c 的值:
3 ␣2 ␣4 ␣5 ↙
s1=7,s2=9,s3=12
```

3. 使用 scanf 函数需要注意的几点

(1)scanf 函数中要求输入项地址,应为地址格式,而不是变量名。例如 scanf("%d",a);是非法的,正确形式为 scnaf("%d", &a);许多初学者常犯此错误。

(2)scanf 函数中无精度控制。例如 scanf("%5. 2f", &a);是不合法的(输入时不能获取

正确的实数)。而 scanf("%5f", &a); 是合法的,其中5为输入数据宽度。

(3)当输入的数据类型为多个数值型数据时,若相邻两个格式指示符之间没有分隔符(如逗号、冒号等),则相应的两个输入项之间可用的分隔符有三种:空格、制表符或换行符。例如:

```
scanf("%d%d%d",&a,&b,&c);
```

运行时,从键盘输入:10(空格)20(空格)30(空格)

(4)当输入的数据类型为字符型数据时,则认为所有输入的字符均为有效字符,特别地,空格和换行符等都作为有效字符被输入。例如:

```
scanf("%c%c%c",&a,&b,&c);
```

当输入为:

```
d ␣␣e ␣␣f ↙
```

则把字符 d 赋给变量 a,变量 b 和变量 c 的值为空格。

只有当输入为 def↙时,系统才会把 d 赋给变量 a,e 赋给变量 b,f 赋给变量 c。

如果在格式控制字符串中加入空格作为间隔,如:

```
scanf("%c ␣%c ␣%c",&a,&b,&c);
```

则输入时各数据之间可加空格。

(5)在格式控制字符串中出现的普通字符(包括转义字符形式的字符),务必原样输入。

例如:

```
scanf("%d,%d,%d",&m1,&m2,&m3);
```

其中,用非格式符“,”作分隔符,则在运行时输入应为:5,6,7。

又例如:

```
scanf("m1=%d,m2=%d",&m1,&m2);
```

若给 m1 输入 10,m2 输入 20,则正确的输入操作为:

```
m1=10,m2=20↙
```

注意:在 scanf 函数中,对于格式控制字符串内的转义字符(如'\n'),系统并不把它当作转义字符来解释,从而产生一个控制操作,而是将其视为普通字符,所以也要原样输入。例如：

```
scanf("n1=%d,n2=%d\n",&n1,&n2);
```

若给 n1 输入 10，n2 输入 20，则正确的输入操作为：

```
n1=10,n2=20\n↙
```

因此，强烈建议避免在 scanf 函数中使用这种格式，否则将导致输入时发生错误。

为了改善人机交互性，同时简化输入操作，在设计输入操作时，一般先用 printf 函数输入一个提示信息，再用 scanf 函数进行数据操作。这也是一个程序员良好的编程习惯。例如：

```
printf("Please input n1:");
scanf("%d",&n1);
printf("n2=");
scanf("%d",&n2);
```

(6)输入数据时，遇到以下情况时系统认为该数据输入结束：

①遇到空格、换行符或制表符。

②遇到非法输入。如，在输入数值数据时，遇到字母等非数值符号(数值符号仅由数字字符 0~9、小数点和正负号构成)。如对 scanf(“%d”，&n1)；当输入“135A”时，认为该数据输入结束(A 为非法数据)。

③遇到输入域宽度结束。例如：scanf(“%3d”，&n1)；输入数据只取三列。

【程序 3-13】scanf 格式字符的综合示例一：数值型数据的格式输入。

下面是程序的源代码(ch03_scanfsample1. c)：

```
#include<stdio.h>

int main(void)
{

    int a,b;
    long l=123467890;
    float f=3.14;
    double d1,d2;
    char c='a';

    printf("Please input data:\n");
    scanf("%d",&a);
    scanf("%o",&b);
```

```
    scanf("%x",&c);
    scanf("%f",&f);
    scanf("%c",&c);

    printf("output1:");
    printf("%d,%d,%d,%f,%c\n",a,b,c,f,c);

    printf("Please input data:\n");
    scanf("%lf%lf",&d1,&d2);
    printf("output2:");
    printf("%ld,%lf,%e,%20.9lf\n",l,d1,d2,d2);

    return 0;
}
```

执行该程序得到如图3-6的运行结果：

```
Please input data:
10 10 10 10a
output1:  10,8,97,10.000000,a
98765432 87654321
output2:  123467890,98765432.000000,8.765432e+007,  87654321.000000000
```

图3-6　程序3-13的运行结果

【程序3-14】scanf格式字符的综合示例二：字符型数据的格式输入。

下面是程序的源代码(ch03_scanfsample2.c)：

```
#include<stdio.h>
int main(void)
{
    char a,b;
    printf("请连续输入两个字符:\n");
    scanf("%c%c",&a,&b);/*两个字符之间无空格*/
    getchar();
    printf("\n%c%c\n",a,b);/*先换行,再显示两个字符*/
    printf("请输入两个字符,中间以若干空格分隔:\n");
    scanf("%c %c",&a,&b);/*两个字符之间有空格*/
    getchar();
    printf("\n%c%c\n",a,b);
    return 0;
}
```

程序运行过程和输出结果如下：

```
请连续输入两个字符：
ab↙
ab
请输入两个字符,中间以若干空格分隔：
a␣␣␣␣␣b↙
ab
```

本例中，当 scanf 格式控制符"%c %c"之间有空格时，输入的数据之间可以有若干个空格作为分隔符间隔。

注意，由于 scanf 函数输入字符后需要输入回车键，该回车键也将作为有效字符保留在输入缓冲区中，为了避免该回车键影响其他字符的赋值，本例的处理方法是再调用一次 getchar 函数来"吃"掉这个回车键。

3.6 程序设计案例：幼儿知识小测验

【程序 3-15】编写一个幼儿知识小测验程序，给出 3 道知识题，由幼儿回答，幼儿回答后可以自己将答案与系统答案比较，并记录是否正确，最后输出测验成绩。

分析：该问题的主要功能包括出题和答题，因此需要使用数据的输出和输入功能。

解决方案：本题采用顺序结构设计程序。使用 C 语言的输入输出函数对问题和答案进行输入和输出。对于每一道测验题，将小测验问题输出，由用户输入答案，再记录分数，最后输出分数。

下面是程序的源代码(ch03_integcase. c)：

```
#include<stdio. h>
int main(void)
{
    char answer,YesorNot;
    int score=0;
    printf(" *** ———幼儿知识小测验程序—— *** \n");
    printf("\n1、熊猫是熊吗? 是,键入 Y;否,键入 N:");
    /* 使用两个 getchar 函数分别接收用户输入的字符和回车符 */
    answer=getchar();getchar();
    printf("熊猫不是熊。此题答案是:N\n");
    printf("你的答案对吗? 正确键入 1;错误键入 0:");
    /* 使用两个 getchar 函数分别接收用户输入的字符和回车符 */
    YesorNot=getchar();getchar();
    /* 使用赋值语句计算分数 */
    score=score+(YesorNot-'0');
```

```
    printf("\n2、小海马是由爸爸生的,对吗? 是,键入 Y;否,键入 N:");
    answer=getchar();getchar();
    printf("海马是由雄海马生的。此题答案是:Y\n");
    printf("你的答案对吗? 正确键入 1;错误键入 0:");
    YesorNot=getchar();getchar();
    score=score+(YesorNot-'0');
    printf("\n3、世界上最大的鱼是鲸鱼? 是,键入 Y;否,键入 N:");
    answer=getchar();getchar();
    printf("鲸鱼不是鱼。此题答案是:N\n");
    printf("你的答案对吗? 正确键入 1;错误键入 0:");
    YesorNot=getchar();getchar();
    score=score+(YesorNot-'0');
    printf("\n 你答对了%d 题,分数是%d 分。\n",score,score);
    return 0;
}
```

说明：本例中分数的计算方法使用了一个赋值语句 score=score+(YesorNot-'0')；其作用是将输入字符的 ASCII 码值减去数字字符 0 的 ASCII 码值，就得到了整数值 1 或 0。这既是答对的题目数，也是得分数。

执行该程序后的运行过程和输出结果如图 3-7 所示。

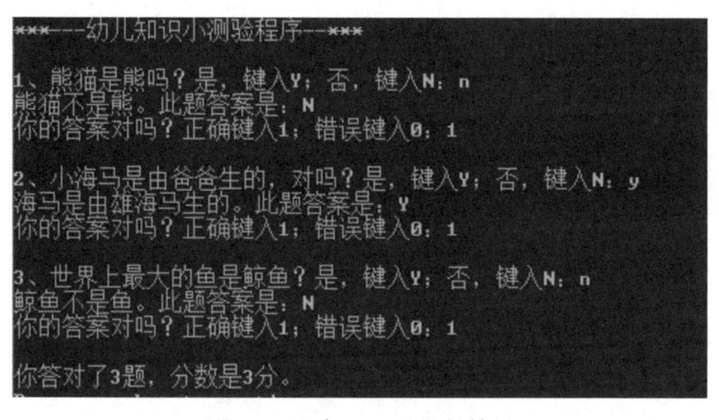

图 3-7　程序 3-15 的运行结果

本 章 小 结

本章主要介绍了结构化程序设计的概念、算法的概念和表示方法、C 语言的语句及分类。重点讲解了 C 语言数据输入和输出语句的功能和用法，包括字符输入输出函数和格式化输入输出函数。介绍了这些函数的格式控制形式及常用规则。本章内容是 C 语言编程的基础，应当通过编写和调试程序来逐步深入而自然地掌握相关内容的应用。

思　考　题

1. 结构化程序设计的三种基本结构是什么？其共同特点是什么？
2. 怎样区分C语言的表达式和表达式语句？何时用表达式，何时用表达式语句？
3. C语言为什么要把输入输出的功能作为函数，而不作为语言的基本部分？
4. 整型变量和字符型变量是否在任何情况下都可以互相代替？如：
   char c1，c2；与 int c1，c2；是否无条件等价？
5. putchar函数与scanf函数都是输入函数，它们的共同点和区别分别是什么？

第4章 选择结构程序设计

通过前面三章的学习，读者已经可以编写简单而完整的顺序结构C语言程序了。但在很多情况下，需要根据某个条件来判断是执行还是跳过某些程序代码，这时，程序中的语句就不是顺序执行的，出现了选择结构。在日常工作和学习中，也常常出现需要判断的情况，如“如果考试不及格，则需要重修”。又如“计算方程 $ax^2+bx+c=0$ 的实根”，则需要判断 b^2-4ac 是大于等于0还是小于0，只有 $b^2-4ac \geqslant 0$ 方程才有实根。

本章首先讲解C语言中的关系运算符和关系表达式以及逻辑运算符和逻辑表达式，然后讨论C语言中实现选择结构的控制语句：if语句和switch语句。这些语句的作用是通过判定给出的条件是否成立，从给定的各种可能中选择一种操作，这样可以编写具有更多功能的程序。

4.1 引例

问题：某学生参加某门功课的考试，如果考试及格，则显示“通过考试”，如果考试不及格，则显示“未通过考试”。

对于这个问题，要点是根据考试成绩来判断考试及格还是不及格。如果考试成绩大于等于60分，表示考试及格；否则，如果考试成绩小于60分，则表示考试不及格。图4-1是程序的流程图。

从图4-1程序流程图可见，当程序执行到输入考试成绩之后，需要根据成绩进行条件判断，如果成绩≥60，则执行输出“通过考试”这个分支；如果成绩<60，则执行另一个分支输出“未通过考试”。也就是说，程序的流程有选择分支了，程序走哪个分支取决于“成绩是大于等于60还是小于60”这个条件的判断。因此，“条件判断”是处理以上问题的关键点。

在C语言中，对于诸如“判断考试及格还是不及格”等有选择判断的问题的解决，有两个要点，其一是如何用C语言表达式来正确有效地表示判断的条件，其二是如何采用C语言提供的语句来实现选择分支结构。

4.2 表示条件判断的基本方法

C语言中根据计算的条件表达式的值来进行条件判断，最常用的条件表达式是由关系运算符和逻辑运算符构成的关系表达式和逻辑表达式。

4.2.1 关系运算符和关系表达式

关系运算也称比较运算，通过对两个量进行比较，判断其结果是否符合给定的条件。若条件成立，则比较的结果为真，否则就为假。例如，若 a 等于8，则 $a>6$ 条件成立，其运算

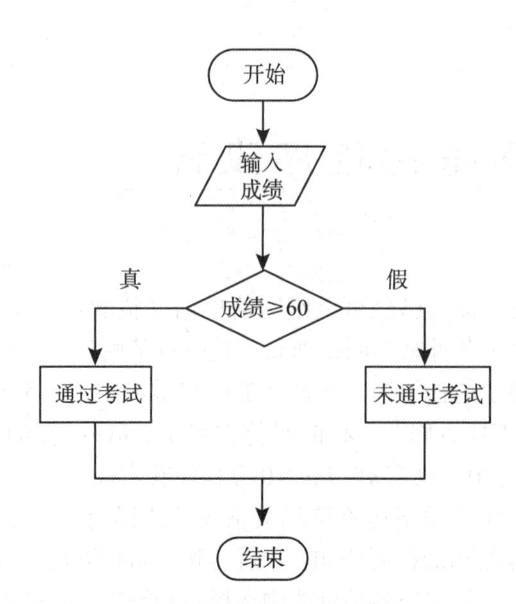

图 4-1　判断考试及格或不及格流程图

结果为真；若 a 等于-8，则 $a>6$ 条件不成立，其运算结果为假。

在 C 语言程序中，利用关系运算能够实现对给定条件的判断，以便作出进一步的选择。

1. 关系运算符(见表 4-1)

表 4-1　**关系运算符**

运算符	名称	运算符	名称	运算符	名称
<	小于	>	大于	==	等于
<=	小于等于	>=	大于等于	!=	不等于

说明：

(1)关系运算符的优先级别分为两个等级，其中，<、<=、>、>=为同级运算符且高于==和!=运算符，==、!=为同级运算符。关系运算符的优先级低于算术运算符，高于赋值运算符。

(2)关系运算符的结合性为左结合。

2. 关系表达式

用关系运算符将两个表达式连接起来的式子称为关系表达式，一般形式为：

表达式 1　关系运算符　表达式 2

说明：

(1)表达式 1 和表达式 2 可以是算术表达式、逻辑表达式、赋值表达式、关系表达式和字符表达式等。

例如，以下为 C 语言的关系表达式：

```
(a+b)<=(c+8)
```

(a=4)>=(b=6)

(a>b)==(m<n)

3!=6

(2)关系运算的结果应为逻辑值，即“真”或“假”。在C语言中，没有专门的逻辑类型，而是以整数“1”代表逻辑值“真”，以整数“0”代表逻辑值“假”。所以，关系运算的结果是以整数1表示真，以整数0表示假，结果的类型为整型。而在进行逻辑判断时，将非0视为真，0视为假。

例如，若$a=1$，$b=2$，$c=3$，则：

关系表达式：$a>b$的值为0(假)。

关系表达式：$(a+b)<=(c+8)$的值为1(真)。

关系表达式：$(a=4)>=(b=6)$的值为0(假)。

(3)进行关系运算时，要注意其优先级和结合性。若$a=1$，$b=2$，$c=3$，有关系表达式：$c>b>a$，根据“>”运算符的左结合性，$c>b>a$相应于$(c>b)>a$，结果为0(假)。

4.2.2 逻辑运算符和逻辑表达式

关系表达式通常只能表达一些简单的关系，对于一些较复杂的关系则不能正确表达。例如，有数学式子“$x<-10$或$x>0$”就不能用关系表达式表示了。又如数学式子“$10>x>0$”，虽然也是C语言合法的关系表达式，但在C语言程序中可能得不到正确的值。利用逻辑运算可以实现复杂的关系运算。

1. 逻辑运算符

C语言提供了3种逻辑运算符，如表4-2所示。

表4-2　　逻辑运算符

运算符	名称	优先级	结合性
&&	逻辑与	11	左结合
||	逻辑或	12	左结合
!	逻辑非	2	右结合

说明：

(1)逻辑非运算符(!)是一个一元运算符，其优先级高于关系运算符和其他的逻辑运算符，且高于算术运算符，具有右结合性。非运算的结果是操作数的相反值。即操作数为真时，非运算的结果为假；操作数为假时，非运算的结果为真。

例如，若a的值为真，则!a的值为假；若a的值为假，则!a的值为真。

(2)逻辑与运算符(&&)是一个二元运算符，其优先级低于逻辑非运算符和关系运算符。具有左结合性。在与运算中，当参加运算的两个操作数均为真时，其运算结果为真，否则为假。

例如，若a为假，b为真，则a&&b的值为假；若a为真，b为假，则a&&b的值也为假；若a、b均为真，则a&&b的值为真。

(3)逻辑或运算符(‖)是一个二元运算符，其优先级低于逻辑与运算符。具有左结合性。在逻辑或运算中，当参加运算的两个操作数均为假时，其运算结果为假，否则为真。

例如，若 a 为假，b 为真，则 a‖b 的值为真；若 a、b 均为假，则 a‖b 的值为假。

2. 逻辑表达式

用逻辑运算符将表达式连接起来的式子称为逻辑表达式，一般形式为：

[表达式 1]　逻辑运算符　表达式 2

说明：

(1)一般地，表达式 1 和表达式 2 是关系表达式，或者是逻辑表达式。

例如，如下表达式为逻辑表达式：

(c>=2)&&(c<=10)

(!5)‖(8&&9)

(c>=2)&&(!5)

(2)当逻辑运算符为逻辑非(!)时，没有表达式 1。

(3)与关系运算相同，逻辑表达式结果的类型为整型。逻辑运算的结果以整数 1 表示真，以整数 0 表示假。在进行逻辑判断时，将非 0 视为真，0 视为假。

(4)在一个逻辑表达式中如果有多个逻辑运算符，则优先顺序为！(非)→&&(与)→‖(或)。

例如，有如下逻辑表达式：

(1)!5‖8==9。

分析：5 是非 0 的，为真，则!5 的值为 0(假)，8==9 的值为 0，0‖0 的值为 0，所以表达式的值为 0(假)。

(2)(a=7)>6&&(b=-1)>6。

分析：由于(a=7)>6 为 1(真)，(b=-1)>6 为 0(假)，所以表达式的值为 0(假)。

(3)c>=2&&c<=10(设 c=3)。

分析：由于 c>=2 为 1(真)，c<=10 也为 1(真)，则表达式的值为 1(真)。

(4)'A'+2‖'D'。

分析：由于'A'+2 的结果为字母'C'，字母 C 和 D 的 ASCII 码值都不是 0，所以逻辑表达式的值为 1(真)。

3. 逻辑运算中的短路原则

在逻辑表达式的求解中，并不是所有的逻辑运算都被执行，当能够得出表达式的结果时，就不再继续进行余下的计算，这就是“短路原则”。

(1)对于与运算：a&&b。

只有当 a 的值为真时，才会对 b 的值进行运算。如果 a 的值为假，则整个表达式的值为 0，因此不再运算 b。

例如，有以下程序段：

```
m=n=a=b=c=d=1;
(m=a>b)&&(n=c>d);
printf("m=%d,n=%d\n",m,n);
```

分析：在执行到(m=a>b)&&(n=c>d)时，先计算 m=a>b，结果为 0，这时可确定整个表达式的值为 0，因此，n=c>d 不再运算。程序段最后输出 m=0，n=1。

(2)对于或运算：a ‖ b。

只有当 a 的值为 0 时，才会对 b 的值进行运算。如果 a 的值为 1，则整个表达式的值为 1。

例如，有表达式 5>4 ‖ (num=0)，因为 5>4 结果为 1，这时可确定整个表达式的值为 1，因此，num=0 不再运算。

4.3　用 if 语句实现选择结构

C 语言提供了两种实现选择结构的语句：if 语句和 switch 语句。其中 if 语句是最常用的实现选择结构的语句。

if 语句包括单分支和双分支两种基本结构，并且可以嵌套使用。

4.3.1　if 语句的基本形式

1. 单分支 if 语句

单分支 if 语句是 if 语句的最简单格式，一般格式为：

if(表达式)

语句

单分支 if 语句的执行流程如图 4-2 所示。其流程图是一个单入口/单出口的控制结构。

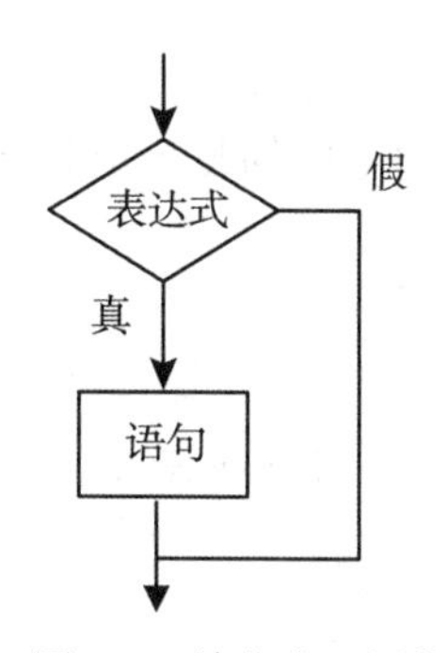

图 4-2　单分支 if 语句

单分支 if 语句执行过程：先计算表达式的值，若表达式值为“真”，则执行语句；若表达式值为“假”，则直接执行 if 语句后面的语句。

说明：

(1)表达式是条件表达式，用于判断条件。表达式必须用括号( )括起来。

(2)C 语言处理“真”和“假”的规则为：真值是非 0 值，假值为 0 值。若条件表达式的结果为 0，则按“假”处理，若条件表达式的结果为非 0，则按“真”处理。

由此可见，表达式的类型可以是任何形式的数据类型。如语句：if(3)　printf("OK.\n");，其条件表达式为一个常量，非 0，所以按“真”处理。

(3)按照 C 语法的规定，语句要是单条语句。如果含有多个语句(两个及以上)，则必须使用复合语句，用花括号将多个语句括起来组成复合语句。

【程序 4-1】输入三个数 a、b、c，要求按由小到大的顺序输出。

算法分析：对于三个数 a、b、c 要按照由小到大的顺序输出，则需要将这三个数分别进行比较、交换，将最小的数放在 a 中，次之放在 b 中，最大的放在 c 中，然后输出 a、b、c 三个数。这样就将解决这个问题关键点转换为两个数比较交换的问题。

a 和 b 比较：若 a>b，将 a 和 b 进行交换（a 是 a、b 中的小者）；

a 和 c 比较：若 a>c，将 a 和 c 进行交换（a 是 a、c 中的小者，因此 a 是三个数中的最小者）；

b 和 c 比较：若 b>c，将 b 和 c 进行交换（b 是 b、c 中的小者，因此 b 是三个数中的次小者）。

根据分析，用单分支 if 语句编写程序。

下面是程序的源代码（ch04_01. c）：

```
#include<stdio. h>
int  main(void)
{
    float  a,b,c,t;/*变量 t 是中间变量,用于交换两个变量的值时使用*/

    printf("请输入 3 个实数:");
    scanf("%f%f%f",&a,&b,&c);

    if(a>b)
     {              /*执行 3 条语句组成的复合语句*/
          t=a;
          a=b;
          b=t;
     }            /*a、b 互换,a 是 a、b 中的小者*/
     if(a>c)
     {
          t=a;
          a=c;
          c=t;
     }              /*a 是 3 个数中的最小者*/
     if(b>c)
     {
          t=b;
          b=c;
          c=t;
     }              /*b 是 3 个数中的次小者*/
```

```
    printf("%5.2f,%5.2f,%5.2f\n",a,b,c);
    return 0;
}
```

2. 双分支 if 语句

双分支 if 语句的一般形式为：

```
if(表达式)
    语句 1
else
    语句 2
```

双分支 if 语句在单分支 if 语句的基础上增加了 else 子句。

双分支 if 语句的执行流程如图 4-3 所示。

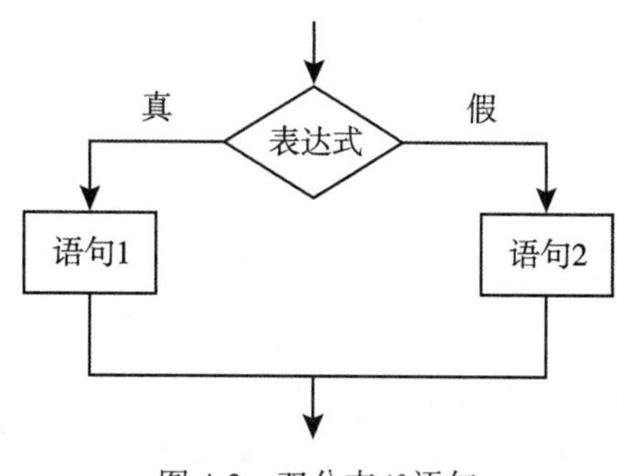

图 4-3 双分支 if 语句

双分支 if 语句执行过程：先计算表达式的值，若表达式值为“真”(非 0)，则执行语句 1；若表达式值为“假”(0)，则执行语句 2。

说明：

(1)双分支 if 语句中表达式的含义与单分支 if 语句相同。

(2)语句 1 和语句 2 分别是 if 和 else 的目标语句。目标语句可以是一条语句、复合语句或空语句。

(3)else 子句是 if 语句的一部分，它不能作为语句单独使用，必须与 if 配对使用。

【程序 4-2】学生参加某门功课的考试，如果考试及格，则显示“通过考试”，如果考试不及格，则显示“未通过考试”。

算法分析：这个问题作为本章内容的引出在本章开始就提出来了，根据图 4-1 的程序流程图，用双分支 if 语句编写程序。

下面是程序的源代码(ch04_02.c)：

```
#include<stdio.h>
int main(void)
{
    float grade;/ * grade 表示考试成绩 * /
```

```
    printf("请输入考试成绩(0-100之间的数值):");
    scanf("%f",&grade);
    if(grade>=60)
        printf("通过考试\n");
    else
        printf("未通过考试\n");

    return 0;
}
```

3. if-else-if

if-else-if 是一种常用于多项选择的 if 结构。其一般形式为：

```
if(表达式1)语句1
  else  if(表达式2)语句2
  else  if(表达式3)语句3
          ......
  else  if(表达式n-1)语句n-1
  else 语句n
```

if-else-if 执行过程是：先判断条件1(表达式1)，若条件1成立，就执行语句1，然后退出该if结构；否则，再判断条件2(表达式2)，若条件2成立，则执行语句2，然后退出该if结构；……；否则，再判断条件n-1(表达式n-1)，若条件n-1成立，则执行语句n-1，然后退出该if结构；否则，执行语句n，然后退出该if结构。

【程序4-3】输入一个字符，并判断它是字母、数字，还是其他字符。

算法分析：字符在内存中以ASCII码形式存储。标准ASCII码使用7位二进制编码，可以表示128个字符。在这些字符中，数字字符0~9、字母A~Z、a~z在ASCII码表中都是顺序排列的，且小写字母比大写字母码值大32(十进制)。一个字符若是字母，则其ASCII码值在大写字母A~Z之间或小写字母a~z之间；若为数字字符，则其码值在字符0~9之间。

对于输入的字符c，判断c是否为字母。若是则输出c是字母，否则判断c是否为数字字符，若是则输出c是数字字符，否则输出c是其他字符。显然有3个分支，所以采用if-else-if。

下面是程序的源代码(ch04_03.c)：

```
#include<stdio.h>
int main(void)
{
    char c;

    printf("请输入一个字符:");
    c=getchar();
    if((c>='A'&&c<='Z')||(c>='a'&&c<='z'))   /*判断c是否为字母*/
```

```
        printf("input character is letter\n");
    else if(c>='0'&&c<='9')                          /*判断c是否为数字字符*/
        printf("input character is digit\n");
    else
        printf("other character\n");

        return 0;
}
```

执行该程序得到下面的运行结果：

```
请输入一个字符：b
input character is letter

请输入一个字符：8
input character is digit
```

需要说明的是，if-else-if不是一种新的语句类型，它实际上是if语句的嵌套。
程序4-3中的第9行至第16行等同于：

```
if((c>='A'&&c<='Z')||(c>='a'&&c<='z'))
    printf("input character is letter\n");
else
    if(c>='0'&&c<='9')          /*在if语句的else部分内嵌了一个if语句*/
      printf("input character is digit\n");
    else
      printf("other character\n");
```

【程序4-4】根据考试成绩，输出对应的等级。

在4.1引例中，给出的问题是根据成绩判断及格或不及格。本例将该问题拓展为根据成绩判断成绩的等级。等级分为A、B、C、D四级，A代表的分数段为85~100，B代表的分数段为70~84，C代表的分数段为60~69，D代表的分数段为小于60，采用if-else-if来完成。

下面是程序的源代码(ch04_04.c)：

```
#include<stdio.h>
int main(void)
{
    float grade;/*grade表示考试成绩*/
    printf("请输入考试成绩(0-100之间的数值):");
```

```
    scanf("%f",&grade);

    if(grade>=85)
        printf("成绩等级:A\n");

    else if(grade>=70)
        printf("成绩等级:B\n");

    else if(grade>=60)
        printf("成绩等级:C\n");
    else
        printf("成绩等级:D\n");

    return 0;
}
```

执行该程序得到下面的运行结果:

请输入考试成绩(0-100之间的数值): 84
成绩等级: B

4.3.2 if 语句的嵌套

在 if 语句中又包含有一个或多个 if 语句称为 if 语句的嵌套。下面列举嵌套 if 语句常见的形式。

1. 形式 1

形式 1 如图 4-4 所示。

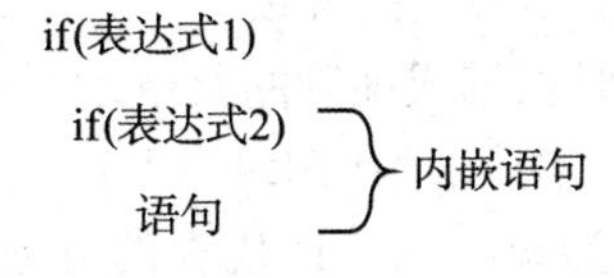

图 4-4 嵌套 if 语句形式 1

单分支 if 语句的内嵌语句本身又是一个单分支 if 语句。程序在执行时先计算表达式 1，若结果为“真”，再计算表达式 2，当表达式 2 的结果也为“真”时，才会执行语句，否则退出 if 语句。

2. 形式 2

形式 2 如图 4-5 所示。

双分支 if 语句的 if 子句和 else 子句分别嵌套了一个完整的双分支 if 语句。要注意 if 与

else 的配对关系。C 语言中，else 总是与它上面的、最近的、未配对的 if 配对。

例如，有下面的程序段：

```
if(表达式 1)
    if(表达式 2)
          语句 1
    else
        if(表达式 3)
          语句 2;
else
     语句 3
```

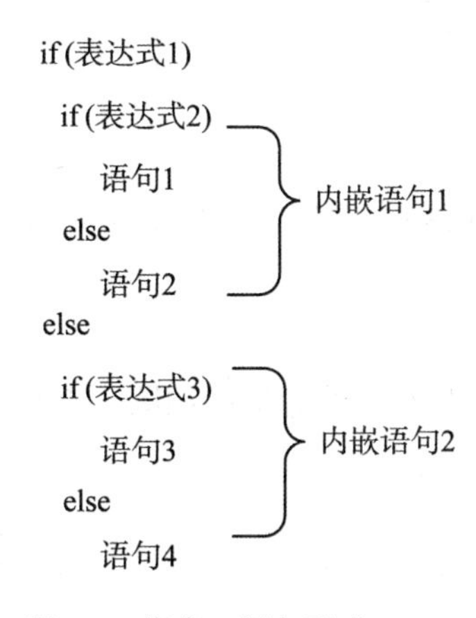

图 4-5 嵌套 if 语句形式 2

在嵌套 if 语句中，程序在书写时采用缩进格式，可以体现 if-else 的配对关系。在这个程序段中，编程者显然希望最后一个 else 与第一个 if 配对，但实际的配对关系为最后一个 else 和与它上面最近的未配对的 if(表达式 3)配对。

因此，如果 if 与 else 的数目不同，为实现编程者的意图，可以加花括号来确定配对关系。对于上面的情况，可以这样来表示：

```
if(表达式 1)
{
     if(表达式 2)
       语句 1
     else
         if(表达式 3)
          语句 2
}
else
```

语句 3

3. 形式 3

形式 3 如图 4-6(a)所示。其对应的流程图如图 4-6(b)所示。

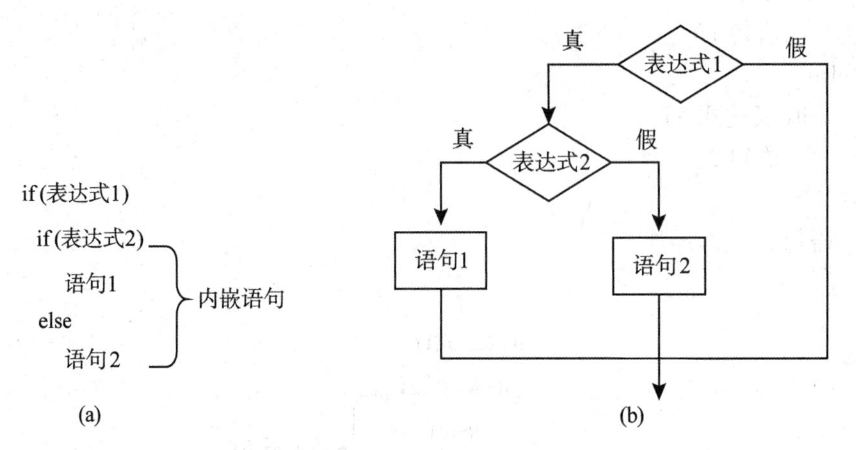

图 4-6　嵌套 if 语句形式 3 及其流程图

4. 形式 4

形式 4 如图 4-7(a)所示。其对应的流程图如图 4-7(b)所示。

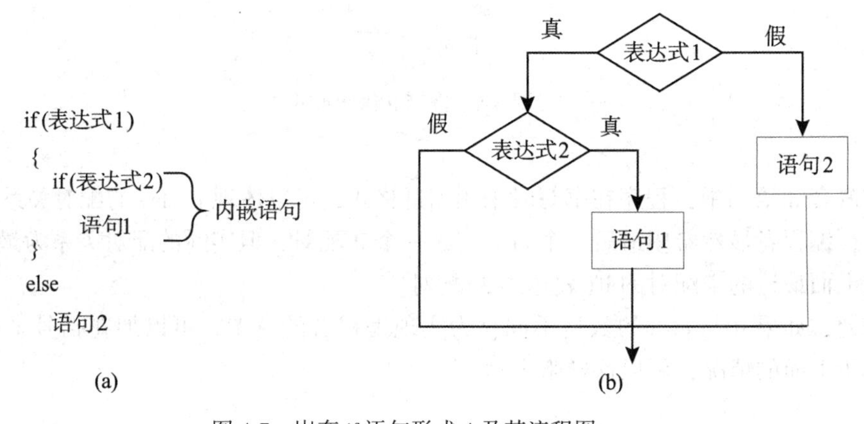

图 4-7　嵌套 if 语句形式 4 及其流程图

显然形式 3 和形式 4 是有区别的。在形式 3 中 else 与第二个 if 配对。而在形式 4 中通过花括号来确定配对关系，这样 else 与第一个 if 配对。

【程序 4-5】分析数字。输入一个数字，并判断它是奇数还是偶数，如果是偶数，继续判断该数的一半是否还是偶数。

算法分析：判断数 number 是奇数还是偶数的方法是：如果表达式 number%2 的值为 0，表示 number 能被 2 整除，是偶数，否则是奇数。题目要求如果 number 是偶数，还要继续判断 number/2 是否还是偶数，所以在 if 语句中还要嵌套一个 if 语句。

下面是程序的源代码(ch04_05.c)：

```
#include<stdio.h>

int main(void)
{
    int number;
    printf("请输入一个整数:");
    scanf("%d",&number);

    if(number%2==0)        /*判断 number 是否偶数*/
    {
      printf("这个数%d 是偶数",number);
      if((number/2)%2==0)   /*判断 number 的一半是否偶数*/
      printf("这个数%d 的一半还是偶数\n",number);
    }
      else
          printf("这个数%d 是奇数",number);

      return 0;
}
```

执行该程序得到下面的运行结果：

```
请输入一个整数：16
这个数 16 是偶数这个数 16 的一半还是偶数
```

4.3.3　条件运算符和条件表达式

1. 条件运算符和条件表达式

条件运算符是 C 语言中唯一的一个三元运算符，它要求有三个操作对象。由条件运算符构成的表达式称为条件表达式，一般形式为：

表达式 1? 表达式 2：表达式 3

其中，?：为条件运算符，其优先级高于赋值运算符，低于算术运算符、关系运算符和逻辑运算符，具有右结合性。

条件表达式的运算过程为：首先计算表达式 1 的值，若表达式 1 的值为非 0(真)，则计算表达式 2 的值，并将表达式 2 的值作为条件表达式的结果；若表达式 1 的值为 0(假)，则计算表达式 3 的值，并将表达式 3 的值作为条件表达式的结果。如图 4-8 所示。

例如，有条件表达式：

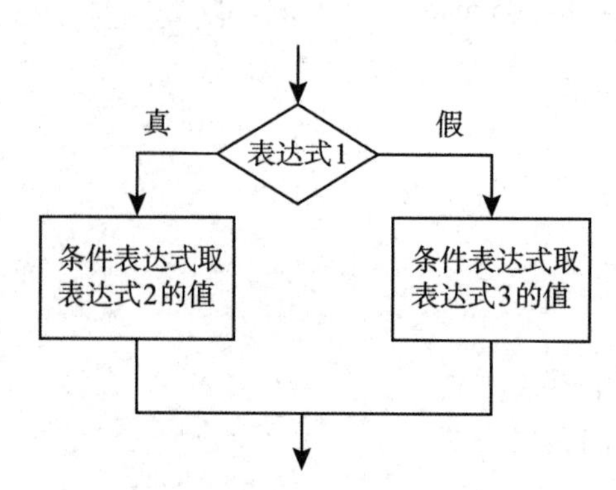

图 4-8　条件表达式执行过程

```
a>=0? a: -a
```

表示：当 a 的值大于或等于 0 时，表达式的值为 a 的值；当 a 的值小于 0 时，则表达式的值为-a 的值。

2. 条件表达式构成的选择结构

由图 4-8 条件表达式的执行过程可见，条件表达式的运算过程与双分支 if 语句执行过程类似。对于形式如：

```
if(表达式)
    变量=语句 1;
else
    变量=语句 2;
```

的 if 语句，可以用条件表达式来处理。将上面的 if 语句改写成：

```
变量=(表达式)? 语句 1: 语句 2;
```

例如，求解两个整数中的最大值，采用 if 语句写成：

```
if(a>b)
   max=a;
else
   max=b;
```

用条件表达式代替，可以写成：

```
max=a>b? a: b
```

可以看到，条件表达式可以用来处理简单的选择结构，但条件表达式不能完全取代双分支 if 语句。下面的 if 语句：

```
if(a>b)
    x=a;
else
    y=b;
```

若直接使用表达式(a>b)？x=a：y=b 代替，编译时出现“'='：left operand must be l-value”的错误。对于复杂的双分支结构，用条件表达式代替，会因为太复杂的表达式而降低程序的易读性。

注意条件运算符的右结合性。如有 int a=1，b=2，c=3，d=4；则条件表达式 a>b？a：c>d？c：d 的值为4。因为根据右结合性，从右往左运算，先运算 c>d？c：d，值为4，再运算 a>b？a：4，整个表达式的值为4。

4.4 用 switch 语句实现选择结构

C 语言提供了一个用于多重选择的 switch 语句，用它来解决从一系列值中通过比较找出匹配值这样的多分支问题时更加方便有效。switch 语句将一个表达式的值和一个整数或字符常量表中的元素逐一比较，一旦发生匹配，与匹配常量关联的语句就被执行。

4.4.1 switch 语句基本语法

switch 语句的一般形式为：

```
switch(表达式)
{
    case 常量表达式 1:[语句 1] [break;]
    case 常量表达式 2:[语句 2] [break;]
    ……
    case 常用表达式 n-1:[语句 n-1] [break;]
  [default:语句 n ]
}
```

可见，switch 语句由一系列的 case 子句和一个可选的 default 子句组成。

switch 语句执行过程：计算表达式的值，将该值与 case 关键字后的常量表达式的值逐一进行比较，一旦找到相同的值，就执行该 case 及其后面的语句序列，直至遇到 break 语句或 switch 语句的结束处，才会退出 switch 语句。若未能找到相同的值，就执行 default 语句。如果没有 default 分支，一旦测试任何 case 分支都不匹配，则不执行任何操作。转向 switch 后面的语句执行。

说明：

(1) switch 是关键字，其后用花括号“{}”括起的部分称为 switch 的语句体。花括号的作用是让计算机将多分支结构视为一个整体。

(2)switch 后面括号内的表达式应是整型或字符类型表达式。

(3)case 后面的表达式只能是常量表达式。可以是整型常量表达式，或字符常量表达式，或枚举表达式。

(4)常量表达式 1~(n-1)应与 switch 后的表达式类型相同，且各常量表达式的值不允许相同。

(5)case 后面的语句 1~(n-1)是与其关联的语句序列。可为一条语句，或为若干条语句。也可省略。程序流程会自动按顺序执行 case 后所有的语句，直至遇到 break 语句。

(6)default 子句是可选的，可省略，也可出现在 switch 语句体内的任何位置(但最好将 default 子句放在最后)。switch 语句中若没有 default 分支，则当找不到与表达式相匹配的常量表达式时，不执行任何操作。

(7)break 语句在 switch 语句中的作用是控制程序执行顺序，从 break 处跳出 switch 语句体，执行 switch 语句后面的第一条语句。当遇到 switch 语句的嵌套时，break 只能跳出当前一层 switch 语句体，而不能跳出多层 switch 的嵌套语句。

【程序 4-6】根据考试成绩的等级，输出对应的百分制分数段。

算法分析：与程序 4-5 相反，本题要求根据成绩等级，输出对应的分数段。考试成绩等级分为 A、B、C、D 四个等级。A 代表的分数段为 85~100，B 代表的分数段为 70~84，C 代表的分数段为 60~69，D 代表的分数段为小于 60，若等级不是 A、B、C、D 中的一个值则表示输入错误。这个问题需要多重选择，而且'A'、'B'、'C'、'D'是 4 个字符常量，可以采用 switch 语句来完成。

下面是程序的源代码(ch04_06.c)：

```
#include<stdio.h>
int main(void)
{
    char grade;

    printf("请输入一个考试成绩的等级:");
    grade=getchar();

    switch(grade)
    {
        case  'A':printf("85~100\n");break;
        case  'B':printf("70~84\n");break;
        case  'C':printf("60~69\n");break;
        case  'D':printf("小于 60\n");break;
        default:printf("输入错误！\n");
    }

return 0;
}
```

执行该程序得到下面的运行结果：

请输入一个考试成绩的等级：B↙
70～84

若将程序4-6第9～16行改为如下的程序段：

```
switch(grade)
{
    case  'A':printf("85～100\n");
    case  'B':printf("70～84\n");
    case  'C':printf("60～69\n");
    case  'D':printf("小于60\n");
    default:printf("输入错误！ \n");
}
```

则当输入考试成绩的等级B后，程序在执行到switch语句时，按顺序与switch的语句case逐个比较。当在case中找到与grade相匹配的'B'时，由于没有break语句，程序将从case 'B'：开始，向后顺序执行，输出结果：

70～84
60～69
小于60
输入错误!

4.4.2 使用switch语句的要点

使用switch语句，需要注意以下几点。

(1)遇到第一个相同的case常量分支之后，顺序向下执行，不再进行是否相等的判断，因此，除非特别情况，一般情况下break语句必不可少。

(2)多个case可以共同使用一个语句序列，例如，下列程序段：

```
switch(m)
{
    case  1:
    case  3:
    case  5:
    case  7:
    case  9:printf("奇数\n");break;
```

```
    case  0:
    case  2:
    case  4:
    case  6:
    case  8:printf("偶数\n");break;
}
```

当m=2，与case中的2匹配，由于该分支中没有语句，因而顺序向下执行直至输出"偶数"，遇到break语句，则退出switch语句。当m=3，与case中的3匹配，由于该分支中没有语句，因而顺序向下执行直至输出"奇数"，遇到break语句，则退出switch语句。

(3)break语句在switch语句中的作用是控制程序执行，从break处跳出switch语句体，执行后面的语句。当遇到switch语句的嵌套时，break只能跳出当前一层switch语句体，而不能跳出多层switch的嵌套语句。

例如，下列程序段：

```
int x=1,y=0,a=0,b=0;
switch(x)/*外层switch语句*/
{
    case 1:switch(y)/*内层switch语句*/
           {
           case 0:a++;break;
           case 1:b++;break;
           }/*内层switch语句结束*/
    case 2:a++;b++;break;
}/*外层switch语句结束*/
printf("a=%d,b=%d\n",a,b);
```

这是两层的switch语句嵌套。程序执行到外层switch语句时，因为x=1，所以匹配的是"case 1"分支，执行内层switch语句，因为y=0，所以匹配的是"case 0"分支执行a++;，其后的break语句将跳转到内层switch语句结尾处。

因为外层switch中"case 1"分支无break语句，所以，继续执行"case 2"分支，a++；b++；其后的break语句将跳转到外层switch语句结尾处。输出a=2，b=1。

【程序4-7】已知银行整存整取存款不同期限的年息利率分别为：

年息利率	期限
3%	期限1年
3.75%	期限2年
4.25%	期限3年
4.75%	期限5年

要求输入存钱的本金和期限，求到期时能从银行得到的利息和本金的合计。

算法分析：以存款3年为例，到期能从银行得到的本利合计为：本金(money)+本金(money)×年息利率×3(本金乘以年息利率再乘以年份)，即money+money×4.25%×3。其他年份的存款所得计算方式同理。本题的关键点是根据输入的期限年(year)，进入不同的分支，计算不同年限的本息合计 money(1+年息利率×year)。

下面是程序的源代码(ch04_07.c)：

```
#include<stdio.h>
int main(void)
{
    float money,total=0;        /*money 本金,total 合计金额*/
    int year;/*year 年限*/
    printf("请按格式%%f 和%%d 输入本金和年份:\n");
    scanf("%f%d",&money,&year);
    switch(year)
    {
        case 1:  total=money*(1+0.03*1);break;
        case 2:  total=money*(1+0.0375*2);break;
        case 3:  total=money*(1+0.0425*3);break;
        case 5:  total=money*(1+0.0475*5);break;
        default:printf("输入错误\n");
    }
    if(total>0)
    {
        printf("本息合计金额为:%f \n",total);
    }
    return 0;
}
```

执行该程序得到下面的运行结果：

```
请按格式%f 和%d 输入本金和年份:
20000.00 3↙
本息合计金额为:22550.000000
```

4.5 程序设计案例：计算器

【程序 4-8】问题：设计一个简单的计算器，进行加、减、乘、除和取余计算。

分析：问题涉及的数学知识很简单，加、减、乘、除和取余操作对应 C 语言中的五个运算符：+、-、*、/和%。输入时用户按照："操作数 1 运算符操作数 2"的形式输入一个计算式，如：12.5+78、3.14*5.5 等。算法的重点之一是要检查输入，确保输入是可以理解的，二是注意取余操作的两个操作数必须为整型。

解决方案：

(1)数据输入

使用 scanf()函数一次输入一个计算式，并用 printf()函数提示输入数据的格式。

printf("请按格式%%f %%c %%f 输入计算式:\n");

scanf("%lf %c %lf",&num1,&op,&num2);

(2)输入检查

接下来要检查输入是否可理解。包括输入的运算符是否是+、-、*、/、%中的之一，如果是除法或取余，还要检查第 2 个操作数是否为 0。

```
if(num2==0)
    printf("错误：被 0 除\ n");
```

(3)计算算式

根据输入的运算符，进入不同的选择分支，进行算式的计算。这里，可以用 if 语句完成也可以用 switch 语句完成，下面的程序是采用 switch 语句来实现。

下面是计算器程序的源文件(ch04_calculator. c)：

```
#include<stdio.h>
int main(void)
{

    double num1=0.0,num2=0.0;        /* num1 表示第 1 个操作数,num2 表示第 2 个操作数 */
    char op;                         /* op 是运算符 */

    printf("请按格式%%f %%c %%f 输入计算式:\n");
    scanf("%lf %c %lf",&num1,&op,&num2);

     switch(op)
     {
        case  '+':  printf("=%lf\n",num1+num2);break;
        case  '-':  printf("=%lf\n",num1-num2);break;
        case  '*':  printf("=%lf\n",num1*num2);break;
        case  '/':
        if(num2==0)
            printf("错误:被 0 除\n");
        else
            printf("=%lf\n",num1/num2);
        break;
        case  '%':
        if(num2==0)
            printf("错误:被 0 除\n");
```

```
        else
            printf(" =%ld\n",(long)num1%(long)num2);
        break;
        default:printf("错误:运算符非法! 运算符仅为+、=、*、/、%中之一。\n");
    }
    return 0;
}
```

执行该程序得到下面的运行结果:

```
请按格式%f %c %f输入计算式:
12.5+78
=90.500000
请按格式%f %c %f输入计算式:
3.14*5.5
=17.270000
请按格式%f %c %f输入计算式:
50/ 2.5
=20.000000
请按格式%f %c %f输入计算式:
 50 % 2
=0
```

本章小结

选择结构是程序设计的三种基本结构之一，通过判定给定条件是否成立，从给定的各种可能中选择一种操作。而实现选择程序设计的关键就是要理清条件与操作之间的逻辑关系。

本章阐述了用C语言实现选择结构程序设计的方法。介绍了关系运算符和关系表达式、逻辑运算符和逻辑表达式、条件运算符和条件表达式。C语言提供了两种语句：if条件语句和switch多分支选择语句用以实现选择结构的程序设计。在程序设计过程中，根据语句的结构特点，灵活应用。

选择结构是构造各种复杂程序的基本单元。实现选择结构的语句是结构化程序设计中最基本的语句，也是编写程序的起点，读者应熟练掌握它们的用法。

思考题

1. 用条件表达式来处理，当字母是大写字母时，转换为小写字母，否则不转换。
2. 条件运算符能否代替if-else语句，为什么？
3. break语句可以跳出嵌套switch语句吗？

4. 请写出判断闰年的逻辑表达式。

5. 用switch语句编程实现。要求输入考试成绩，输出成绩的等级。考试成绩等级的规则是：A为90~100，B为80~89，C为70~79，D为60~69，F为0~59。如果成绩高于100或低于0，则显示出错信息。

第5章 循环结构程序设计

在实际问题中，常常需要进行大量的重复处理，而循环控制可以让计算机反复执行同一段代码，从而完成大量类同的操作。利用循环结构进行程序设计，一方面降低了问题的复杂性，减少了程序设计的难度；另一方面也充分发挥了计算机自动执行程序、运算速度快的特点。

C语言提供了3种循环语句：while语句、do-while语句和for语句，将在本章的第二、三、四节中进行讲解，其后的两节将讨论与循环相关的break语句和continue语句，以及goto语句。

5.1 引例

在第4章程序设计案例中，设计了一个简单的计算器。但是计算器程序运行一次只能计算一个算式，如果需要重复计算多个算式应该如何处理？现在的问题是，是否可以由用户来控制是继续计算还是停止计算，即用户输入Y，则继续计算；用户输入N，则结束程序。

这个问题，实际上就是一个循环的问题。当输入Y时，重复执行输入计算式，计算算式和输出结果，当输入N时，退出循环，结束程序。图5-1所示就是程序的流程图。

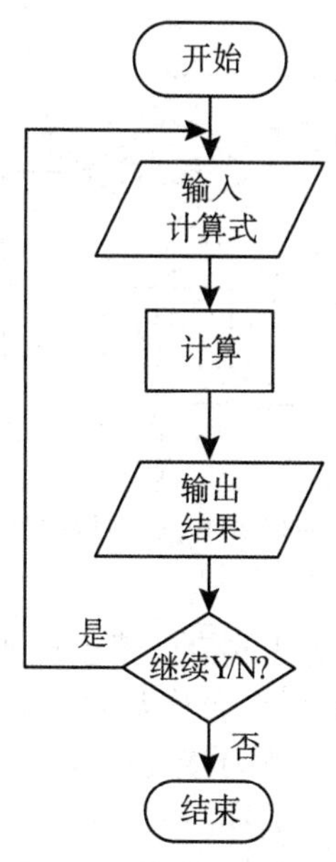

图5-1 循环计算流程图

从图 5-1 程序流程图可见，当程序完成一次计算后，等待用户选择是否继续计算，也就是判断循环的条件，如果用户输入 Y(表示循环条件满足)，则程序的执行返回到输入计算式，等待下一个计算式的输入和计算，然后输出计算结果，重复上述过程，直到用户输入了 N(表示循环条件不满足)，则结束程序。这种一系列语句重复执行，直到继续执行的条件不满足才结束的机制称为循环，重复执行的语句称为循环体。要使得循环是有效的，而不是无休止的，需要有结束循环的条件。也就是说，当循环条件不满足时，循环结束。一般地，将用来控制循环是否继续进行的变量称为循环变量。

C 语言提供了 3 种循环语句：while 语句、do-while 语句和 for 语句。在程序设计时应根据实际需要，合理选择实现循环的语句。

5.2 用 while 语句实现循环结构

while 语句是最简单也是最基本的循环语句。while 循环是在循环体执行之前判断循环的条件。

5.2.1 while 语句的基本语法

while 语句一般形式为：

while (表达式)

语句

其中：

(1)表达式是循环控制表达式，作用是进行循环条件判断。注意，表达式两侧的圆括号是强制要求的，不能省略。

(2)语句是循环体语句，是循环条件满足时重复执行的代码部分。

while 语句的执行流程如图 5-2 所示。

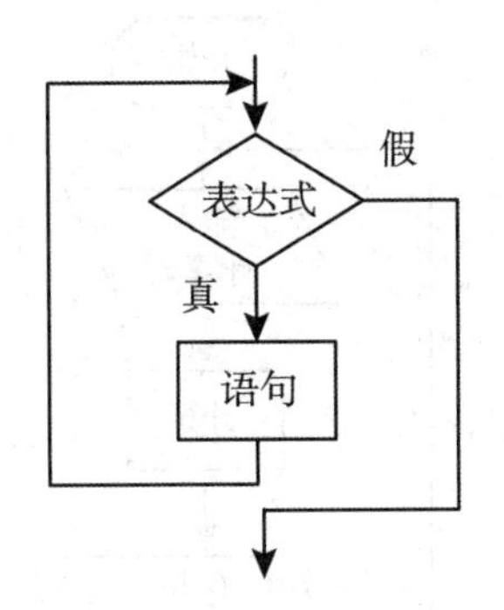

图 5-2　while 语句执行流程

当执行 while 语句时，先计算表达式的值，若表达式的值为真(非 0)，则进入循环，执行循环体语句。每次执行循环体语句后会再次计算表达式来对循环条件进行判断。如此循环，直到条件为假(表达式的值为 0)，循环结束，执行 while 后面的第一条语句。

【程序 5-1】计算 1+2+3+…+100 累加和。

算法分析：求 1 到 100 的和，sum = 1+2+3+…+100。即 $S_0=0$，$S_n=S_{n-1}+n$。设置变量 sum 表示求和的结果，变量 i(实际是一个计数器)记录赋值语句的执行次数，i 从 1 循环到 100，当 i 的值超过 100 时循环结束。这种在循环开始前就已经知道循环的次数的循环称为

计数控制的循环。

在计数控制的循环中，通常采用一个称为计数器的循环控制变量来记录当前已循环的次数。在循环之前，给这个循环控制变量赋初值，每当循环体被重复执行一遍时，这个变量就改变一次(通常是循环变量的增量运算)。循环条件通常是测试循环变量是否超过设定的循环次数。当控制变量的值超过设定的循环次数时，循环结束。

累加求和赋值语句为 sum=sum+i;，sum 的初值为 0，i 的初值为 1。当 i 的值逐渐增加时，sum=sum+i 赋值号右边的 sum 为 0 到(i-1)的和，赋值号左边的 sum 则为 1 到 i 的和。在 C 语言程序中，sum=sum+i 还可写为 sum+=i。程序流程图如图 5-3 所示。

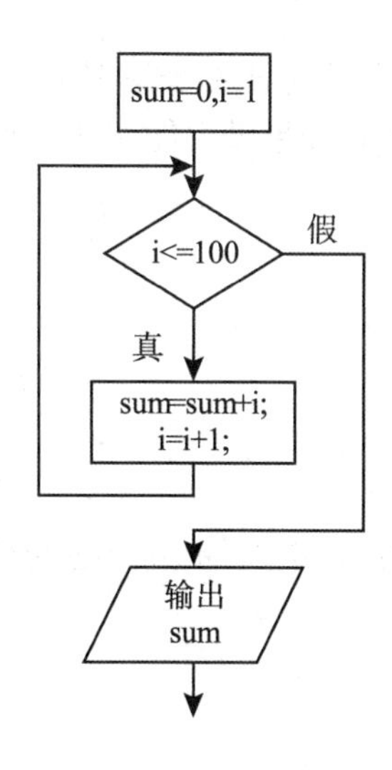

图 5-3　计算 1+2+3+…+100 程序流程图

下面是程序的源代码(ch05_01. c)：

```
#include<stdio. h>
int  main(void)
{
    int  i,sum=0;      /*i 是循环变量*/

    i=1;                    /*循环变量赋初值*/

     while(i<=100)   /*循环开始*/
     {
          sum+=i;
          i++;
     }       /*循环结束*/

    printf("1+2+3+…+100=%d\n",sum);
```

```
    return 0;
}
```

执行该程序得到下面的运行结果：

```
1+2+3+…+100=5050
```

5.2.2 while 语句使用要点

(1)while 语句的特点是先判断条件(计算表达式)，当条件成立时，执行循环体语句。属于“当型”循环。while 的循环体语句如果没有能够使循环条件改变为假的语句，则循环不能终止，一般会造成死循环。

例如，下面的程序段：

```
int x=10;
while(x>0)
    printf("%d\n",x);
```

显然，x 是循环控制变量，但循环体中没有对 x 进行修改的语句，这样会使程序陷入死循环。

可以改为：

```
int x=10;
while(x-->0)
    printf("%d\n",x);
```

(2)循环体语句可以为空语句，或一条语句，或复合语句。

例如，

为空语句时：

```
  while(i);
```

为一条语句时：

```
        i=1;
        while(i<10)
          i++;
```

为复合语句时：　　　/*多条语句用一对花括号括起组成复合语句*/

```
        int s=0,i;
        i=1;
        while(i<10)
        {
            s+=i;
```

```
        i++;
    }
```

(3)若条件表达式只是用来表示"等于零"或"不等于零"的关系时，表达式可以简化成如下形式：

while(x!=0)可写成 while(x)。

while(x==0)可写成 while(!x)。

5.3　用 do-while 语句实现循环结构

do-while 语句是 C 语言提供的实现循环结构的另一种循环语句。do-while 循环是在循环体执行之后再判断循环的条件。

5.3.1　do-while 语句的基本语法

do-while 语句一般形式为：

```
do {
语句
}while(表达式);
```

注意，在 do-while 语句中，while 关键字后的(表达式)处有一个分号。

do-while 语句中表达式和循环体语句的含义同 while 语句。不同的是 do-while 语句先执行循环体，然后再计算表达式来判断循环条件。do-while 语句的执行流程如图 5-4 所示。

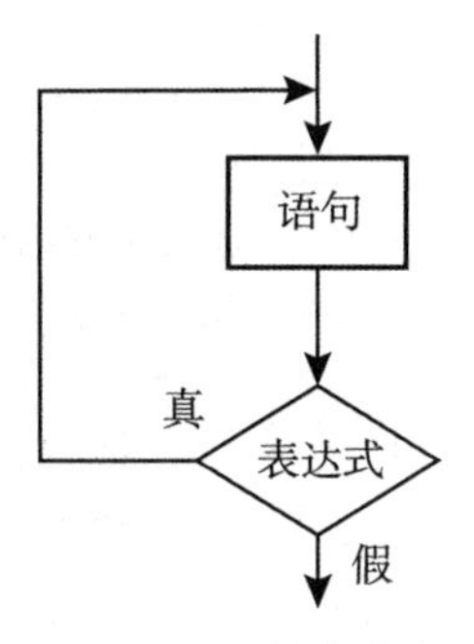

图 5-4　do-while 语句执行流程

当执行 do-while 语句时，先执行循环体语句，然后计算表达式(条件)，当表达式的值为真(非 0)时，再次执行循环体语句。每次执行循环体语句后都计算表达式对循环条件进行判断。如此循环，直到表达式的值为假(0)为止，循环结束。

【程序 5-2】用 do-while 语句改写程序 5-1，计算 1+2+3+…+100 累加和。

下面是程序的源代码(ch05_02.c)：

```
#include<stdio.h>
int main(void)
{
    int i,sum=0;                    /*i 是循环变量*/
```

```
    i=1;                                /*循环变量赋初值*/

    do {
          sum+=i;
          i++;
    } while(i<=100);

    printf("1+2+3+…+100=%d\n",sum );

    return 0;
}
```

5.3.2 do-while 语句使用要点

(1)do-while 语句的特点是：先执行循环体语句一次，再判断循环条件(计算表达式)，确定是否继续循环。从程序的执行过程看，do-while 循环属于"直到型"。

(2)和 while 语句一样，用 do-while 语句编程时，应注意对循环变量进行修改。当循环体语句包含一个以上的语句时，应使用复合语句表示。do-while 语句是以 do 开始，以 while 表达式后的分号结束。

(3)从程序 5-1 和程序 5-2 可以看出，一个问题既可以用 while 语句，也可以用 do-while 语句来处理。在一般情况下，用 while 语句和用 do-while 语句处理同一个问题时，若二者的循环体相同，那么结果也相同。但是当 while 语句的条件一开始就不成立时，两种循环的结果是不同的。如下面两个程序。

①

```
#include<stdio.h>
int main(void)
{
    int t, s=0;
    scanf("%d", &t);
    while(t<=10)
    {
      s+=t;
       t++;
    }
    printf("s=%d \ n", s);
    return(0);
}
```

程序运行如下：

1↙

s=55

再运行一次：

11

s=0

②

```
#include<stdio.h>
int   main(void)
  {
        int t, s=0;
        scanf("%d", &t);
        do
           {
                s+=t;
                t++;
           }while(t<=10);
        printf("s=%d \ n", s);
        return(0);
  }
```

程序运行如下：

1↙

s=55

再运行一次：

11↙

s=11

可见，当输入的 t 值小于或等于 10 时，因为一开始循环条件是成立的，所以对于用 while 语句和 do-while 语句实现的两个程序其运行结果是相同的。当输入的 t 值大于 10 时，对于属于“当型”循环的 while 语句，它首先计算条件表达式的值，为“假”则不进入循环体；对于 do-while 语句，它是先执行循环体，然后才判断条件，所以用 while 语句和 do-while 语句实现的两个程序得到的结果不一样。由此，可以得出：当 while 语句中的表达式第一次的值为“真”时，两种语句得到的结果是相同的，否则结果不同；do-while 循环体至少执行一次，while 循环体可能一次都不执行。

【程序 5-3】用 do-while 实现引例中的问题：设计一个计算器，可以由用户来控制是继续计算还是停止计算，即用户输入 Y，则继续计算；用户输入 N，则结束程序。

算法分析：第 4 章 4.5 节的程序设计案例已经给出了计算器的程序，现在要加上循环，当完成一次计算后，进行循环的判断。若用户输入 Y(或 y)，则循环继续，再次执行循环体的输入计算式、计算和输出，否则结束程序。用 do-while 实现。为了保证每次输入的字符不受上次输入的影响，输入前先调用了 fflush(stdin)函数清空键盘缓冲器。

下面是程序的源代码(ch05_03.c)：

```
#include <stdio.h>
int main(void)
{
    double num1=0.0,num2=0.0;
    char op,ch;

    do {
        printf("请按格式%%f %%c %%f 输入计算式:\n");
        scanf("%lf %c %lf",&num1,&op,&num2);

        switch(op)
        {
            case '+':  printf("=%lf\n",num1+num2); break;
            case '-':  printf("=%lf\n",num1-num2); break;
            case '*': printf("=%lf\n",num1*num2); break;
            case '/':
                if (num2==0)
                    printf("错误:被 0 除\n");
                else
                    printf("=%lf\n",num1/num2);
                break;
            case '%':
                if (num2==0)
                    printf("错误:被 0 除\n");
                else
```

```
                    printf(" =%ld\n",(long)num1%(long)num2);
                break;
            default: printf("错误:运算符非法! 运算符仅为+、=、*、/、%中之一。\n");
        }
        printf("是否继续(Y/N or y/n)?");
        fflush(stdin);
        scanf("%c",&ch);
    }while(ch=='Y' || ch=='y');
    return 0;
}
```

执行该程序得到下面的运行结果:

```
请按格式%f %c %f输入计算式:
12.5+78
=90.500000
是否继续(Y/N or y/n)? Y
请按格式%f %c %f输入计算式:
3.14*5.5
=17.270000
是否继续(Y/N or y/n)? n
```

5.4 用 for 语句实现循环结构

for 语句是 C 语言中使用最为灵活、功能特别强的循环语句。

5.4.1 for 语句的基本语法

for 语句的一般形式如下:

for(表达式 1; 表达式 2; 表达式 3)
　　语句

其中:

表达式 1 通常用于给循环变量赋初值, 表达式 2 用于对循环条件进行判断, 表达式 3 通常用于对循环变量进行修改, 语句为循环体。因此, for 语句也可以写成如下形式:

for(循环变量赋初值; 循环条件; 循环变量增值)
　　循环体语句

for 语句的程序流程如图 5-5 所示。

执行流程如下:

第 1 步: 先计算表达式 1 的值。

第 2 步: 再计算表达式 2(条件)的值, 若表达式 2 的值为非 0(“真”), 则执行 for 语句

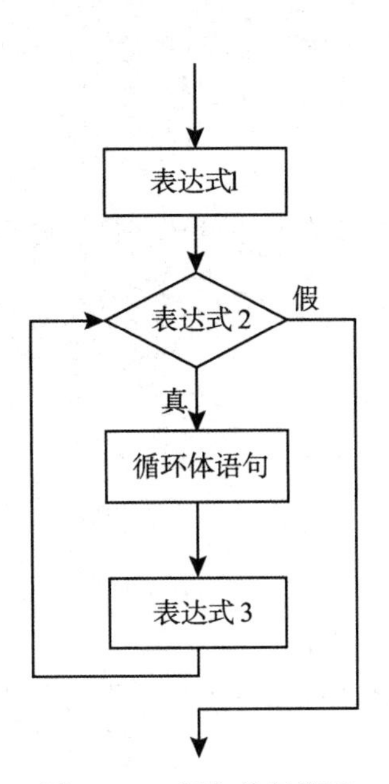

图 5-5 for 语句执行流程

的循环体语句，然后再执行第 3 步。若表达式 2 的值为 0(“假”，条件不成立)，结束 for 循环，直接执行第 5 步。

第 3 步：计算表达式 3 的值。

第 4 步：转到第 2 步。

第 5 步：结束 for 语句(循环)，执行 for 语句后面的语句。

【程序 5-4】用 for 语句改写程序 5-1，计算 1+2+3+…+100 累加和。

下面是程序的源代码(ch05_04. c)：

```
#include<stdio. h>
int main(void)
{
    int i,sum=0;                /*i是循环控制变量*/
    for(i=1;i<=100;i++)
        sum+=i;                 /*循环体*/
    printf("1+2+3+…+100=%d\n",sum);
    return 0;
}
```

5. 4. 2 for 语句使用要点

(1)表达式 1、表达式 2、表达式 3 可以全部或部分省略。

①若省略表达式 1，则应在 for 语句之前给循环变量赋初值。如程序 5-4 的第 6 行可改写成：

```
i=1;
for( ;i<=100;i++)
```

②表达式 3 省略，则应在循环体中变化循环变量。如程序 5-4 第 6 行可改写成：

```
for(i=1;i<=100;)
{
    s+=i;
    i++;
}
```

则在循环体中增加循环变量的变化。

③表达式 2 省略，则认为循环条件总是为真，程序可能会陷入死循环。如程序 5-4 第 6 行可改写成：

```
for(i=1;;i++)
```

若省略表达式 2，则在循环体中要有结束循环的语句，如使用 break 语句或调用 exit()函数。

④3 个表达式可以全部或部分省略，但需在循环体内修改循环变量，并设置循环条件，防止程序进入死循环。如将程序 5-4 第 6 行改写为 for(;;)，为了保证程序的正确，程序改为：

```
i=1;
for(;;)
{
    s+=i;
    i++;                    /*修改循环变量*/
     if(i>100)break;        /*设置循环条件*/
}
```

(2)表达式 1、表达式 2 和表达式 3 可以是任何类别的表达式。

例如：

```
for(x=0,y=0;x+y<=10;x++,y++)/*表达式 1,表达式 3 为逗号表达式*/
    s=x+y;
```

(3)如果循环条件一开始就为假，则循环体将不执行。转向执行 for 之后的语句。

(4)可以用++或--递增或递减循环计数器。对于变量自增或变量自减的循环，一般选

择使用 for 语句。对于向上加或向下减共 n 次的情况，for 语句一般采用下列几种形式中的一种：

①从 0 向上加到 n-1。如：for(i=0; i<n; i++)。

②从 1 向上加到 n。如：for(i=1; i<=n; i++)。

③从 n-1 向下减到 0。如：for(i=n-1; i>=0; i--)。

④从 n 向下减到 1。如：for(i=n; i>0; i--)。

(5)循环变量可以用浮点数，但是使用时一定要慎重。由于计算机中的浮点数都是有限位数，唯一不同的是精度。因此程序中的浮点数一般都存在误差，这可能会导致程序出现逻辑错误或结果的差异，所以不应把相等判断作为结束循环的条件。例如：

```
double x;
for (x=0.0;x!=2.0;x+=0.2)
    printf("x=%.2lf\n",x);
```

是一个死循环。

【程序 5-5】求 e^x 的泰勒级数展开式：$e^x = 1 + x + \frac{x^2}{2!} + \frac{x^3}{3!} + \cdots + \frac{x^n}{n!} + \cdots(|x| < \infty)$ 前 n 项之和。

该问题属于多项式求和的求解。对于这类问题，可以采用直接法或间接法。所谓直接法是指在求解多项式之和或者多项式之积时，直接利用项次来描述通项。所谓间接法(或称递推法、迭代法)是指在求解多项式之和或者多项式之积时，利用前项求后项的方式来描述通项。

算法分析：由泰勒级数展开式可知：第 $n+1$ 项可以由第 n 项乘以 $\frac{x}{n+1}$ 得到，即：$\frac{x^{n+1}}{(n+1)!}=\frac{x^n}{n!}\times\frac{x}{n+1}$，采用间接法来实现。

由题意，x 的值和 n 的值由键盘输入。设置循环变量 i，循环条件是 i<=n，循环变量变化量为 i++，循环体语句为 t=t * x/i; s+=t;。

下面是程序的源代码(ch05_05.c)：

```
#include<stdio.h>
int main(void)
{
    int n,i;
    float x,t,s;
    printf("请输入 n 和 x 的值:\n");
    scanf("%d%f",&n,&x);
    for(s=t=1.0,i=1;i<=n;i++)
    {
    t=t * x/i;
```

```
        s+=t;
    }
    printf("当 n=%d,x=%.2f 时,和 s=%.5f \n",n,x,s);
    return 0;
}
```

执行该程序得到下面的运行结果:

```
请输入 n 和 x 的值:
20 0.5↙
当 n=20,x=0.50 时,和 s=1.64872
```

5.5 嵌套循环结构

在一个循环体内又包含有另一个或多个完整的循环结构，称为循环的嵌套。例如，下面的程序段是在一个循环体内又包含有另一个循环结构，也称为两层循环嵌套:

```
for(m=1;m<=3;m++)
    for(n=1;n<=2;n++)
        printf("m=%d,n=%d \n",m ,n );
```

其执行过程如下：程序首先执行第一个 for 语句(外循环)，变量 m 值为 1，判断条件 m<=3 成立，则执行第二个 for 语句(内循环)。变量 n 值为 1，判断条件 n<=2 成立，输出 m、n 的值为 1、1。再执行 n++，判断条件 n<=2 成立，输出 m、n 的值为 1、2。再执行 n++…直至 n=3，退出内循环。执行 m++，这时 m=2，判断条件 m<=3 成立，则又开始执行第二个 for 语句(内循环)。给变量 n 赋值为 1，判断条件 n<=2 成立，此时，输出 m、n 的值为 2、1。再执行 n++，判断条件 n<=2 成立，输出 m、n 的值为 2、2。再执行 n++…直至 n=3，退出内循环。再执行 m++，这时 m=3，判断条件 m<=3 成立，如此循环，直至外循环结束，该程序段退出。

在这个程序段中，外循环一共循环了 m 次，内循环则循环了 m×n 次。

循环的嵌套要点如下:

(1)内循环必须完整地嵌套在外循环内，两者不允许相互交叉。3 种循环语句可以相互嵌套，但不允许交叉。

例如，下面的程序段:

```
i=0;
while(i<10)                          /*外循环*/
{
    j=0;
```

```
    while(j<5)                    /*内循环*/
    {
        printf("i=%d,j=%d \n",i,j);
        j++;
    }                             /*内循环结束*/
    i++;
}                                 /*外循环结束*/
```

(2)当循环并列时，其循环变量可以同名，但嵌套时循环变量不允许同名。

例如，下面的程序段：

```
for(i=0;i<10;i++)                 /*外循环*/
{
    for(j=0;j<5;j++)              /*内循环*/
        printf("i=%d,j=%d \n",i,j);
    for(j=0;j<10;j++)             /*内循环*/
        printf("i=%d,j=%d \n",i,j);
}
```

因为两个内循环是并列的，所以循环控制变量可以同名，都为j。

(3)选择结构和循环结构彼此之间可以相互嵌套，但二者不允许交叉。

例如，下面的程序段：

```
for(i=1;i<=5;i++)
{
    switch( i )
    {
        case 1:printf(" * ");break;
        case 2:
        case 3:printf(" *** ");break;
        case 4:
        default:printf(" ***** ");
    }
}
```

嵌套循环结构常常用于输出某些二维图形。对于这样的问题，关键是寻找出图形生成的规律，然后将这些规律用循环语句实现。

【**程序 5-6**】按下述形式输出九九乘法表。

1*1=1

1*2=2 2*2=4

1 * 3=3 2 * 3=6 3 * 3=9

1 * 4=4 2 * 4=8 3 * 4=12 4 * 4=16

1 * 5=5 2 * 5=10 3 * 5=15 4 * 5=20 5 * 5=25

1 * 6=6 2 * 6=12 3 * 6=18 4 * 6=24 5 * 6=30 6 * 6=36

1 * 7=7 2 * 7=14 3 * 7=21 4 * 7=28 5 * 7=35 6 * 7=42 7 * 7=49

1 * 8=8 2 * 8=16 3 * 8=24 4 * 8=32 5 * 8=40 6 * 8=48 7 * 8=56 8 * 8=64

1 * 9=9 2 * 9=18 3 * 9=27 4 * 9=36 5 * 9=45 6 * 9=54 7 * 9=63 8 * 9=72 9 * 9=81

算法分析：该九九表为一个九行九列呈阶梯状的图表。如果设相乘的两个数为 i、j，两数相乘的乘积为 m，j * i=m 表示为一列。按行观察：第 1 行，只有一列，1 * 1=1；第 2 行，有 2 列，1 * 2=2 2 * 2=4，其中，第 1 列 1 * 2 中第 2 个数字为 2 与行号相同，第 2 列 2 * 2 中第 2 个数字也与行号相同，而第 1 个数字与列号相同，从 1 到 2 每列增 1；第 3 行，有 3 列，1 * 3=3 2 * 3=6 3 * 3=9，其中，每一列的第 2 个数字为 3 均与行号相同，而第 1 个数字从 1 到 3 每列增 1。依此类推，每行每一列的第 2 个数字均相同且为行号，每行每一列的第 1 个数字从 1 开始每列增 1，直到等于行号。定义 i 为行数的循环控制变量，j 为列数的循环控制变量，因此，利用双重循环设计该程序，其中，外循环控制行数有 for(i=1; i<=9; i++)，内循环控制列数，对每一行，内循环有 for(j=1; j<=i; j++)。

下面是程序的源代码(ch05_multiplication table.c)：

```
#include<stdio.h>
int main(void)
{
    int i,j;
    for(i=1;i<=9;i++)/*外循环为行*/
    {
        for(j=1;j<=i;j++)/*内循环为列*/
        {
            printf("%d*%d=%2d",j,i,i*j);
        }
        printf("\n");
    }
    return 0;
}
```

5.6 在循环结构中使用 break 语句和 continue 语句

上面介绍的退出循环的方式都是根据事先指定的循环条件正常执行和终止循环，但有时也需要在循环中间设置退出点，甚至可能需要设置多个退出点，下面介绍的 break 语句可以实现；有时需要忽略循环体中部分剩余语句的执行，重新开始下一次循环，下面介绍的 continue 语句可以实现。

5.6.1　break 语句

在前面的4.4节中已经学习了在 switch 语句中使用 break 语句跳出 switch 结构。同样，break 语句也可以用于循环语句中，退出当前循环体。

在 C 语言的循环结构语句：while 语句、do-while 语句、for 语句和多重选择 switch 语句中，执行 break 将导致程序从这些语句中退出，转去执行紧跟在这些语句后面的语句。

1. break 语句基本语法

break 语句一般形式为：

break;

在循环结构中，break 语句的作用是提前退出循环结构，结束循环，转到循环后的语句执行。

【程序 5-7】计算半径 r=1 到 r=10 时圆的面积，直到面积 area 大于 100 为止。

算法分析：本题中结束循环的条件有两个：半径 r 大于 10 和面积 area 大于 100。所以可以用 break 语句来编程。

下面是程序的源代码(ch05_07.c)：

```
#include<stdio.h>
#define PI   3.14159
int main(void)
{
    int r=1;
    float area;
    for(r=1;r<=10;r++)
    {
        area=PI * r * r;
        if(area>100)
        break;
        printf("r=%d,area=%.2f \n",r,area);
    }
    return 0;
}
```

执行该程序得到下面的运行结果：

```
r=1,area=3.14
r=2,area=12.57
r=3,area=28.27
r=4,area=50.27
r=5,area=78.54
```

2. break 语句使用要点

(1)break 语句在 switch 语句和循环结构的 while、do-while 和 for 语句中使用。

当 break 语句在 switch 语句中使用时，其作用是跳出该 switch 语句。当 break 语句在循环语句中使用时，其作用是跳出本层循环。可以用 break 语句从内循环跳转到外循环，但不允许从外循环跳转到内循环。

(2)在多层嵌套结构中，break 语句只能跳出一层循环或者一层 switch 语句。

【程序 5-8】输出 3~100 中的所有素数。

算法分析：素数的数学定义为，“凡是只能被 1 和自身整除的大于 1 的整数，就称为质数，即素数”。因此，根据定义，对于任意一个大于 1 的整数 number，如果不能被从 2 到 number-1 中的任一数整除，则该数 number 为素数。

判断一个数 number 是否为素数可以用一层循环来控制，这个循环是内循环，求 3~100 中的素数再用一个循环控制，这个循环是外循环。所以，程序的结构是两层循环结构。

判断数 number 是否为素数用 number 除以 2 到 number-1 之间的所有数，一旦测试到能整除，表示该数 number 不是素数，就用 break 退出内循环，不需要继续循环除下去，而是转向执行 number=number+1，准备判断下一个数是否为素数。

下面是程序的源代码(ch05_prime. c)：

```
#include<stdio. h>
int main(void)
{
    int number,i;
    printf("3~100 中的所有素数是:\n");
    for(number=3;number<=100;number=number+1)        /* 从 3~100 循环 */
    {
        for(i=2;i<=number-1;i=i+1)    /* 判断 number 是否为素数 */
            if(number%i==0)
        break;                  /* 退出本层循环 */
        if(i>=number)
           printf("%d\t",number);
    }
    printf("\n");
    return 0;
}
```

执行该程序得到下面的运行结果：

```
3~100 中的所有素数是:
3	5	7	11	13	17	19	23	29	31
37	41	43	47	53	59	61	67	71	73
79	83	89	97
```

对程序 5-8 给出的算法，还可以进一步优化来减少循环的次数。

5.6.2　continue 语句

在 C 语言的循环结构语句：while 语句、do-while 语句、for 语句中，执行 continue 语句将会忽略循环体中剩余语句的执行，重新开始下一次循环。

1. continue 语句基本语法

continue 语句一般形式为：

continue;

continue 语句用于循环结构中，其作用是结束本次循环，不再执行 continue 语句之后的循环体语句，强制开始下一次循环。

【程序 5-9】任意输入 10 个数找出其中的最大数和最小数。

算法分析：由于最大数、最小数的范围无法确定，因此，首先设第一个数为最大数、最小数，然后将其余 9 个数分别与最大数、最小数进行比较，如果当前读的数 x 比最大数 max 还大，则将 x 的值赋给 max。显然这时不需要再去比较数 x 与最小数 min 了，这时可以用 continue 语句。

下面是程序的源代码(ch05_09.c)：

```
#include<stdio.h>
int main(void)
{
    int   max,min,x,n;
    printf("请输入第 1 个数:\n");
    scanf("%d",&x);
    max=min=x;
    for(n=2;n<=10;n++)
    {
        printf("请输入第%d 个数:\n",n);
        scanf("%d",&x);
        if(x>max)
        {
            max=x;
            continue;
        }
        if(x<min)
            min=x;
    }
printf("最大数为:%d;最小数为:%d。\n",max,min);
return 0;
}
```

执行该程序得到下面的运行结果：

请输入第 1 个数：20↙
请输入第 2 个数：5↙
请输入第 3 个数：12↙
请输入第 4 个数：8↙
请输入第 5 个数：100↙
请输入第 6 个数：6↙
请输入第 7 个数：9↙
请输入第 8 个数：47↙
请输入第 9 个数：30↙
请输入第 10 个数：51↙
最大数为：100；最小数为：5。

当 if(x>max)语句的条件表达式 x>max 为真时，执行 continue 语句后，结束本次循环，即在该次循环中，不再执行循环体中的语句 if(x<min)min=x，转而直接执行 n++，再判断是否进入下次循环。只有当 if(x>max)语句的条件表达式 x>max 为假时，才会执行语句 if(x<min)min=x。

2. continue 语句使用要点

(1)对于 for 语句，当执行了其循环体中的 continue 语句后，紧跟着执行计算表达式 3，然后转到计算表达式 2，进行循环条件判断。对 while 语句和 do-while 语句，执行了其循环体中的 continue 语句后，直接转到循环条件判断。

(2)continue 语句的作用只是结束本次循环，而不是终止整个循环的执行。而 break 语句则是使程序从本层循环中退出。如有以下两个循环结构：

程序段 1：
```
for(i=1; i<=5; i++)
{
    if(i%2==0)
        continue;
    printf("%d", i);
}
```

程序段 2：
```
for(i=1; i<=5; i++)
{
    if(i%2==0)
        break;
    printf("%d", i);
}
```

对于程序段 1，当表达式 i%2==0 为真时，continue 语句执行，接着计算 i++，再计算 i<=5 进行循环条件判断，直到 i>5 时退出循环。对于程序段 2，当表达式 i%2==0 为真时，break 语句执行，强制退出循环，接着执行 for 后的第一条语句。

5.7　不受推崇的 goto 语句

goto 语句是一个无条件转向语句，它能使程序执行的顺序无条件地改变。其一般形式为：

goto 语句标号;

……

语句标号:

语句序列;

其中，goto 语句的作用是将程序的执行转向语句标号所在的位置。

goto 语句易使程序流程无规律，可读性差，结构化程序设计方法主张限制使用 goto 语句。

(1) goto 语句与 if 语句一起构成循环结构。

例如，用 goto 语句和标号 loop 计算 1+2+3+…+100 累加和。

相应的程序段为：

```
i=1;
loop:                          /* loop 为语句标号 */
      sum+=i;
      i++;
      if(i<=100)   goto  loop;   /* 若 i 小于等于 100,则跳转到语句标号 loop 处 */
```

(2) goto 语句可以实现从内循环体中跳转到多层循环体外。

【**程序 5-10**】用 goto 语句计算半径 r=1 到 r=10 时圆的面积，直到面积 area 大于 100 为止。

算法分析：在程序 5-7 中，对于同样的问题是用 for 循环加 break 来实现的。本程序要求用 goto 语句来实现。根据题意，设置半径 r 从 1 到 10 的变化，计算并输出圆的面积，当 r 大于 10 时，结束循环。但该题还有一个结束循环的条件：圆面积大于 100 时也结束循环。所以用两个 goto 语句来完成。

下面是程序的源代码(ch05_10.c)：

```
#include<stdio.h>
#define PI   3.14159
int main(void)
{
    int  r=1;
    float   area;
    loop:
          if(r<=10)
          {
```

```
            area = PI * r * r;
            if(area>100)
            goto  leap;/ * 使程序跳出循环 * /
            printf("r=%d,area=%.2f \n",r,area);
            r++;
            goto   loop;/ * 使程序进入循环 * /
        }
    leap:    return  0;
}
```

5.8 程序设计案例：猜数字游戏

【程序 5-11】问题：设计一个猜数字游戏，游戏规则为：由程序产生一个 1~1000 之间的数，由玩家猜这个数，如果猜对了，则提示玩家猜对了这个数字，然后由玩家选择是继续玩还是退出游戏；如果猜的数比生成的数小，则提示玩家数小了，再试一次；如果猜的数比生成的数大，则提示玩家数大了，再试一次，如果玩家要放弃这次猜数，则输入-1。

分析：根据猜数字游戏的游戏规则，首先程序要生成一个 1~1000 之间的数，然后由玩家猜这个数，猜对了，由玩家选择 y 继续玩，或者选择 n 退出游戏。如果猜错了，则给玩家一个猜的数大了还是小了的提示，让玩家继续猜，直到玩家输入-1 为止。

解决方案：

(1)程序的主循环

根据分析，程序需要循环结构。首先为游戏编写一个主循环。因为玩家至少玩一次游戏，所以循环条件的判断放在循环结束的地方，用 do-while 语句实现。

```
do
{
……
} while(ch=='Y' || ch=='y');
```

(2)生成一个 1~1000 之间的数

要产生一个 1~1000 之间的随机数，可以调用 rand()函数来实现。每次调用 rand()函数时，都会返回一个随机整数，要得到一个 1~1000 的随机数，可以用取余运算符%，将 rand()的返回值除以 1000 所得的余数再加 1 得到。

为确保每次程序运行时，能得到不同的数，还需要调用 srand()函数，以及用 time()函数的返回值初始化该数字串。函数 rand()和 srand()的定义在头文件 stdlib.h 中，函数 time()的定义在头文件 time.h 中。

```
srand(time(NULL));
num1=1+(rand()%1000);
```

(3)猜数

根据游戏规则和分析，需要一个循环结构来完成猜数，在玩家没有输入-1 放弃且没有猜对的情况下，重复让玩家猜。在循环体内，需要判断玩家猜的数是等于、小于还是大于生成的数，所以需要一个选择结构来完成。

```
while(num2!=-1)
{
if(num2==num1)
{
……
}
    else if(num2<num1)
    {
……
    }
    else if(num2>num1)
    {
……
    }
}
```

下面是猜数字游戏程序的源文件(ch05_game.c)：

```
#include<stdio.h>
#include<stdlib.h>
#include<time.h>
int main(void)
{
    int num1,num2;/*num1是生成的数,num2是玩家猜的数*/
    char ch;
    do
    {   srand(time(NULL));
        num1=1+(rand()%1000);
        printf("I have a number between 1 and 1000.\n"
          "Can you guess my number? \nPlease type your first guess.\n");
scanf("%d",&num2);
        while(num2! =-1)
        {
            if(num2==num1)
            {
```

```
                printf("Excellent! You guessed the number! \n");
                break;
            }
            else if(num2<num1)
            {
                printf("Too low. Try again. ");
                scanf("%d",&num2);
            }
            else if(num2>num1)
{
                printf("Too high. Try again. ");
                scanf("%d",&num2);
            }
        }
        printf("Would you like to play again(y or n)?");
        fflush(stdin);
        scanf("%c",&ch);
}while(ch=='y');
    return 0;
}
```

执行该程序得到下面的运行结果：

```
I have a number between 1 and 1000.
Can you guess my number?
Please type your first guess.
500
Too low. Try again. 750
Too low. Try again. 990
Too low. Try again. 995
Too high. Try again. 993
Too low. Try again. 994
Excellent! You guessed the number!
Would you like to play again(y or n)? y
I have a number between 1 and 1000.
Can you guess my number?
Please type your first guess.
500
Too high. Try again. 250
```

```
Too high. Try again. 125
Too low. Try again. 225
Too low. Try again. 245
Too high. Try again. 236
Excellent! You guessed the number!
Would you like to play again(y or n)? n
```

本章小结

循环结构是结构化程序设计中一种重要的结构，也是构造各种复杂程序的基本单元之一。C语言中主要提供了while语句、do-while语句、for语句来构成循环结构，在循环体中还可以使用break和continue语句来结束循环。

(1)for循环是使用最多、功能最强的循环语句。

(2)while循环只要给定的条件为真就继续执行。如果循环条件一开始就为假，则循环体一次都不执行。

(3)do-while循环是在循环体执行后检测循环条件，因此，循环体至少会执行一次。

(4)break语句可以结束本层循环。

(5)continue可以结束本次循环。

循环程序的特点是当给定条件成立时，反复执行某程序段，直到条件不成立为止。给定的条件称为循环条件，反复执行的程序段称为循环体。进行循环结构程序设计时，关键是要确定循环的条件、控制循环的变量和循环体语句。

思 考 题

1. 请判断下面哪条语句和其他两条语句不等价(假定循环体是一样的)？

```
int i=101;while(i<100){…}
int i=101;do{…}while(i<100);
int i=101;for(;i<100;){…}
```

2. 请判断下面哪条语句和其他两条语句不等价(假定循环体是一样的)？

```
for(i=0;i<100;i++){…}
for(i=0;i<100;++i){…}
for(i=0;i++<100;){…}
```

3. 下面程序段是几层循环嵌套，运行后的结果是什么？如果将内循环改为用while语句实现，如何修改？

```
int a,b,m;
for(a=5;a>=1;a--)
{
    m=0;
    for(b=a;b<=5;b++)
    m=m+a*b;
}
printf("%d\n",m);
```

4. break 语句和 continue 语句用于循环结构中作用是什么？有什么不同？

5. 在程序 5-8 输出 3～100 中的所有素数中，判断 n 是否为素数的算法是用 n 除以 2 到 $n-1$ 的所有数来判断 n 是否为素数，这个算法效率不高。实际上，只需要用 n 除以 2 到 $\sqrt{n}$ 的所有数来判断 n 是否为素数，请按照新的算法来修改程序 5-8。

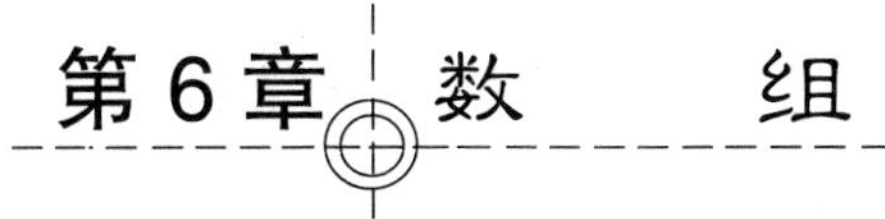

第6章 数 组

前面已经学习了C语言中的一些基本数据类型，如整型、实型和字符型等，用这些数据类型定义的变量只能保存一项数据。本章将介绍C语言构造类型数据的一种——数组。构造类型数据是由基本类型数据按一定规则组成的。在程序设计中，数组是一种普遍使用的数据结构，是数目固定、类型相同的数据的有序集合。数组中的每一个数据(变量)称为数组元素，数组中的所有元素都有同一种数据类型，数组在内存中占有一段连续的存储空间。利用数组可以方便地实现成批数据的存储和处理。

C语言中的数组有两个特点：一是数组元素的个数必须是确定的，二是数组元素的类型必须一致。

6.1 引例

【程序6-1】某学生会换届选举，由全体会员无记名投票选学生会主席，共有3名候选人，每个人的编号分别为1、2、3，每名会员填写一张选票，在同意的候选人姓名后打勾。编写程序由键盘输入每张选票上所投候选人的编号，统计每位候选人所得票数。

方法一：用基本数据类型实现，下面是程序的源代码(ch06_1a.c)。

```
#include<stdio.h>
int main(void)
{
    int v1,v2,v3,num;
    v1=v2=v3=0;
    printf("请输入候选人编号(1-3),输入0时结束: ");
    scanf("%d",&num);
    while(num!=0)
    {
        if(num==1)      v1++;
        else if(num==2)     v2++;
        else if(num==3)     v3++;
        else printf("输入数据不合法,请重新输入数据。 \n");
        printf("请输入候选人编号(1-3),输入0时结束: ");
        scanf("%d",&num);
    }
    printf("投票结果: \n");
```

```
    printf("1 号候选人的票数是:%d\n",v1);
    printf("2 号候选人的票数是:%d\n",v2);
    printf("3 号候选人的票数是:%d\n",v3);
    return 0;
}
```

执行该程序得到下面的运行结果:

```
请输入候选人编号(1-3),输入 0 时结束:3
请输入候选人编号(1-3),输入 0 时结束:2
请输入候选人编号(1-3),输入 0 时结束:1
请输入候选人编号(1-3),输入 0 时结束:2
……
请输入候选人编号(1-3),输入 0 时结束:1
请输入候选人编号(1-3),输入 0 时结束:0
投票结果:
1 号候选人的票数是:17
2 号候选人的票数是:21
3 号候选人的票数是:18
```

方法二:用数组实现,下面是程序的源代码(ch06_1b.c)。

```
#include<stdio.h>
/*用宏来定义数组的长度,可以方便以后修改程序调整数组的长度*/
#define N 4
int main(void)
{
    int vote[N]={0},num,i;
    printf("请输入候选人编号(1-3),输入 0 时结束:  ");
    scanf("%d",&num);
    while(num! =0)
    {
        /*三个数组元素 vote[1]、vote[2]、vote[3]相当于三个变量,
            分别记录三个候选人的选票数*/
        if(num>=1 &&num<=3)
        {       vote[num]++;
            printf("请输入候选人编号(1-3),输入 0 时结束:  ");
        }
        else
            printf("输入数据不合法,请重新输入数据。  \n");
```

```
        scanf("%d",&num);
    }
    printf("投票结果:  \n");
    for(i=1;i<N;i++)   /*通过循环输出每一个数*/
    {
        printf("%d 号候选人的票数是:%d\n",i,vote[i]);
    }
    return 0;
}
```

执行该程序得到下面的运行结果:

```
请输入候选人编号(1-3),输入0时结束:3
请输入候选人编号(1-3),输入0时结束:2
请输入候选人编号(1-3),输入0时结束:1
请输入候选人编号(1-3),输入0时结束:2
……
请输入候选人编号(1-3),输入0时结束:1
请输入候选人编号(1-3),输入0时结束:0
投票结果:
1 号候选人的票数是:17
2 号候选人的票数是:21
3 号候选人的票数是:18
```

6.2 一维数组

6.2.1 一维数组的定义和存储

1. 一维数组的定义

数组必须先定义后使用。在定义数组时,应该说明数组的类型、名称、维数和大小。

一维数组是指带一个下标的数组,定义一维数组的一般形式为:

类型说明符 数组名[常量表达式]

其中:

(1)类型说明符为C语言的关键字,它说明了数组中每个数组元素的数据类型,如:整型、实型或字符型等。

(2)数组名是数组的名称,是一个合法的标识符,其命名方式与变量名相同。

(3)[ ]是下标运算符,其个数反映了数组的维数,一维数组只有一个下标运算符,下标运算符的优先级别很高,为1级,可以保证其与数组名紧密结合在一起。

(4)常量表达式是由常量及符号常量组成的,其值必须是正整数,它指明了数组中数组元素的个数,即数组的长度。

例如:

```
int array1[10];
float  array2[100];
```

定义了 2 个一维数组：一个名为 array1 的整型数组，它有 10 个整型的数组元素；另一个名为 array2 的实型数组，它有 100 个单精度实型的数组元素。

再如:

```
#define  X  15
int  array3[X],array4[2 * X];
```

其中，array3 和 array4 均为整型数组，array3 中有 15 个数组元素，array4 中有 30 个数组元素。

数组在定义时应注意以下几点:

(1)数组的类型实际上是指数组元素的取值类型。对于同一个数组，其所有元素的数据类型都是相同的。

(2)数组名不能与程序中的其他变量名相同。

例如:

```
int  a;
float  a[10];
```

是错误的。

(3)不能在方括号中用变量来表示元素的个数。

例如，以下语句是错误的:

```
int n=10;
int a[n];
```

或:

```
int n;
scanf("%d",&n);
int a[n];
```

因为对数组空间的分配是在编译时进行的，如果定义数组时数组的大小是变量，计算机无法确定应该为变量分配多少内存合适，所以定义数组时必须用常量指定大小。

2. 一维数组的存储

数组定义以后，编译系统将在内存中自动地分配一块连续的存储空间用于存放所有数组元素。C 语言中，数组名表示内存中的一个地址，是数组中所有元素(一片连续存储空间)的首地址，存储单元的多少由数组元素的类型和数组的大小决定。

例如：

```
short a[15];
```

整型数组 a 有 15 个元素，由于一个 short 型变量在内存中占用 2 个字节的存储单元，因此，整型数组 a 在内存中连续占用 30 个字节的存储单元，如图 6-1 所示，假设首地址为 2000H。

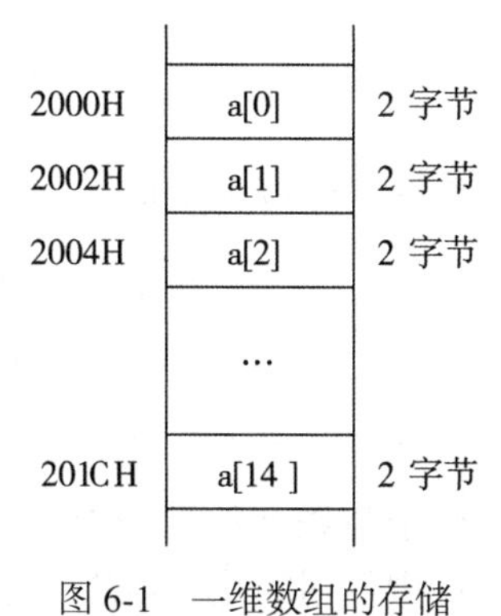

图 6-1　一维数组的存储

注意，数组名代表的是数组在内存中存储单元的首地址，因此数组名 a 表示地址 2000H，而不是数组的值。

6.2.2　一维数组元素的引用

C 语言规定，数组是一种数据元素的序列，数组名代表的是数组在内存中的首地址，因此不能用数组名一次引用整个数组，只能逐个引用数组元素，一个数组元素实质上就是一个同类型的普通变量，其标识方法为数组名后跟一个下标，下标表示了元素在数组中的顺序号。数组元素的引用方式为：

数组名[下标]

对数组元素进行引用时应注意下标的取值范围。C 语言规定，下标的范围为：

0≤下标≤数组长度-1

例如，若有数组定义为：int a[100]；则该数组的下标的范围为：0≤下标≤99。在引用数组元素 a[0]，a[1]，a[2]，…，a[99]时均是合法、正确的，而 a[100]的引用是错误的，但系统不报告错误，这种引用不能保证得到正确的值。a[0]表示引用数组 a 的第一个元素，a[1]表示引用数组 a 的第二个元素，a[2]表示引用数组 a 的第三个元素，…，a[99]表示引用数组 a 的最后一个元素，即第 100 个元素。C 语言编译器不检查引用数组元素时的下标是否超出范围，如果在程序执行时下标超出了范围，则会得到错误的数据，有时还会因为引用了禁止访问的内存区而导致程序被中断。

在程序中，数组元素的引用常常会出现在赋值语句中，例如：

```
float b[4];
b[0]=1.0;
b[1]=7.6;
b[2]=b[0]+b[1];
b[3]=b[0]-b[1];
```

但对数组连续元素的引用通常是使用循环结构，数组与循环结构的配合使用是处理大量数据的最常用方法。例如：

```
int i,a[100];
for(i=0;i<=99;i++)
    scanf("%d",&a[i]);/*读取数组元素的值时与普通变量一样,必须使用取地址符号&*/
for(i=15;i<=24;i++)
    printf("a[%d+5]=%d\n",i,a[i+5]);
```

以上程序段表示从键盘输入100个整数到数组a中，然后输出其中第21~30个数组元素的值。此处数组元素的引用，下标中使用的是表达式，允许使用变量。数组的定义与数组元素的引用形式上有相似之处，但下标的使用是不同的。

数组在引用时应注意以下几点：

(1)数组必须先定义后使用。数组元素通常也称为下标变量，数组元素的下标从0开始计算。

(2)在C语言中只能逐个地使用下标变量，而不能一次引用整个数组。

例如，输出有10个元素的数组可以使用循环语句逐个输出各下标变量：

```
for(i=0;i<10;i++)
    printf("%d",a[i]);
```

而不能使用如下语句输出整个数组：

```
printf("%d", a);
```

6.2.3 一维数组的初始化

所谓数组的初始化就是在定义数组的同时给数组元素赋初值。数组初始化是在编译阶段进行的，这样可以减少运行时间，提高效率。对数组进行初始化，其一般形式如下：

类型说明符　数组名[常量表达式]={初值表}

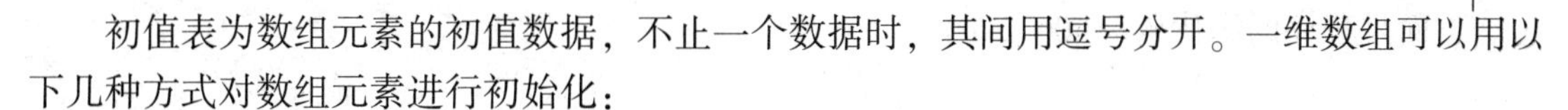

初值表为数组元素的初值数据，不止一个数据时，其间用逗号分开。一维数组可以用以下几种方式对数组元素进行初始化：

(1)对全部或部分数组元素赋初值

例如：

```
int x[8]={1,2,3,4,5,6,7,8};
```

由于数组的长度与花括号中数据的个数相等，这样对数组中所有元素均赋初值，赋值后，数组元素的值分别为：x[0]=1,x[1]=2,x[2]=3,x[3]=4,x[4]=5,x[5]=6,x[6]=7,x[7]=8。

再如：

```
int x[8]={1,2,3,4,5};
```

由于数组的长度与花括号中数据的个数不等，花括号中的5个数据，只能对x数组的前5个元素赋初值，后3个元素的初值，系统将自动赋初值0，结果为：x[0]=1,x[1]=2,x[2]=3,x[3]=4,x[4]=5,x[5]=0,x[6]=0,x[7]=0。

(2)对全部数组元素赋初值时，可以不指定数组的长度，系统将根据初值数据个数确定数组长度。

例如：

```
int x[]={1,2,3,4,5};
```

由于定义数组时省略了数组的长度，则依据花括号中数据的个数，系统自动定义数组的长度为5，并自动给全部元素赋初值。

(3)对全部数组元素初始化为0时，可以写成：

```
int x[5]={0,0,0,0,0};
```

或更简单地写为：

```
int x[5]={0};
```

注意：如果不对数组元素赋初值，系统不保证数组元素具有特定的值，但即使仅给一个数组元素赋了初值，其余的数组元素也会得到特定的值"0"。

6.2.4 一维数组元素的输入输出

最简单的一维数组元素取得值的方式是通过初始化或赋值语句来实现的。而最灵活、最常用的一维数组的输入输出则是通过使用C语言基本输入输出函数配合循环结构来进行的。

【程序6-2】计算一组成绩的和。

下面是程序的源代码(ch06_2.c):

```
#include<stdio.h>
#define N 10
int main(void)
{
    float score[N],sum=0.0;
    int i;
    printf("请输入%d个成绩(实型):\n",N);
    for(i=0;i<N;i++)
    {
        scanf("%f",&score[i]);   /*通过键盘输入数值*/
        sum+=score[i];      /*每输入一个数,加到变量sum中*/
    }
    for(i=0;i<N;i++)   /*通过循环输出每一个数*/
    {
        printf("score[%d]=%6.2f\n",i,score[i]);
    }
    printf("sum=%.2f\n",sum);   /*另起一行,输出累计值*/
    return 0;
}
```

执行该程序得到下面的运行结果:

```
请输入10个成绩(实型):
90.5 88.0 56.5 78.0 100.0 76.5 89.5 85.0 45.0 98.0
score[0]=90.50
score[1]=88.00
score[2]=56.50
score[3]=78.00
score[4]=100.00
score[5]=76.50
score[6]=89.50
score[7]=85.00
score[8]=45.00
score[9]=98.00
sum=807.00
```

6.2.5 一维数组应用举例

【**程序 6-3**】用选择法对任意 N 个数按由小到大方式进行排序。

选择法是最简单、最直观的对数据进行排序的算法，其思路是：通过比较和交换，将符合要求的最小的数，放在前面，每轮确定一个数；以后，在剩下的数中，依次解决；N 个数需 $N-1$ 轮方能排定最后的次序。

图 6-2 给出了对任意 6 个数进行排序的第一轮比较及交换的过程，图中共有 6 个数，第一次将第一个数 11 与第二个数 6 进行比较，11 比 6 大，两数交换位置；第二次将 6 与 10 进行比较，6 比 10 小，不用交换位置；第三次将 6 与 7 进行比较……此轮共进行 5 次比较，能将最小数 2 排在最上面。然后对除 2 以外的余下的后 5 个数继续进行第二轮比较，得到次小数，排定位置……如此进行，每轮可以固定一个小数，共经过 5 轮比较及交换，使 6 个数按由小到大的顺序排列。在比较过程中第一轮经过了五次比较，第二轮经过了四次比较……第五轮经过了一次比较。如果需对 k 个数进行排序，则要进行 $k-1$ 轮的比较，每轮分别要经过 $k-1$、$k-2$、$k-3$、…、1 次比较就可使数据完全排序。流程图如图 6-3 所示。

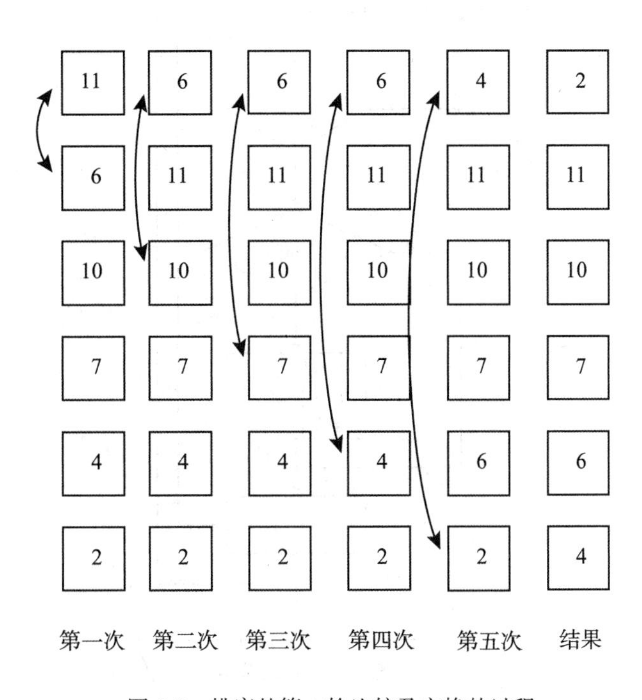

图 6-2 排序的第一轮比较及交换的过程

下面是程序的源代码(ch06_3. c)：

```
#include<stdio.h>
#define N 6
int main(void)
{
    int a[N],i,j,k;
```

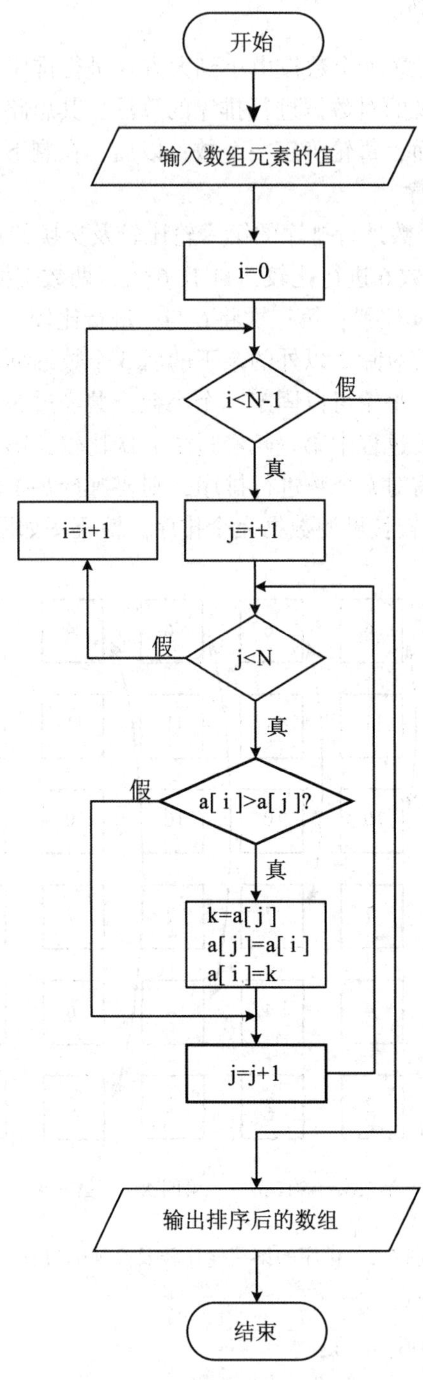

图 6-3　选择法排序流程图

```
printf("请任意输入%d 个整数:\n",N);
for(i=0;i<N;i++)
    scanf("%d",&a[i]);
printf("\n");
```

```
    for(i=0;i<N-1;i++)          /* 对数组进行排序 */
    {
        for(j=i+1;j<N;j++)
          if(a[j]<a[i])
          {
              k=a[j];
              a[j]=a[i];
              a[i]=k;
          }
    }
    printf("按由小到大的顺序输出%d个整数是:\n",N);
    for(i=0;i<N;i++)
        printf("%d,",a[i]);
    printf("\n");
    return 0;
}
```

执行该程序得到下面的运行结果:

```
请任意输入6个整数:
11 6 10 7 4 2
按由小到大的顺序输出6个整数是:
2,4,6,7,10,11,
```

【程序6-4】把一个整数依序插入已排序的数组，设数组已按从大到小顺序排序。

分析：设已排序的数有10个，放在数组a中，待插入的数存放在变量x中。欲将数x按顺序插入到数组a中，只需满足以下条件：a[i]≥x≥a[i+1]。

下面是程序的源代码(ch06_4.c)：

```
#include<stdio.h>
int main(void)
{
    int s,t,x,a[11];
    printf("请按由大到小顺序输入10个整数:\n");
    for(s=0;s<=9;s++)
        scanf("%d",&a[s]);
    printf("请输入要插入的整数:");
    scanf("%d",&x);
    for(s=0,t=10;s<=9;s++)
        if(x>a[s])
```

```
        {
            t=s;
            break;
        }
    for(s=10;s>t;s--)
        a[s]=a[s-1];
    a[t]=x;
    printf("\n结果为:\n");
    for(s=0;s<=10;s++)
        printf("%d,",a[s]);
    printf("\n");
    return 0;
}
```

执行该程序得到下面的运行结果：

```
请按由大到小顺序输入10个整数:
30 26 23 19 16 12 9 6 5 2
请输入要插入的整数:15
结果为:
30,26,23,19,16,15,12,9,6,5,2,
```

【程序6-5】将两个有序的数组合并成一个新的有序数组。

下面是程序的源代码(ch06_5.c)：

```
#include<stdio.h>
#define M  8
#define N  5
int main(void)
{
    int a[M]={3,6,7,9,11,14,18,20};
    int b[N]={1,2,13,15,17},c[M+N];
    int i=0,j=0,k=0;
    while(i<M && j<N)
        if(a[i]<b[j])
        {
            c[k]=a[i];
            i++;k++;
        }
        else
```

```
    {
        c[k]=b[j];
        j++;k++;
    }
while(i<M)
{
    c[k]=a[i];
    i++;
    k++;
}
while(j<N)
{
    c[k]=b[j];
    j++;
    k++;
}
printf("有序数组1为:\n");
for(i=0;i<M;i++)
    printf("%d ",a[i]);
printf("\n有序数组2为:\n");
for(i=0;i<N;i++)
    printf("%d ",b[i]);
printf("\n合并后的新有序数组为:\n");
for(i=0;i<M+N;i++)
    printf("%d  ",c[i]);
return 0;
}
```

执行该程序得到下面的运行结果：

```
有序数组1为:
3 6 7 9 11 14 18 20
有序数组2为:
1 2 13 15 17
合并后的新有序数组为:
1  2  3  6  7  9  11  13  14  15  17  18  20
```

【程序6-6】设某班有30名学生，在期末考试后，需统计各分数段学生人数，编写程序完成此操作。

分析：定义一维数组由于存放学生期末考试成绩，依次遍历各数组元素，判断其属于哪一个分数段，并将对应分数段的计数器加 1，最后输出统计结果。

下面是程序的源代码(ch06_6.c)：

```
#include<stdio.h>
#define NUM 30  /*学生人数*/
int main(void)
{
    float score[NUM]={0};                    /*用于存放学生成绩*/
    int n[5]={0};  /*用于各分数段人数统计*/
    int i;
    printf("请输入%d名学生的成绩:\n",NUM);
    for(i=0;i<NUM;i++)
    {
        printf("请输入第%d个学生的成绩:",i+1);
        scanf("%f",&score[i]);
        while(score[i]>100 || score[i]<0)  /*检验输入是否合法*/
        {
            printf("输入成绩应在0~100之间,请重新输入:\n");
            scanf("%f",&score[i]);
        }
    }
    for(i=0;i<NUM;i++)  /*统计各分数段人数*/
        if(score[i]>=90)n[0]++;
        else if  (score[i]>=80)  n[1]++;
        else if  (score[i]>=70)  n[2]++;
        else if  (score[i]>=60)  n[3]++;
        else n[4]++;
    printf("\n统计结果如下:");  /*输出统计结果*/
    printf("\n分数在%d~%d之间的学生人数为%d人",90,100,n[0]);
    for(i=1;i<4;i++)
        printf("\n分数在%d~%d之间的学生人数为%d人",90-i*10,99-i*10,n
        [i]);
    printf("\n有%d人不及格",n[4]);
    return 0;
}
```

执行该程序得到下面的运行结果：

```
请输入30名学生的成绩:
请输入第1个学生的成绩:82
```

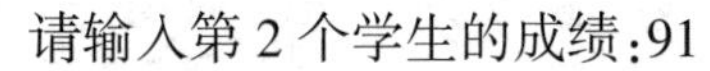

请输入第 2 个学生的成绩:91

……

请输入第 30 个学生的成绩:79

统计结果如下:

分数在 90~100 之间的学生人数为 3 人

分数在 80~89 之间的学生人数为 12 人

分数在 70~79 之间的学生人数为 9 人

分数在 60~69 之间的学生人数为 4 人

有 2 人不及格

6.3 二维数组

6.3.1 二维数组的定义和存储

1. 二维数组的定义

二维数组是指带两个下标的数组，在逻辑上可以将二维数组看成是一张具有行和列的表格或一个矩阵，第 1 个下标表示行号，第 2 个下标表示列号。定义二维数组的一般形式为：

类型说明符　数组名[常量表达式 1][常量表达式 2]

其中各组成部分的作用同一维数组。

例如：

```
#define   M   3
#define   N   M+2
int   a[3][4];
double   s[5][5], u[N][N];
```

定义了 3 个二维数组，一个名为 a，数组元素的个数为 12(3 行 4 列)；一个名为 s，数组元素的个数为 25(5 行 5 列)；一个名为 u，数组元素的个数为 15(3 行 5 列)。

注意，不要把 s[5][5]写成 s[5, 5]，因为 C 语言会把逗号看成逗号运算符，所以 s[5, 5]就等同于 s[5]了。

2. 二维数组的存储

C 语言规定，在计算机中二维数组的元素是按行的顺序依次存放的，二维数组 a[3][4]的存放示意图见图 6-4，即在内存中，先顺序存放二维数组第一行的元素，再顺序存放二维数组第二行的元素，依此类推。

6.3.2 二维数组元素的引用

二维数组元素的引用与一维数组相似，也只能逐个被引用，其一般形式为：

数组名[下标 1][下标 2]

数组在引用时下标的范围应满足如下条件：0≤下标 1<常量表达式 1，0≤下标 2<常量

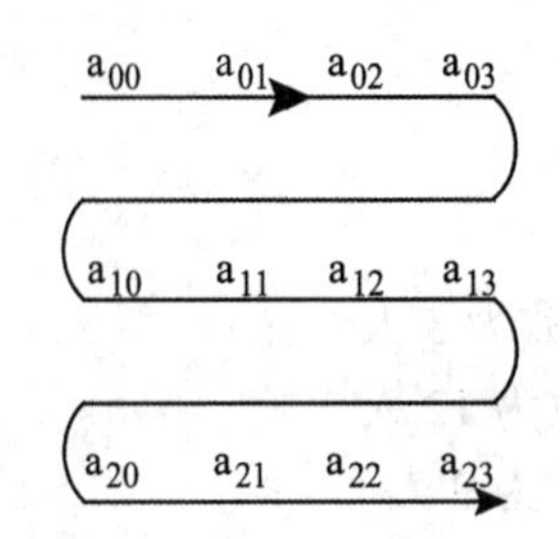

图 6-4　二维数组存放示意图

表达式 2。

例如：

```
int  x[5][6];
```

定义了一个整型的 5 行 6 列二维数组 x，可以合法引用的数组元素共 30 个，分别如下：

```
x[0][0]  x[0][1]  x[0][2]  x[0][3]  x[0][4]  x[0][5]
x[1][0]  x[1][1]  x[1][2]  x[1][3]  x[1][4]  x[1][5]
x[2][0]  x[2][1]  x[2][2]  x[2][3]  x[2][4]  x[2][5]
x[3][0]  x[3][1]  x[3][2]  x[3][3]  x[3][4]  x[3][5]
x[4][0]  x[4][1]  x[4][2]  x[4][3]  x[4][4]  x[4][5]
```

6.3.3　二维数组的初始化

由于二维数组的数据在内存中是按行依次存放的，因此二维数组的初始化也是按此顺序进行赋值的。其一般形式为：

类型说明符　数组名[常量表达式 1][常量表达式 2]={初值表}

二维数组可以用以下几种方式进行初始化：

(1)对二维数组的全部元素赋初值。

例如：

```
int  x[2][4]={{1,2,3,4},{6,7,8,9}};
```

在初始化格式的一对花括号内，初值表中每行数据另用一对花括号括住，此方式一目了然，通过赋值，在二维数组 x 中，各元素的初始化值为：

```
x[0][0]=1,x[0][1]=2,x[0][2]=3,x[0][3]=4,
x[1][0]=6,x[1][1]=7,x[1][2]=8,x[1][3]=9
```

又如：

```
int  y[2][4]=(1,2,3,4,5,6,7,8);
```

此方式表示从y数组首地址开始依次存放数据，通过赋值，在二维数组y中，各元素的初始化值为：

y[0][0]=1，y[0][1]=2，y[0][2]=3，y[0][3]=4，
y[1][0]=5，y[1][1]=6，y[1][2]=7，y[1][3]=8

(2)对二维数组的部分元素赋初值。
例如：

```
int  x[3][5]={{1},{6,7},{0}};
int  y[3][5]={1,6,7};
```

同样为3行5列有15个数组元素的二维数组，在数组x中元素的赋初值结果：x[0][0]=1，x[1][0]=6，x[1][1]=7，其余元素均为0；而在数组y中的结果为：y[0][0]=1，y[0][1]=6，y[0][2]=7，其余元素均赋初值0；作为行标志的花括号在此所起的作用是明显的。

(3)给二维数组的全部元素赋初值，也可以不指定第一维的长度，但第二维的长度不能省略。
例如：

```
int  x[][5]={{1,2,3,4,5},{6,7,8,9,10},{11,12,13,14,15}};
int  y[][5]={1,2,3,4,5,6,7,8,9,10,11,12,13,14,15};
```

x和y都是3行5列的二维数组，且每一数组元素的取值是同样的。

6.3.4 二维数组的输入输出

二维数组与一维数组一样，其数组元素的取值可以通过初始化方式得到。除此之外，使用赋值语句也可以赋予或改变数组元素的值。但最灵活、最常用的二维数组的输入输出还是通过使用C语言基本输入输出函数配合循环结构来进行的。

【程序6-7】计算一个5×5的整数矩阵两条对角线上的数值之和。

下面是程序的源代码(ch06_7.c)：

```
#include<stdio.h>
#define N 5
int main(void)
{
    int i,j,m[N][N],sum=0,n=N;
```

```
    for(i=0;i<N;i++)                          /*逐行输入数值*/
    {
        printf("line %d:  ",i);                /*提示输入数值的行号*/
        for(j=0;j<N;j++)                      /*逐列输入数值*/
        {
            scanf("%d",&m[i][j]);          /*调用输入函数,输入数值*/
            if(i==j)  sum+=m[i][j];      /*加一条对角线上的数*/
            if(i+j==N-1)  sum+=m[i][j];/*加另一条对角线上的数*/
        }
    }
    for(i=0;i<N;i++)                       /*通过循环输出数组中的每一个数*/
    {
        for(j=0;j<N;j++)
        {
            printf("m[%d][%d]=%d  ",i,j,m[i][j]);
            if(j==n-1)printf("\n");
        }
    }
    if(n%2)sum-=m[(N-1)/2][(N-1)/2];        /*N为奇数时,调整累计值*/
        printf("sum=%d\n",sum);                /*最后输出累计值*/
    return 0;
}
```

执行该程序得到下面的运行结果：

```
line 0:1 2 3 4 5
line 1:6 7 8 9 10
line 2:11 12 13 14 15
line 3:16 17 18 19 20
line 4:21 22 23 24 25
m[0][0]=1 m[0][1]=2 m[0][2]=3 m[0][3]=4 m[0][4]=5
m[1][0]=6 m[1][1]=7 m[1][2]=8 m[1][3]=9 m[1][4]=10
m[2][0]=11 m[2][1]=12 m[2][2]=13 m[2][3]=14 m[2][4]=15
m[3][0]=16 m[3][1]=17 m[3][2]=18 m[3][3]=19 m[3][4]=20
m[4][0]=21 m[4][1]=22 m[4][2]=23 m[4][3]=24 m[4][4]=25
sum=117
```

6.3.5 二维数组应用举例

【程序 6-8】将一个二维数组的行和列元素互换，存到另一个二维数组中。

$$a=\begin{vmatrix}1 & 2 & 3 & 4\\5 & 6 & 7 & 8\\9 & 10 & 11 & 12\end{vmatrix} \qquad b=\begin{vmatrix}1 & 5 & 9\\2 & 6 & 10\\3 & 7 & 11\\4 & 8 & 12\end{vmatrix}$$

分析：二维数组的行列互换，就是求它的转置矩阵。

如：a 数组是一个 3 行 4 列的矩阵，通过行、列互换，得到的 b 数组应为 4 行 3 列。两个数组的元素对应关系为：a[i][j]=b[j][i]。

下面是程序的源代码(ch06_8.c)：

```
#include<stdio.h>
int main(void)
{
    int  a[3][4]={{1,2,3,4},{5,6,7,8},{9,10,11,12}};
    int  b[4][3],m,n;
    printf("转置前的数组:\n");
    for( m=0;m<3;m++)
    {
        for(n=0;n<4;n++)
        {
            printf("%5d",a[m][n]);  /*输出 a 数组内容*/
            b[n][m]=a[m][n];        /*行列互换*/
        }
        printf("\n");
    }
    printf("转置后的数组:\n");
    for( m=0;m<4;m++)
    {
        for(n=0;n<3;n++)
        printf("%5d",b[m][n]);          /*输出 b 数组内容*/
        printf("\n");
    }
    return 0;
}
```

执行该程序得到下面的运行结果：

```
转置前的数组：
1    2    3    4
5    6    7    8
9    10   11   12
```

转置后的数组：

```
1    5    9
2    6    10
3    7    11
4    8    12
```

【**程序 6-9**】有一个 3×4 的矩阵，试求该矩阵中具有最大值的元素，输出其值并指出该元素所在的行号和列号。

分析：求矩阵中具有最大值的元素，和求一列数中最大的数方法一样。首先设矩阵的第一个元素为最大值，分别与矩阵中的其他数进行比较，从而找出最大数，并记下此时的行号和列号。

下面是程序的源代码(ch06_9.c)：

```
#include<stdio.h>
int main(void)
{
    int  a[3][4],i,j,row,col,max;
    row=col=0;
    printf("请输入 3 行 4 列的二维数组:\n");
    for(i=0;i<3;i++)
        for(j=0;j<4;j++)
            scanf("%d",&a[i][j]);
    max=a[0][0];                        /*将 a[0][0]设定为最大数*/
    for(i=0;i<3;i++)                            /*寻找最大数*/
        for(j=0;j<4;j++)
          if( a[i][j]>max )
          {
              max=a[i][j];
              row=i;
              col=j;
          }
    printf("max=%d,row=%d,col=%d\n",max,row,col);  /*输出*/
    return 0;
}
```

执行该程序得到下面的运行结果：

```
请输入 3 行 4 列的二维数组:
1  2  3  9
```

```
7 12  6 11
4 10  5  8
max=12,row=1,col=1
```

【程序 6-10】输入 5 名学生 3 门功课的考试成绩，计算并输出每个学生 3 门功课的平均成绩。

分析：需要定义一个二维数组 score[5][3]来存放学生的成绩，定义一个一维数组 average[5] 计算并存储每个学生 3 门功课的平均分。

下面是程序的源代码(ch06_10.c)：

```
#include<stdio.h>
int main(void)
{
    int score[5][3],i,j;
    float average[5]={0};
    for(i=0;i<5;i++)
    {
        printf("请输入第%d 个学生 3 门功课的考试成绩:\n",i+1);
        for(j=0;j<3;j++)
        {
            scanf("%d",&score[i][j]);
            /*判断输入的数据是否满足条件*/
            while(score[i][j]>100 || score[i][j]<0)
            {
                printf("成绩应在 0~100 之间,请重新输入:\n");
                scanf("%d",&score[i][j]);
            }
        }
    }
    for(i=0;i<5;i++)
    {
        for(j=0;j<3;j++)
            average[i]+=score[i][j];/*计算 3 门功课的总成绩*/
        average[i]=average[i]/3;
    }
    printf("\n 成绩单如下:\n",i+1);
    for(i=0;i<5;i++)
    {
        printf("第%d 个学生的考试成绩:",i+1);
```

```
        for(j=0;j<3;j++)
            printf("%4d",score[i][j]);
        printf("\t 平均成绩:%.1f\n",average[i]);
    }
    return 0;
}
```

执行该程序得到下面的运行结果：

```
请输入第1个学生3门功课的考试成绩:
88 87 92
请输入第2个学生3门功课的考试成绩:
79 81 85
请输入第3个学生3门功课的考试成绩:
89 68 78
请输入第4个学生3门功课的考试成绩:
75 83 88
请输入第5个学生3门功课的考试成绩:
90 89 90
成绩单如下:
第1个学生的考试成绩:  88  87  92      平均成绩:89.0
第2个学生的考试成绩:  79  81  85      平均成绩:81.7
第3个学生的考试成绩:  89  68  78      平均成绩:78.3
第4个学生的考试成绩:  75  83  88      平均成绩:82.0
第5个学生的考试成绩:  90  89  90      平均成绩:89.7
```

6.4 程序设计案例：折半查找

【程序 6-11】用折半查找法在 N 个整数中查找指定整数 x。若找到，输出数组元素的下标；否则，输出提示信息“数组中无此数”。

分析：折半查找法可以在一组有序(递增或递减)的数据中快速查找指定数值。因此可先采用排序算法对 N 个数进行由小到大的排序，然后用折半查找法在有序数据中查找指定数值 x。

解决方案：本例采用冒泡排序算法。冒泡法的基本思想是将两两相邻的元素进行比较，如果前一个元素大于后一个元素，就交换这两个元素。在排序过程中数值较大的数逐渐从顶部移向底部，数值较小的数逐渐从底部移向顶部，就像水底的气泡一样逐渐向上冒。若要使 N 个数按顺序排列必须进行 $N-1$ 轮排序，且第 i 轮排序要进行 $N-i$ 次比较。在一轮冒泡排序的过程中，如果所有参与比较的元素都没有进行交换，说明数组中所有元素已经是有序的，排序过程应该结束了。可以在程序段中，用标记变量标记在某一轮排序过程中是否存在交换。

折半查找法的基本思想是将有序数组 a 的 N 个元素分成个数大致相同的两半，取中间位置元素 a[$N/2$]与欲查找的 x 作比较，如果 x 等于 a[$N/2$]则找到 x，算法终止。如果 x<a[$N/2$]，则查找范围缩小一半，在数组 a 的左半部继续搜索 x(数组元素呈升序排列)。如果 x>a[$N/2$]，则在数组 a 的右半部继续搜索 x。折半查找是一种高效的查找方法，它可以明显减少比较次数，提高查找效率，但是折半查找法的前提条件是数据必须是有序排列的。

下面是程序的源代码(ch06_11.c)：

```
#include<stdio.h>
#define N 10
int main(void)
{
    int a[N],temp,i,j,flag,x,low,high,mid;
    printf("请输入%d 个数:\n",N);
    for(i=0;i<N;i++)
        scanf("%d",&a[i]);
    for(flag=1,i=0;i<N-1&&flag;i++)
    {
        flag=0;/*用标记变量 flag 标记在某一轮排序过程中是否存在交换*/
        for(j=0;j<N-i-1;j++)
            if(a[j]>a[j+1])
            {
                temp=a[j];
                a[j]=a[j+1];
                a[j+1]=temp;
                flag=1;
            }
    }
    printf("由小到大排序后的%d 个数:\n",N);
    for(i=0;i<N;i++)
        printf("%d  ",a[i]);
    printf("\n 请输入待查整数:\n");
    scanf("%d",&x);
    low=0;high=N-1;
    while(low<=high)
    {
        mid=(low+high)/2;     /*确定查找范围中间位置元素下标*/
```

```
        if(a[mid]==x)
        {
            printf("找到整数%d,其下标为:%d。\n",x,mid);
            break;
        }
        else if(a[mid]>x)high=mid-1;  /*查找范围缩小一半,x在左半部*/
        else low=mid+1;     /*x在右半部*/
    }
    if(low>high)
        printf("数组中无此数。\n");
    return 0;
}
```

执行该程序得到下面的运行结果:

```
请输入10个数:
27  61  35  42  12  33  7  60  9  88
由小到大排序后的10个数:
7  9  12  27  33  35  42  60  61  88
请输入待查整数:
33
找到整数33,其下标为:4。
```

本章小结

数组是程序设计中最常用的数据结构。数组是由一定数目、类型相同的数据组成的有序集合。数组可分为数值数组(整型数组和实型数组)、字符数组、指针数组和结构体数组等。数组可以是一维的、二维的或多维的。

数组名中存放的是一个地址常量，它代表整个数组的首地址。数组要先定义后使用。定义时要指定其元素类型和数组大小，要特别注意C语言数组的下标取值范围是从0~N-1(N为数组大小)。

同一数组中的所有元素，按其下标的顺序占用一段连续的存储单元。一个数组元素，实质上就是一个变量，它具有和相同类型单个变量一样的属性，可以对它进行赋值和参与各种运算。对数组的赋值可以用数组初始化赋值、赋值语句赋值和输入函数动态赋值三种方法实现。对数值数组不能用赋值语句整体赋值、输入或输出，而必须用循环语句逐个对数组元素进行操作。

二维数组的数组元素在内存中的排列顺序为“按行存放”，即先顺序存放第一行的元素，再存放第二行，依此类推。可以把二维数组看作是一种特殊的一维数组：它的元素又是一个一维数组。对基本数据类型的变量所能进行的操作，也都适用于相同数据类型

的二维数组元素。

思 考 题

1. 将 Fibonacci 数列前 20 项中的偶数找出来，存放到一维数组中。

2. 将一个一维数组中的数按逆序重新存放并输出。

3. 有 30 个数已按降序排列，分别使用顺序法和折半法找出指定的数值，并计算各用了多少步数值比较就找到该数。

4. 一个 5×5 的整数矩阵，对应该矩阵打印一个图形，元素值为正时打印“1”，为负时打印“0”，为零时打印“ * ”。

5. 有一个 3×4 的二维整型数组，求该数组中所有正数之和。

6. 有一个 4×4 的二维整型数组，将数组中各元素的值按从大到小的顺序排列并重新输出。

第7章 函　　数

使用C语言编程必须会使用函数。C语言允许用户使用编译系统自带的库函数(例如printf和scanf)去简化程序的开发过程，也支持用户自定义函数。C语言正是通过函数提供支持模块化软件开发的功能。函数是C语言程序的基本构件，也是结构化程序设计思想的重要组成部分。

本章首先介绍模块化程序设计的概念，接着介绍C语言的函数及其与程序模块化的关系，然后介绍函数的定义、函数间的数据传递和函数的返回值，以及数组作为函数参数和函数调用等基本知识。此外，本章还介绍了变量的作用域和存储类别，并且讨论了构造大型程序所遇到的问题和相应对策。

7.1　程序的模块化

前面几章介绍的都是非常简单的程序，它们只包含一个main函数。我们能轻松地理解这些程序是如何解决问题的。但是，当程序越来越大时，如果不知道怎样将程序划分成更多的基本部分，那么就很难去理解这些程序。

将复杂的问题分解成较小的部分是一种常用的方法。在规划大型程序时，首先必须从整体上理解整个问题；然后，把它分成功能相对独立的几个部分(子问题)。如果某个子问题依然复杂，还可以继续将这个子问题分解成更小的子问题，直到问题能被简单、清晰地表述为止。这种从顶层开始，连续地逐层向下将问题分解成便于管理的部分的过程叫做自顶向下的设计。程序设计中这些分解的子问题称为模块。上层模块通过调用下层模块完成程序模块的组装。自顶向下和结构化程序设计原则规定了一个程序必须被分成一个主模块和与其相关的若干模块，当然每个模块还可以继续被分成子模块。这个过程被称为程序的模块化，也称为模块化程序设计方法。模块化的优点是：

(1)使复杂的问题简单化。

(2)模块可重复使用，降低程序开发的工作量。

(3)模块功能相对独立，便于维护。

自顶向下的模块化程序设计通常用模块的结构图来表示每个模块和它的子模块之间的关系。结构图是自顶向下，从左往右进行阅读的。图7-1的例子中，主模块用来表示解决问题的代码集，包含3个子模块。模块1被进一步分成3个子模块，模块3被分成2个子模块。如果要编写模块1的代码，就要为它的3个子模块编写代码。

主模块是一个调用模块，每个子模块都是被调用模块。因为模块1和模块3包含子模块，所以它们既是被调用模块，也是调用模块。模块与它的子模块之间可以传递数据，而没有直接调用关系的模块之间要传递数据就必须通过它们共同的调用模块来实现。

本章将详细介绍C语言如何实现自顶向下的模块化程序设计。

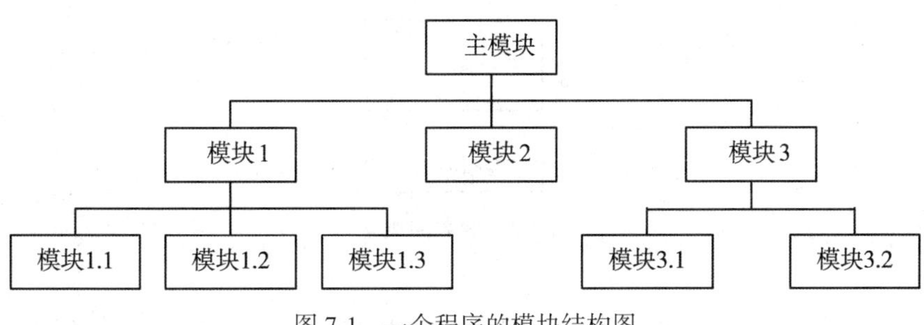

图 7-1 一个程序的模块结构图

7.2 C 语言的函数

C 语言通过使用函数来实现程序的模块化。一个 C 程序是由一个或者多个函数组成的，其中有且只能有一个叫做 main，被称为主函数。程序的运行从主函数开始，并且结束于主函数。根据需要，主函数调用其他函数来完成特定的任务，其他函数也可以互相调用。图 7-2 表示了一个 C 程序的结构图。

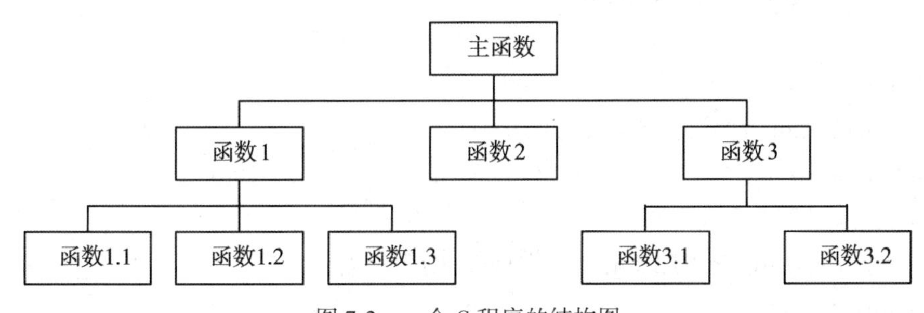

图 7-2 一个 C 程序的结构图

C 语言中的函数是个独立的模块，它会被调用去执行一个特定的任务。被调用的函数(简称被调函数)从调用它的函数(简称主调函数)那里得到程序的控制权。被调函数完成了它的任务后，就把控制权返回给主调函数。被调函数可能返回给主调函数一个数据，也可能不返回。可以说，main 函数是被操作系统所调用的，main 函数依次调用其他的函数。当 main 函数执行完成后，就把控制权交还给操作系统。

通常，如图 7-3 所示，一个函数可以看成是一个黑盒子，它的任务是得到 0 个或多个数据，然后对它们进行处理，最后最多返回一个数据。本书将在介绍结构体的时候说明函数通过结构体返回多个数据的技术。同时，一个函数可以产生副作用。函数的副作用是指函数内部的操作会引起程序状态发生变化等附加影响，例如，把数据发送给显示器或者写入文件，会改变主调函数的一个变量的值。

在 C 语言中使用函数有许多好处，主要有以下几点：

(1)可以单独编写和测试每个函数，简化了程序开发的过程。

(2)几个独立的小函数比一个大函数(如果程序只包含一个函数)更容易理解和实现。

(3)标准库是供人使用的函数集。这些函数是事先编写好的，经过测试，能正常工作，

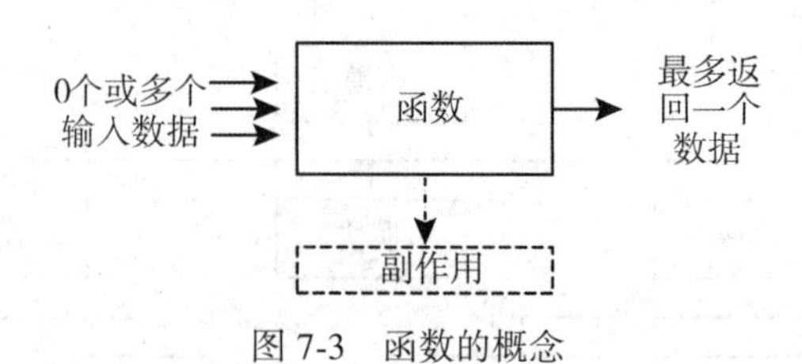

图 7-3　函数的概念

因此可以放心使用，而不必知道它们的代码。标准库可以加快开发程序的速度，是 C 语言的一个组成部分，也增强了 C 语言的能力。

(4)人们可以编写自己的函数库，应用于自己感兴趣的程序类型。

(5)在开发大型程序时，可以把程序的开发团队分成小组，每个小组负责一组函数的实现，最后把全部函数组合成完整的程序。这样就可以提高程序开发的效率，也便于管理和维护程序。

下面给出一个包含子函数的简单程序，用来示范在 C 语言程序中定义和使用函数。

【程序 7-1】定义和使用整数立方函数。自定义一个整数立方函数，然后定义主函数，读取用户输入的两个整数，计算两个数的立方和，并显示计算结果。

下面是程序的源代码(ch07_cube. c)：

```
#include<stdio. h>
/ * 定义函数 cube 计算一个整数的立方 * /
int cube(int x)
{
    / * 使用 return 语句把 x 的立方返回给主调函数 * /
    return x * x * x;
}
/ * 定义函数 main * /
int main(void)
{
    int x,y,z;
    printf("输入两个整数:");
    scanf("%d%d",&x,&y);
    / * 调用 cube 函数计算 x 和 y 的立方,并把它们的和赋值给 z * /
    z=cube(x)+cube(y);
    printf("%d^3+%d^3=%d\n",x,y,z);
    return 0;
}
```

执行该程序得到下面的运行结果：

输入两个整数:3 5
3^3+5^3=152

在程序 7-1 中，先定义函数 cube，用来计算任意一个整数的立方，然后定义函数 main。在 main 函数中，两次调用 cube 函数分别计算输入的两个整数的立方。函数 cube 在被调用时所需要的数据是通过参数传递得到的，即函数 main 调用函数 cube 时把 main 函数中的变量 x 或 y 的值拷贝给 cube 函数的参数 x。函数 cube 通过 return 语句把计算结果传递给函数 main。

另外，在程序 7-1 的输出结果中，3^3 表示 3 的立方，其中的符号“^”并非 C 语言的运算符。

C 语言程序包含若干个函数，程序 7-1 中定义和使用了四个函数，即 cube、main、scanf 和 printf 函数。从用户定义的角度，C 语言函数可分为库函数和用户自定义函数。

1. 库函数

C 语言提供了丰富的库函数，这些函数包括常用的输入输出函数，如 printf、scanf 函数；常用的数学函数，如 sin、cos、sqrt 函数；有处理字符和字符串的函数，如 strcmp、strcpy、strlen 函数；等等。由于库函数是 C 语言系统提供的，用户无需定义要使用的库函数，但是需要在程序源代码中包含该函数对应的头文件(如：#include<stdio. h>)，然后就可以在程序中直接调用库函数。

2. 用户自定义函数

C 语言库函数不可能满足用户的所有需求，为了完成特定功能，用户必须自己编写函数。按 C 语言规则在程序中定义的用户自己编写的函数，称为用户自定义函数。程序中在调用用户自定义函数前，必须对被调用函数进行说明。本章将详细介绍自定义函数的定义和使用。

7.3 函数的定义

C 语言函数定义的一般形式为：

```
函数类型  函数名(形参表)
{
  说明部分
  语句部分
}
```

说明：

(1)函数类型是指函数返回值的类型。如果函数返回值为 int 类型，则可以省略不写。即默认函数返回值的类型为 int 类型。这是 C89 标准的规定，但是建议不要省略，以免破坏代码的可读性。如果函数无返回值，则必须把函数定义为 void 类型。

(2)函数名，即函数的名称，是用户根据函数所完成的功能给函数的命名，必须是一个合法的标识符。在同一程序中，函数名必须唯一。

(3)形参表包括了 0 个或多个形式参数的说明，各参数说明之间用逗号隔开，参考程序 7-1。形参是形式参数的简称，是函数保存从主调函数传递进来的数据的变量。一个形参说明包括参数名称和参数类型说明符，名称在类型说明的后面。形参名必须是一个合法的标识符，只要在同一函数中唯一即可。每一个参数的类型必须单独说明，即使有几个同类型的参数，也不能共用一个类型说明。例如，void swap(int x, int y)不能写成 void swap(int x, y)。如果定义的函数是无参函数，参数表留空或写上 void，但是不能省略函数名后的一对圆括号。

(4)一对大括号括住的区域是函数体，通常由说明部分和语句部分组成，它决定了函数要实现的功能和任务。函数体可以为空，但是不能省略一对大括号。函数体为空的函数表明它暂时什么也不做，可能在迟些时候再补上代码。

(5)函数不能嵌套定义，即不能在函数内部再定义函数。

根据函数的参数个数和有无返回值，C 语言函数可分为无参数无返回值函数、有参数无返回值函数、无参数有返回值函数和有参数有返回值函数。下面为这四种函数各给出一个例子，并进行讨论。

【程序 7-2】定义一个无参数无返回值的函数，显示“Welcome to Wuhan University !”。

下面是程序的源代码(ch07_welcome.c)：

```
#include<stdio.h>
/*定义 welcome 函数显示欢迎信息*/
void welcome()
{
    printf("Welcome to Wuhan University! \n");
}
/*定义 main 函数*/
int main(void)
{
    welcome();
    return 0;
}
```

执行该程序得到下面的运行结果：

```
Welcome to Wuhan University!
```

函数 welcome 不需要从 main 函数接收数据，也不返回数据，但是有一个副作用，即在控制台窗口中显示一个消息。即使没有参数，在调用 welcome 函数时仍然需要括号，否则系统会把 welcome 当作变量来对待，而不是函数。

【程序 7-3】定义一个有参数无返回值的函数，把接收的日期和时间分量以常用格式显示。

下面是程序的源代码(ch07_datetime.c)：

```
#include<stdio.h>
```

```
/* 定义 PrintDateTime 函数按常用格式显示日期和时间 */
void PrintDateTime(int year,int month,int day,int h,int m,int s)
{
    printf("%04d-%02d-%02d %02d:%02d:%02d",year,month,day,h,m,s);
}
/* 定义 main 函数 */
int main(void)
{
    printf("现在时间是 ");
    PrintDateTime(2014,9,28,7,30,0);
    printf("\n");
    return 0;
}
```

执行该程序得到下面的运行结果:

```
现在时间是 2014-09-28 07:30:00
```

函数 PrintDateTime 从 main 函数接收一个时间数据的 6 个分量，但是不返回数据，而且有一个副作用。副作用是在控制台窗口中按常用格式显示时间数据。

【程序 7-4】定义一个无参数有返回值的函数，读取输入的一个整数，并把该数返回。

下面是程序的源代码(ch07_getsingledata.c):

```
#include<stdio.h>
/* 定义 GetInteger 函数读取输入的一个整数 */
int GetInteger()
{
    int num;
    printf("输入一个整数:");
    scanf("%d",&num);
    return num;
}
/* 定义 main 函数 */
int main(void)
{
    int x,y;
    x=GetInteger();
    y=GetInteger();
    printf("两个数的和是 %d\n",x+y);
    return 0;
```

```
}
```

执行该程序得到下面的运行结果：

```
输入一个整数:45
输入一个整数:55
两个数的和是 100
```

函数 GetInteger 不需要从 main 函数接收数据，而是直接读取输入的数据，并且用 return 语句返回一个数据。这种函数的调用形式可以作为表达式的一部分，在这里是把返回值赋值给变量 x 和 y。

【程序 7-5】定义一个有参数有返回值的函数，把一个华氏温度值换算成摄氏温度值。华氏温度与摄氏温度换算公式为：C=(5/9)×(F-32)。

下面是程序的源代码(ch07_ fahrenheit. c)：

```
#include<stdio. h>
/ * 定义 Fahrenheit2C 函数把一个华氏温度值换算成摄氏温度值 * /
double Fahrenheit2C( double f)
{
     return(5. 0/9. 0) * (f-32. 0);
}
/ * 定义 main 函数 * /
int main( void)
{
    double temperature;
    printf( "输入一个华氏温度值:");
    scanf( "%lf", &temperature);
    printf( "转换成摄氏温度值是 %. 1f \ n", Fahrenheit2C( temperature));
    return 0;
}
```

执行该程序得到下面的运行结果：

```
输入一个华氏温度值：100
转换成摄氏温度值是 37. 8
```

函数 Fahrenheit2C 从 main 函数接收一个数据，用 return 语句把表达式计算结果作为返回值返回。在用 printf 函数输出转换结果时，把调用 Fahrenheit2C 的表达式直接作为输出项。

7.4 函数的调用

7.4.1 函数调用的一般形式

不同的函数实现各自的功能、完成各自的任务。要将它们组织起来，按一定顺序执行，是通过函数调用来实现的。主调函数通过函数调用向被调函数传送数据、转移控制权；被调函数在完成自己的任务后，又会将结果数据回传给主调函数并交回控制权。各函数之间就是这样在不同时间、不同情况下实行有序的调用，共同来完成程序规定的任务。

函数调用的一般形式为：

函数名(实参表)

如果调用的是无参函数，实参表为空，但是不能省略一对圆括号，这与定义函数是一致的。另外，实参的个数、出现的顺序及类型应与函数定义中的形参表一致。实参将与形参一一对应进行数据传送。实参表包括多个实参时，各参数间也要用逗号隔开。

简单函数调用的例子可参见前面的程序 7-1、程序 7-2、程序 7-3、程序 7-4、程序 7-5。

在程序中调用函数时，应当注意以下几点：

(1)C 语言参数传递时，主调函数中实参向被调函数中形参的数据传送采用传值方式，即把各个实参的值按顺序分别赋值给形参。被调函数执行过程中修改形参的值不会影响主调函数中实参变量的值。但是数组名作为参数传送时不同，是“传址”，会对主调函数中的数组元素产生影响。实际上，传址方式本质上还是传值。本书将在介绍指针时详细说明这种参数的传递方式。

(2)由于采用传值方式，实参表中的参数可以是常量和表达式。尤其值得注意的是，当实参表中有多个实参时，C89 标准并没有规定对实参表达式求值的顺序。采用自右至左或自左至右求值顺序的系统均有。本书采用的 VC2010 的 C 语言编译器是采用自右至左的顺序求值。因此，在程序中调用函数时应尽量避免多个实参表达式求值与它们的计算顺序有关。

(3)在调用函数前应该先对函数进行说明。可以通过函数原型或函数定义对函数进行说明。如果不作说明，编译时会报错，因为 C 语言无法进行实参类型的检查与转换。

(4)函数调用也是一种表达式，其值就是函数的返回值。

【程序 7-6】定义一个整数幂运算函数，利用该函数计算任意输入的整数 n 的 $(n-1)$ 次幂与 $(n-1)$ 的 n 次幂的值，并显示结果。

下面是程序的源代码(ch07_power. c)：

```
#include<stdio. h>
/ * 使用函数原型对函数 power 进行说明 * /
long int power(int base,int exponent);
int main(void)
{
    int n;
    long int l,m;
    / * 输入整数 n * /
```

```
    printf("Input an integer:");
    scanf("%d",&n);
    /*求 n 的 n-1 次幂,n 中的值已为 n-1。*/
    l=power(n,--n);
    printf("the %dth power of %d=%ld\n",n,++n,l);
    /*求 n-1 的 n 次幂,n 中的值已为 n。*/
    m=power(--n,++n);
    printf("the %dth power of %d=%ld\n",n,--n,m);
    return 0;
}
/*定义函数 power*/
long int power(int base,int exponent)
{
    long int p;
    if(exponent>0)
        for(p=1;exponent>0;--exponent)
            p=p*base;
    else
        p=1;
    return p;
}
```

如果实参表达式求值顺序为自左至右，当用户输入正整数4，第一次调用 power 函数时，求值结果为 power(4，3)，此时，实参变量 n 的值由于表达式求值关系已变成 n-1(即3)。所以在打印“the 3th power of 4=64”结果时要用参数 n，++n。执行 printf( )后，n 的值为4，所以第二次调用 power 函数时，使用参数--n，++n 以达到表达式求值结果为 power(3，4)的效果。

但是，如果实参表达式求值顺序正好相反，为自右至左时，仍然这样用，结果会全然不同。第一次调用 power 函数，通过表达式求值，实际得 power(3，3)，实参变量 n 中值为3，加上 printf 函数中表达式的求值顺序，打印出来将是“the 4th power of 4=27”。由于 n 中此时值为4，第二次调用 power 函数时，实际为 power(4，5)。为了避免此类因实参表达式求值顺序不同而可能发生的错误，可将主函数改为：

```
int main(void)
{
    int n,j;
    long int l,m;
    /*输入整数 n*/
    printf("Input an integer:");
    scanf("%d",&n);
```

```
    /*求n的n-1次幂。*/
    j=n-1;
    l=power(n,j);
    printf("the %dth power of %d=%ld\n",j,n,l);
    /*求n-1的n次幂。*/
    m=power(j,n);
    printf("the %dth power of %d=%ld\n",n,j,m);
    return 0;
}
```

执行该程序得到下面的运行结果：

```
Input an integer:4
the 3th power of 4=64
the 4th power of 3=81
```

7.4.2　函数的参数

本节主要讨论在调用函数时，C语言是怎样规定与实现被调函数和主调函数间数据传送的。

参数的传送涉及形参与实参。形参是形式参数的简称，形参是指函数定义一般形式中形式参数表中的参数。在函数定义时，形参表中的参数并没有具体的给定值，仅具有可以接收实际参数的意义。只有在函数被调用、启动后，才临时为其分配存储空间，并接收主调函数传送来的数据，实现函数定义所规定的功能。在函数调用结束后，形参所占存储空间也将会被释放。

实参是实际参数的简称，在主调函数调用被调函数时给出，可以是常量、变量和表达式。C语言中，参数数据传送是实参向形参单方向的“值传送”，也称“传值”，即把实参的值拷贝给形参。实参变量与形参变量不共用存储空间，所以，形参接收数据后，不管在被调函数中被怎样处理，其结果均不可能反过来影响主调函数中实参变量的值。通常情况下，实参与形参的类型应该匹配。实参与形参的类型不匹配会导致错误。

【程序7-7】求给定范围内的素数个数。

下面是程序的源代码(ch07_primenumber.c)：

```
#include<stdio.h>
#include<math.h>
/*求给定范围[rangeS,rangeE]内的素数个数*/
int CountPrimeNumbers(int rangeS,int rangeE);
int main(void)
{
    int a,b,count;
```

```
    printf("输入两个整数作为要统计素数个数的范围:");
    scanf("%d%d",&a,&b);
    count=CountPrimeNumbers(a,b);
    printf("该范围内有 %d 个素数\n",count);
    return 0;
}
int CountPrimeNumbers(int rangeS,int rangeE)
{
    int i,j,k,n=0;
    if(rangeE<rangeS)
    {
        /*改变形参 rangeS 和 rangeE 的值,不影响主调函数实参 a 和 b 的值。*/
        k=rangeS;rangeS=rangeE;rangeE=k;
    }
    for(i=rangeS;i<=rangeE;i++)
    {
        k=sqrt(i);
        for(j=2;j<=k;j++)
            if(i%j==0)break;   /*不是素数,跳出 for 循环。*/
        if(j>k)n++;   /*是素数,计数加 1。*/
    }
    return n;
}
```

7.4.3　函数的返回值

被调函数在完成一定的功能和任务之后，可以将函数处理的结果返回主调函数，这种数据传送称为函数的返回值。函数的返回值通常采用在函数体中用 return 语句显式给出。return 语句的一般形式为：

return [(]表达式 [)];

其中的表达式也可以是常量、变量和有返回值的函数调用，其值作为函数值返回给主调函数。可以用一对圆括号把表达式括起来，也可以省略圆括号。函数中可以有多条 return 语句，但是程序执行至某一条 return 语句时就终止被调函数。被调函数最终返回给主调函数的值的类型取决于声明的函数类型。

【程序 7-8】将程序 7-5 中 Fahrenheit2C 函数的类型改成整型。

下面是程序的源代码(ch07_fahrenheit2.c):

```
#include<stdio.h>
/*定义 Fahrenheit2C 函数*/
int Fahrenheit2C(double f)
```

```
{
    return(5.0/9.0)*(f-32.0);
}
/*定义 main 函数*/
int main(void)
{
    double temperature;
    printf("输入一个华氏温度值:");
    scanf("%lf",&temperature);
    temperature=Fahrenheit2C(temperature);
    printf("转换成摄氏温度值是 %.1f\n",temperature);
    printf("请按任意键继续...");
    getch();
    return 0;
}
```

执行该程序得到下面的运行结果：

```
输入一个华氏温度值:100
转换成摄氏温度值是:37.0
```

定义 Fahrenheit2C 函数时函数类型为整型，而 return 语句中表达式的类型为双精度浮点型。此时，系统将在返回结果值时，按函数类型要求的数据类型(此例为整型)进行转换，然后返回给主调函数，这样就可能产生误差。程序 7-8 中理想的结果应为 37.8°C，但是 main 函数得到的数值为 37。因此，建议 return 语句中表达式的类型应该与函数类型一致。

另外，对于不需要提供返回值的函数应该用 void 作为函数类型定义，表明此函数返回值为“无类型”或“空类型”。作了这样的定义，如错误地在程序中将此类函数作带返回值函数使用，编译时系统会发现并给出错误提示，以便于定位错误。

7.4.4 函数的声明

由于 C 语言运行时的灵活性，C 语言在函数运行时并不对传送的参数类型进行检查，但是实参与形参类型不符可能导致运行结果的错误。为了避免此类错误的产生，对被调用函数的说明，标准 C 语言引入了函数原型的概念。

与变量类似，函数也应该遵循“先声明，后使用”的原则。函数原型是对函数的声明，其作用是把函数名、函数类型以及形参的个数、顺序、类型等通知编译系统。这样当函数被调用时，可对实参、形参的类型、个数等匹配情况进行检查。

函数原型的一般形式为：

函数类型　函数名(参数类型 1，参数类型 2，……，参数类型 n)；

或：

函数类型　函数名(类型　参数 1，类型　参数 2，……，类型　参数 n)；

函数的定义也具有声明函数的作用，因此，如果被调函数的定义出现在它的主调函数之前，也可以不写函数原型。例如，程序 7-8 把函数 Fahrenheit2C 的定义放在主函数的前面，起到了声明的作用，因此在主函数中可以直接调用函数 Fahrenheit2C，而不需再写该函数的原型。

虽然 C 语言对函数定义放在何处没有严格规定，但是为了符合依照执行顺序阅读的习惯，通常将主调函数定义放在被调函数的前面，这就违背了函数的“先声明，后使用”原则，所以可以把所有的自定义函数的声明都放在主函数的前面，自定义函数的定义依照调用顺序放在主函数的后面，来规避这个问题。例如，可以把程序 7-6 和程序 7-7 中的函数 power 和 CountPrimeNumbers 的声明放在主函数的前面，把它们的定义放在主函数的后面。

7.4.5 数组作为函数参数

由于实参可以是变量、常量及表达式，因此，数组元素自然也可以作为函数的实参，在主调函数与被调函数间来传送数据。它们也遵从“传值”，即单向从实参向形参传送数据的特性。

另外，由于引进了数组这种数据结构，如果仅仅容许数组元素作为实参来传送数据，在很多情况下，会感到使用起来不方便。C 语言规定数组可以作为实参和形参，在主调函数与被调函数间进行整个数组的传送。在调用函数时，与形参数组对应的实参是同类型数组的名称，即数组名作实参。实际上，数组名表示的是数组的内存地址，形参数组是指针变量，在参数传递时依然是值传递方式，只是数值是地址，因此，也被称为“传址”。本书在后面介绍指针时将对此项技术进行详细说明。

用数组作函数参数时，应该注意以下几个方面：

(1)数组作为函数参数，应该在主调函数与被调函数中分别定义数组，不能只在一方定义。

(2)实参数组和形参数组类型应该一致。

(3)实参数组和形参数组大小不要求一致，因为传送时只是将实参数组的地址传给形参数组。因此，一维形参数组也可以不指定大小，在定义数组时，在数组名后跟一个空的方括弧。被调函数涉及对数组元素的处理，可另设一个参数来指明数组元素的个数。

(4)因为采用“传址”方式，所以形参数组与实参数组共用一段内存空间(为实参数组分配的)，那么，对形参数组的元素值进行修改实际上改变的是实参数组元素的值。这一点与前面介绍的变量作为函数参数时的情况是完全不同的。

(5)使用多维数组作为函数参数时，同样应该在主调函数与被调函数中分别定义数组，数组类型也应该一致，才不致出错。另外，在被调函数中定义形参数组时，至多也只能省略第一维的大小说明。这是因为多维数组数组元素的存放是按连续地址存放的，不给出各维的长度说明，将无法判定数组元素的存储地址。

下面给出一个例子，示范数组作为函数参数的用法。

【程序 7-9】编写一个销售业绩分析程序。已知某经销商上半年 3 类商品每个月的价格和销量，定义函数计算销售表中各商品的销售总额，然后对该函数进行测试。

下面是程序的源代码(ch07_dealer.c)：

```
#include<stdio.h>
```

```
/*
    声明销售业绩分析函数
    参数 n 是传入的商品种类数量
    参数 price 是传入的各类商品的各月销售价格
    参数 volume 是传入的各类商品的各月销量
    参数 amount 是传出的各类商品的上半年销售总额
*/
void SalesAnalysis(int n,double price[][6],int volume[][6],double amount[]);
int main(void)
{
    /*定义二维数组保存3种商品每个月的价格*/
    double salesPrice[3][6]={
        {23.9,23.9,23.9,22.9,21.9,21.9},
        {89.9,89.9,79.9,79.9,69.9,69.9},
        {65.9,65.9,65.9,65.9,65.9,65.9}};
    /*定义二维数组保存3种商品每个月的销量*/
    int salesVolume[3][6]={
        {300,290,456,358,372,366},
        {155,134,98,79,82,94},
        {233,215,242,201,239,251}};
    /*定义一维数组保存3种商品上半年的销售总额*/
    double salesAmount[3]={0.0};
    int i;
    /*调用销售业绩分析函数,计算各类商品上半年的销售总额*/
    SalesAnalysis(3,salesPrice,salesVolume,salesAmount);
    /*显示各类商品上半年的销售总额*/
    printf("种类上半年销售总额(万元)\n");
    for(i=0;i<3;i++)
    {
        printf("%-5d%-.4f\n",i+1,salesAmount[i]/10000);
    }
    return 0;
}
void SalesAnalysis(int n,double price[][6],int volume[][6],double amount[])
{
    int t,m;
    for(t=0;t<n;t++)
    {
        double a=0.0;
        for(m=0;m<6;m++)
```

```
            a+=price[t][m] * volume[t][m];
        amount[t]=a;
    }
}
```

执行该程序得到下面的运行结果：

```
种类  上半年销售总额(万元)
1       4.9360
2       5.2426
3       9.1008
```

在上面的程序中，函数 SalesAnalysis 有 3 个形参是数组，在主函数中用大小和类型相同的数组的名称作为调用该函数的实参。这样在函数 SalesAnalysis 被执行时，3 个形参数组与对应的实参数组共用一段内存空间，也就实现了把上半年各类商品的价格和销量数据从主函数传递给了 SalesAnalysis 函数。同时，在 SalesAnalysis 函数中把计算得到的每类商品的销售总额写入 amount 形参数组，实际上就是写入主函数中的 salesAmount 数组。可见，主函数调用 SalesAnalysis 函数产生的副作用就是保存在 salesAmount 数组中的 3 类商品的上半年销售总额。

7.4.6 函数的嵌套调用

在一个函数调用过程中又调用另一个函数称为函数的嵌套调用。在 C 语言中，由于函数的定义是独立的，各函数均处于平行的关系，理论上，任何一个函数都可调用其他的函数，甚至调用它本身。main 函数为例外。原则上，C 语言对函数的嵌套调用深度并未刻意加以限制。

下面给出一个包含函数嵌套调用的程序。

【程序 7-10】编写一个计算圆环面积的程序。定义函数计算圆的面积，再定义一个函数计算由两同心圆组成的圆环的面积。编写程序由用户输入两同心圆的半径，利用前面的两个函数计算圆环的面积，并显示结果。

下面是程序的源代码(ch07_ring.c)：

```
#include<stdio.h>
#define PI 3.14
double CircleArea(double r);
double RingArea(double r1,double r2);
int main(void)
{
    double r1,r2,area;
    /* 输入两同心圆的值 r、r1 */
    printf("输入圆环的内径和外径:");
    scanf("%lf%lf",&r1,&r2);
```

```
    /* 调用 area_ring 函数,求圆环的面积 */
    area=RingArea(r1,r2);
    /* 输出求得的圆环面积 */
    printf("面积为 %.2f\n",area);
    return 0;
}
double CircleArea(double r)
{
    return PI * r * r;
}
double RingArea(double r1,double r2)
{
    double area;
    /* 调用 CircleArea 函数计算两个圆的面积,
    再计算它们的面积差 */
    area=CircleArea(r1)-CircleArea(r2);
    if(area<0)area * =-1;
    return  area;
}
```

执行该程序得到下面的运行结果:

```
输入圆环的内径和外径:1 2
面积为 9.42
```

关于程序执行的几点说明:

(1)程序总是从主函数开始执行，主函数通过调用库函数 scanf，得到用户从键盘输入的两个半径值，然后再通过调用自定义函数 RingArea，得到圆环的面积，最后通过调用库函数 printf 输出圆环的面积。

(2)函数 RingArea 被调用执行时，通过形参接收主函数传来的两个半径值，然后两次调用函数 CircleArea 分别计算两个圆的面积，再将得到的两个圆的面积相减，得到圆环的面积，返回给主函数。

(3)函数 CircleArea 被调用执行时，通过形参接收 RingArea 函数传来的半径值，计算圆的面积，返回给 CircleArea 函数。

7.4.7　函数的递归调用

数学函数中有一些是采用递推形式定义的，例如求一个数 n 的阶乘，以及求一个数 x 的 n 次方:

$$n! = \begin{cases} 1 & 当\ n=1 \\ n*(n-1)! & 当\ n>1 \end{cases} \qquad x^n = \begin{cases} 1 & 当\ n=0 \\ x*x^{n-1} & 当\ n>0 \end{cases}$$

从以上定义可以看出：在求解 n 的阶乘中使用了 $(n-1)$ 的阶乘，也即要算出 $n!$，必须先要算出 $(n-1)!$，而要算出 $(n-1)!$，又必须算出 $(n-2)!$，依次类推，直至 $1!=1$。一旦求得 $1!=1$，再以此为基础，依次计算 $2!$，$3!$，…，$(n-1)!$，$n!$。用递归方法计算 x 的 n 次幂的过程与此类似。

解决此类递归函数的求值问题，所使用的函数必须要能调用自身。在执行过程中直接或间接调用自身的函数在C语言中是允许的，被称为递归函数，又称自调用函数。对递归函数进行调用，称之为递归调用，递归调用是一种特殊的嵌套调用。递归调用必须在满足一定条件时结束递归调用，否则无限制地递归调用将导致程序无法结束(死递归)。

【程序7-11】编写一个计算整数阶乘的程序。其中，定义递归函数求解任意整数 n 的阶乘。

下面是程序的源代码(ch07_factorial.c)：

```
#include<stdio.h>
long int fact(unsigned int n);
int main(void)
{
    int n;
    long int sum;
    printf("输入一个整数:");
    scanf("%d",&n);
    sum=fact(n);
    printf("%d! =%ld\n",n,sum);
    return 0;
}
long int fact(unsigned int n)
{
    long int f;
    if(n==1)
        f=1;
    else
        f=fact(n-1)*n;/*调用自己,但参数值不同*/
    return f;
}
```

执行该程序得到下面的运行结果：

```
输入一个整数:5
5! =120
```

递归函数的结构十分简练，构造递归函数的关键是找到适当的递归算法和终结条件，因为递归的过程不能无限制地进行下去，必须要有一个结束此过程的条件。终结条件往往是问题的最简单情形，可以通过简单的计算或处理就能解决，或者直接知道解答。在上例求 $n!$ 的过程中，1！ =1 就是这样的结束递归过程的条件。

要实现函数的递归调用，首先要分析问题是否可以采用递归形式来定义，数学函数中有不少是采用递归形式定义的，有了清晰的定义，就可以很容易地编写递归函数。实际上，前面两个例子的计算问题都可以采取迭代的方法，通过使用 while 语句构造显式的循环结构加以实现。还有一类问题只有使用递归方法才好解决，典型的例子是汉诺(Hanoi)塔问题，它能较好地显示出递归函数的作用，见图 7-4。

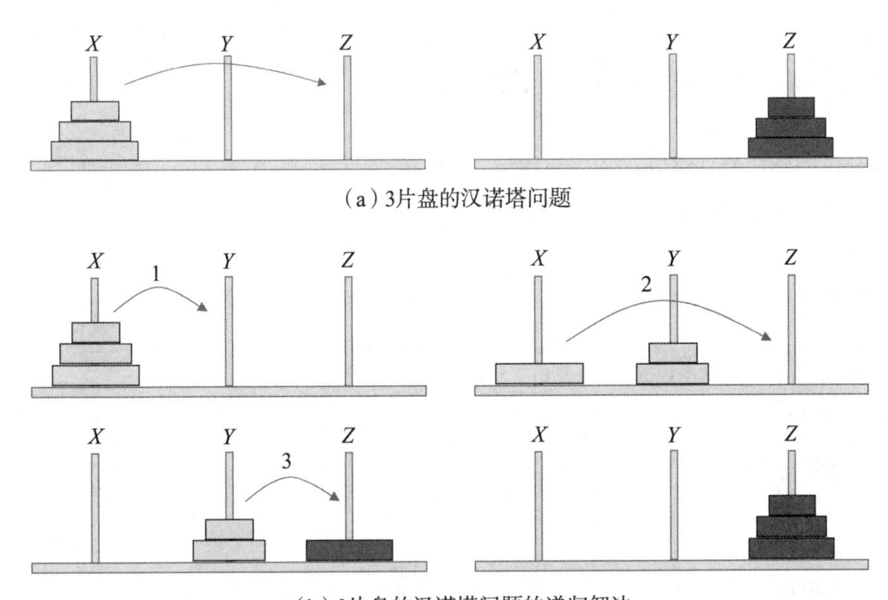

图 7-4 汉诺塔问题及其递归解法

汉诺塔问题是指在一个塔座(设为塔 X)上有若干片圆盘，圆盘的大小各不相等，按大盘在下、小盘在上的顺序叠放，现要将其移放至另一个塔座(设为塔 Z)上去。图 7-4(a)是 3 片盘的汉诺塔问题。问：仅依靠一个附加的塔座(设为塔 Y)，在每次只允许搬动一片盘片，且在整个移动过程中始终保持每座塔座上的圆盘均为大盘在下、小盘在上的叠放方式，能做到么？如何移动？

对此问题，采用递归的方法：对于数量不等的盘子(设为 n 片)，只要能将除最下面最大的一片盘子外，其余的盘片($n-1$ 片)移至塔 Y 座上，剩下一片就可直接移至塔 Z 上。其余的($n-1$ 片)盘片既能从塔 X 移至塔 Y，自然也可照理从塔 Y 移至塔 Z，问题就解决了。每次使用同样的办法解决最下面最大一片盘子的移动问题，一次次搬下去，直至剩下最后一片盘子，直接搬到塔 Z 上去就可以了。图 7-4(b)展示了用递归方法解决 3 片盘的汉诺塔问题的思路。这就是典型的递归方法，递归的结束条件是只剩下一片盘子时，可直接移至目的座(塔 Z)上。

【程序 7-12】编写一个解决任意规模汉诺塔问题的程序，要求能显示盘片移动过程中的每一搬动步骤，其中塔座 X、Y、Z 分别用字符‘X’、‘Y’、‘Z’表示。

下面是程序的源代码(ch07_hanoi.c)：

```
#include<stdio.h>
#include<conio.h>
/*把编号为n的盘从s塔移到d塔*/
void move(int n,char s,char d);
/*把n个盘从x塔移到z塔,y塔作为辅助塔*/
void hanoi(int n,char x,char y,char z);
int main(void)
{
    int n;
    printf("输入汉诺塔问题的圆盘数量:");
    scanf("%d",&n);
    hanoi(n,'X','Y','Z');
    printf("请按任意键继续...");
    getch();
    return 0;
}
void hanoi(int n,char x,char y,char z){
    if(n==1)
        move(n,x,z);
    else
    {
        hanoi(n-1,x,z,y);
        move(n,x,z);
        hanoi(n-1,y,x,z);
    }
}
void move(int n,char s,char d){
        printf("%d\t%c-->%c\n",n,s,d);
}
```

执行该程序得到下面的运行结果:

```
输入汉诺塔问题的圆盘数量:3
1   X-->Z
2   X-->Y
1   Z-->Y
3   X-->Z
1   Y-->X
2   Y-->Z
1   X-->Z
```

使用递归函数解决汉诺塔问题，程序结构简单、明了。但是，值得指出的是，使用递归函数，最大的缺点是效率太低，递归调用要占用计算机大量的时间和空间。因此，除非不得已，可以不用递归函数解决问题的应尽量避免使用递归函数。

7.5 变量的作用域

在C语言中，所有变量都有自己的作用域(或称为作用范围)。变量的作用域是指能使用该变量的代码段。对变量进行说明的方式和位置不同，其作用域也不同。按作用域可以把变量分为两种：局部变量和全局变量。

7.5.1 局部变量

在一个函数内部定义的变量都是局部变量，也称为内部变量。函数的形参也是局部变量。它们的作用域仅限于函数内部，即在定义它们的函数内部才能被使用，在函数外部使用它们是错误的。也就是说，这类变量具有函数作用域。通常，这些变量的定义放在函数体的前部，此即函数定义中的“说明部分”。

以程序7-12为例来说明：

(1)主函数main中定义的变量n，其作用域仅限于主函数内，其他函数不能使用这个变量。

(2)不同函数中定义的变量，如函数move中的n，s和d，函数hanio中的n，x，y和z，其作用范围都限制在各自的函数内，在内存中占据的单元也各不相同。即使使用同样的变量名(3个函数中都有名称为n的变量或形参)也不会互相干扰、互相影响。

另外，在复合语句(块语句)中定义的变量，具有程序块作用域，其作用域只在该复合语句内。例如程序7-9中函数SalesAnalysis的第一个for语句中的变量a：

```
void SalesAnalysis(int n,double price[][6],int volume[][6],double amount[])
{
    int t,m;
    for(t=0;t<n;t++)
    {
        double a=0.0;
        for(m=0;m<6;m++)
            a+=price[t][m] * volume[t][m];
        amount[t]=a;
    }
}
```

7.5.2 全局变量

在函数外部定义的变量就是全局变量，也称为外部变量。全局变量不属于某一个函数，而是属于一个源程序文件，具有文件作用域，其作用域是从其定义的地方开始直至源程序文件的结束处。当程序包含多个文件时，也可以在其他文件中使用全局变量，但是需要在引用它的文件中使用关键字 extern 进行引用声明。通常，把全局变量的定义集中放在源程序文件中各函数的前面，这样，其作用范围将覆盖源程序文件中的所有函数。

下面给出一个程序示范全局变量的定义和使用。

【程序 7-13】编写一个职工年龄分析程序。定义一个数组，用来保存某单位全部 20 名职工的年龄信息；定义一个函数，从用户的输入中读取年龄数据；定义一个函数对年龄数据进行分析，得到平均年龄以及年轻人(<30 岁)、中年人(30~50 岁)、老年人(>50 岁)等各年龄段的人数；定义一个函数显示分析结果；定义主函数调用前面三个函数。

分析：如果把保存年龄数据的数组的定义放在主函数中，就必须在定义另外两个功能函数的时候把数组作为参数以实现年龄数据的传递。另外，年龄分析函数必须把统计得到的 1 个平均年龄和 3 个年龄段的人数反向传递给主函数，但是一个函数只有一个返回值。那么，可以利用全局变量作为多个函数共用的存储区域来实现函数间的数据双向传递。

下面是程序的源代码(ch07_employee. c)：

```
#include<stdio.h>
#define EMPLOYEENUM 20
/*定义外部数组保存年龄数据*/
int gEmployee[EMPLOYEENUM];
/*定义全局变量 gAverage,gYoung,gMiddle 和 gOld*/
double gAverage;
int gYoung=0;
int gMiddle=0;
int gOld=0;
/*从用户的输入读取年龄数据*/
void GetData();
/*对年龄数据进行分析*/
void Analysis();
/*显示分析结果*/
void PrintResult();
int main(void)
{
    GetData();
    Analysis();
    PrintResult();
    return 0;
}
void GetData()
{
    int i;
    printf("输入%d 位职工的年龄:\n",EMPLOYEENUM);
    for(i=0;i<EMPLOYEENUM;i++)
```

```
        scanf("%d",&gEmployee[i]);
}
void Analysis()
{
    int i;
    int sum=0;
    for(i=0;i<EMPLOYEENUM;i++)
    {
        if(gEmployee[i]>50)gOld++;
        else if(gEmployee[i]>=30)gMiddle++;
        else gYoung++;
        sum+=gEmployee[i];
    }
    gAverage=(double)sum/EMPLOYEENUM;
}
void PrintResult()
{
    printf(
        "年轻人数量:%d\n 中年人数量:%d\n 老年人数量:%d\n",
        gYoung,gMiddle,gOld);
    printf("平均年龄:%.1f\n",gAverage);
}
```

执行该程序得到下面的运行结果:

```
输入 20 位职工的年龄:
19 28 37 46 55
22 33 44 56 67
25 36 47 58 20
18 27 36 45 60
年轻人数量:7
中年人数量:8
老年人数量:5
平均年龄:39.0
```

使用全局变量的优点为:

(1)增加了各函数间数据传送的渠道。特别是函数返回值通常仅限于一个,这在很多场合不能满足使用要求。此时利用全局变量,可以得到更多的处理结果数据。

(2)利用全局变量可以减少函数实参与形参的个数。其带来的好处是减少函数调用时分配的内存空间以及数据传送所必需的传送时间。

当然，全局变量的使用也同时带来一些不利的因素：

(1)全局变量的作用范围大，为此必然要付出的代价是其占用存储单元时间长。它在程序的全部执行过程都占据着存储单元，不像局部变量仅在函数被调用、启动后，在一个函数的执行过程中临时占用存储单元。

(2)函数过多使用外部变量，降低了函数使用的通用性。通过外部变量传送数据也增加了函数间的相互影响，函数的独立性、封闭性、可移植性大大降低，出错的几率增大。

由于弊大于利，因此，在可以不使用全局变量的情况下应避免使用全局变量。

7.5.3 作用域存在重叠区的同名变量

在上面关于局部变量的说明中已指出过，在不同的函数间使用相同的变量名，不会产生问题。这是因为它们的作用域各不相同，不会互相干扰、互相影响。但是在函数内部的复合语句中使用了与局部变量同名的变量时，就出现了作用域存在重叠区的同名变量。此外，也可能会遇到全局变量与局部变量同名的情况。C 语言解决这种同名变量作用域冲突的作用域规则是：当程序块(函数体也是一种程序块)内声明一个变量时，如果该变量的名称(一个标识符)已经被声明过，即该标识符是可见的，新的声明将在其作用域内“隐藏”旧的声明，也就是说在同名变量内最新声明的变量是可见的。程序员在编程时应注意此种规定，避免因为使用同名的全局变量与局部变量而错误引用了变量。为了便于区别全局变量与局部变量，也为了尽量不使全局变量与局部变量同名，增加产生错误的几率，可以效仿程序 7-13 的做法，为全局变量命名时用一个小写的字符 g 作为第一个字符。

仔细观察图 7-5 中的例子，标识符 v 有 4 种不同的含义。

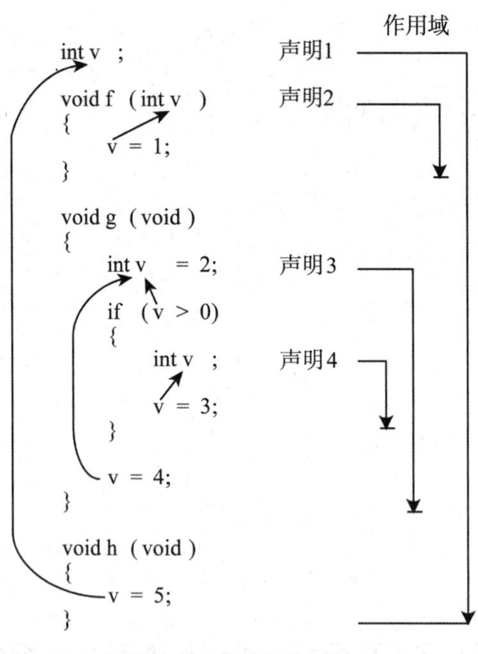

图 7-5 变量的作用域

(1)在声明 1 中，v 是全局变量，具有文件作用域。

(2)在声明 2 中，v 是函数形参，也是局部变量，具有函数作用域。

(3)在声明 3 中，v 是局部变量，具有函数作用域。

(4)在声明 4 中，v 是局部变量，具有块作用域。

正如图 7-5 中作用域范围标识所示，对 v 的 4 次声明产生了几处同名变量的作用域重叠，而程序中对 v 有 5 次引用，根据 C 语言的作用域规则可以确定每次引用 v 时的正确含义(见图 7-5 中变量引用标识)。

7.6 变量的存储类别

如前所述，变量在使用前要对其进行类型说明(即定义)。其实，对一个变量的定义，需要给出它的两个属性：数据类型及存储类别。在介绍变量定义时已详细讨论过变量的数据类型，它涉及变量的取值范围和变量在内存中占据存储单元的大小。现在，将讨论变量的另一个属性——存储类别，它涉及在程序执行时变量存在的时间和在硬件中的位置。

加上变量的存储类别，变量定义的一般形式应为：

存储类别　数据类型　变量名

在 C 语言中，对变量的存储类别可以使用以下 4 个关键字进行说明。

(1)auto：自动变量

(2)register：寄存器变量

(3)extern：外部变量

(4)static：静态变量

前两类变量属于动态存储方式，后两类变量属于静态存储方式。之所以要讨论变量的存储类别，是由于在程序执行过程中，程序和数据，尤其是数据在内存中存放的区域是有一定规定的。这种规定是为了更好地利用存储空间，提高程序执行的效率。供 C 语言程序使用的存储区域大致分为以下几个部分：

(1)程序代码区：保存函数的二进制代码。这部分区域是只读的。

(2)字符串常量区：保存字符串常量。这部分区域也是只读的。

(3)静态存储区：存放所有的全局变量和静态变量的值。在程序运行时分配，程序结束后由系统释放。在整个程序运行期间，该区域一直存在，保存在其中的值也一直存在。

(4)栈区：主要存放函数的形参变量和非静态局部变量的值。这部分区域由系统自动分配和释放。随着函数的调用和返回，栈区的数据将动态变化。

(5)堆区：在程序运行期间可以向系统申请一片内存，使用完毕后主动释放。这种动态申请的内存就是堆区。

静态存储的变量位于静态存储区，在程序开始执行时分配的存储单元，一直存在，直到程序终止时才由系统释放它们占用的存储单元。因此，在程序运行期间，所有函数都可以使用这类变量。系统会为静态存储的变量自动进行初始化，初值为零值。

存放在栈区的变量均采用动态存储方式，在函数被调用时，其局部变量被保存到栈区，函数结束执行时释放这些局部变量所占用的栈区，这些变量也就消失了。正因为这样，当一个函数被调用多次时，每次为其局部变量分配的内存地址可能并不相同。系统不会自动为这类变量赋初始值，因此，如果程序不对这类变量进行初始化，则其初始值就是不确定的。

7.6.1 自动变量

自动变量用关键字 auto 声明。函数中的局部变量(用关键字 static 特别标明的静态局部变量除外)即属此类。函数形参为局部变量，自然也属此类。此类变量存放在运行栈区，是动态分配存储空间的。由于程序中大部分变量是自动变量，C 语言规定 auto 通常在局部变量的定义中可以省略不写。也就是说，没有给出存储类别的局部变量一律隐含定义为“自动存储类别”，即为自动变量。前面所举例子的程序中没有给出 auto 存储类别的局部变量都是自动变量。

7.6.2 寄存器变量

寄存器变量用关键字 register 声明。

计算机 CPU 内部都包含着若干通用寄存器，通用寄存器的作用是存放参加运算的操作数据以及部分运算后的中间结果。由于硬件的原因，CPU 使用寄存器中的数据速度要远远快于使用内存中的数据速度。因此，应用好 CPU 内的寄存器将可以大大提高程序的运行速度、运行效率。C 语言允许某些变量的存储类别为寄存器类，就是为了充分利用 CPU 内的通用寄存器，提高程序运行的效率。由于 CPU 中通用寄存器的数量有限，所以，通常是把使用频繁的变量定义为寄存器变量。定义为寄存器变量的变量将在可能的情况下，在程序执行时，分配存放于 CPU 的通用寄存器中。

各种计算机硬件上的差异会比较大，通用寄存器的数目、使用方式也各不相同。所以，对 C 语言中寄存器变量的处理方式也不尽相同。下面给出使用寄存器变量必须注意的一般性注意事项：

(1)通用寄存器的长度一般与机器的字长相同，所以数据类型为 float、long 以及 double 的变量，通常不能定义为寄存器变量类别。只有 int、short 和 char 类型的变量才准许定义为寄存器变量类别。

(2)寄存器变量的作用域和生命周期与自动变量是一样的。故只有自动类局部变量可以作为寄存器变量。寄存器变量的分配方式也是动态分配的。

(3)任何计算机内通用寄存器的数目都是有限的。故不可能不受限制地定义寄存器变量。超过可用寄存器数目的寄存器变量，一般是按自动变量进行处理的。另外，有些计算机系统对 C 语言定义的寄存器变量，处理时并不真正分配给其寄存器，而是当作一般的自动变量来对待，在运行栈区为其分配存储单元；也有些能进行优化的编译系统，能自动识别使用频繁的变量，在有可使用的寄存器的情况下，自动为它们分配寄存器，而不须程序员来指定，此时有无 register 定义变量已不太重要；加上现在计算机发展较快，一般程序使用寄存器变量节省时间有限，故用不用 register 定义变量已无明显作用。

例如，在下面求 π 的近似值的函数中，要进行的循环计算次数较多，故可将循环所涉及的变量 i 定义为寄存器变量。

```
double pi(int n)
{
    register int i=1;/*定义寄存器变量*/
    double sign=1.0,sum=0,item=1.0;
```

```
    for(i=1;i<=n;i++)
    {
        sum=sum+item;
        sign=-sign;
        item=sign/(2*i+1);
    }
    return(sum*4)
}
```

7.6.3　外部变量

外部变量用关键字 extern 声明。外部变量是存放在静态存储区的，外部变量指在函数之外定义的变量。外部变量(即全局变量)的作用域通常为从变量的定义处开始，直到本程序文件的结尾处。在前面已详细讨论过有关它的作用域。

对于在同一源程序文件内，使用在前、定义在后的外部变量，可以在使用前用 extern 对定义在后的外部变量加以说明，然后照用不误。只要是在定义之前使用，在每一使用函数中均要用 extern 对要使用的外部变量加以说明。此时对变量所加的 extern 并不是对变量的定义，只是向系统声明存在这样一个变量，它的定义在其他位置。

例如下面程序 7-14 中的外部变量 a 和 c，因为它们的定义放在文件的末尾，所以作用域太小。为了在主函数中使用 a，则使用 extern 声明 a，从而使得 a 的作用域扩大到主函数内部。类似地，在主函数的程序块 1 中使用 extern 声明 c，从而使得外部变量 c 的作用域扩大到该程序块内。

【程序 7-14】编写程序演示外部变量的引用声明及其作用。

下面是程序的源代码(ch07_extern.c)：

```
#include<stdio.h>
int main(void)
{
    extern int a;
    int c=3;
    printf("extern a=%d\n",a);
    /*程序块 1*/
    {
        extern int c;
        printf("extern c=%d\n",c);
    }
    printf("inner c=%d\n",c);
    return 0;
}
int a=1;
```

```
int c=5;
```

执行该程序得到下面的运行结果：

```
extern a=1
extern c=5
inner c=3
```

较大型的 C 程序往往由多个源程序文件组成。散布在各个源程序文件中的不同函数有可能需要面对、处理一些共用的数据。如果分别在不同源程序文件中定义同名的外部变量，根据 C 语言的规定，在程序链接时会产生“重复定义”的错误，并不能达到共用的目的。此时，C 语言规定，共用的外部变量可在任一源程序文件中定义一次，在其他要使用同一外部变量的源文件中用 extern 对其进行声明后，即可使用。

7.6.4 静态变量

静态变量用关键字 static 声明。所有全局变量以及用关键字 static 声明的静态局部变量都属于静态变量，这类变量存放在静态存储区。一旦为其分配了存储单元，则在整个程序执行期间，它们将固定地占有分配给它们的存储单元。

为什么要使用有别于自动变量的静态局部变量？如何正确使用静态局部变量？前面已讲过，自动变量的值在函数调用结束后，不会保留。在函数下一次被调用时，又重新创建这些自动变量。有时确实希望函数中的某些局部变量在函数调用结束后能被保留，在下一次调用时继续使用。当然可以通过将其定义为全局变量来达到目的，但是如前所述，这样做会带来一些不利的副作用。为了既能在函数调用结束后保留部分局部变量的值，同时又保证此类变量的专用性，别的函数不能使用、影响它们，就可以使用静态局部变量。

例如程序 7-15，函数 test 中定义了静态局部变量 c，在程序的一次执行期间，该函数被调用了 3 次，变量 c 的值从初值 10 开始连续递增。也就是，每次函数调用结束后，c 的值都被保留了。而函数 test 中的自动变量 b，每次函数被调用都会被重新创建，然后赋初值 10，自增运算后其值为 11。

【程序 7-15】编写程序演示静态局部变量的定义和使用。

下面是程序的源代码(ch07_static.c)：

```
#include<stdio.h>
void test(int a)
{
    int b=10;
    static int c=10;
    b++;
    c++;
    printf("a=%d\tb=%d\tc=%d\n",a,b,c);
}
int main(void)
```

```
{
    int i;
    for(i=1;i<=3;i++)
        test(i);
    return 0;
}
```

执行该程序得到下面的运行结果：

```
a=1  b=11  c=11
a=2  b=11  c=12
a=3  b=11  c=13
```

为了正确使用静态局部变量，必须掌握它们的如下特点：

(1)静态局部变量属于静态存储类别，是在静态存储区分配存储单元。整个程序运行期间都能固定占有分配给它们的存储单元，故能在每次函数调用结束后保留其值。

(2)静态局部变量与全局变量一样，均只在编译时赋初值一次。以后每次函数调用时不会重新赋初值而是使用上次函数调用结束时保留下来的值。

(3)系统编译时会自动给静态局部变量赋默认初值。对数值型变量，将赋值0，对字符型变量，则赋值空字符'\0'(其实也是0)。

(4)静态局部变量具有函数作用域，仅能为定义它们的函数所使用，其他函数不能使用它们。

需要特别注意的是，由于所有全局变量都是静态类的，在定义时就不需要使用 static 了。但是，C 语言允许在定义全局变量时加上 static，而此时是为了限制该全局变量的作用域。也就是用 static 声明的全局变量只能在其定义所在的源程序文件的各函数中被使用，不能为本文件外其他源程序文件中的函数所使用。

7.7 较大型 C 语言程序的组织

在解决实际问题时，程序的代码量可能有几百或几千行，甚至数十万行或者更多。为了避免一个源程序文件过长，这种较大型程序的代码一般放在多个源程序文件中。有时，为了使具有通用性的函数可以被用于其他程序，也需要把这些函数单独保存在一个文件中。这样，一个大程序将由多个文件组成，每一个文件包含若干个函数。

把程序分成多个源文件有以下优点：

(1)把相关的函数和变量分组放在同一个文件中可以使程序的结构清晰。

(2)可以分别对每一个源文件进行编译。如果程序的规模很大，而且需要频繁改变，这种方法可以节约构建时间。

(3)把函数分组放在不同的源文件中更利于重复使用。

7.7.1 头文件

当把程序分割成几个源文件后，就需要解决这样几个问题：某文件中的函数如何调用定义在其他文件中的函数？函数如何使用其他文件中的外部变量？这些问题的解决依赖#include 命令，该命令使得在任意数量的源文件中共享信息成为可能，这些信息包括函数原型和变量声明。

如果想让几个源文件可以访问相同的信息，可以把这些信息放在一个文件中，然后利用#include 命令把该文件的内容带进每个源文件中。这类文件就是头文件，其扩展名为 . h。

#include 命令有两种格式：

#include<文件名>
#include“文件名”

两种格式的差别在于编译器定位头文件的方法。第一种格式使用一对尖括号把头文件名括起来，编译器只搜索系统头文件所在的目录(可能有多个目录)，例如 VC2010 的安装目录下的 include 文件夹。第二种格式使用一对双引号把头文件名括起来，编译器先搜索当前目录，然后搜索系统头文件所在的目录。

例如，把实现快速排序的函数 QuickSort 放在文件 sort. c 中。为了便于在其他文件中使用该函数，创建文件 sort. h，在该头文件中放置 QuickSort 函数的原型。如果在某个程序的一个文件中需要使用该函数，就可以在该文件的前部写上下面的命令。

#include “sort. h”

7. 7. 2 内部函数和外部函数

函数与外部变量的使用有些类似，其本质应该是全局的。只要定义一次，就应该可以被别的函数调用。在一个文件中定义的函数，能否被其他文件中的函数调用，决定了其是外部函数还是内部函数。如果一个 C 程序全都放在一个源程序文件内，其函数不存在内部函数和外部函数之分。

如果一个函数只能被所在文件内的函数调用，而不能被其他文件内的函数所调用，则称为内部函数。标明一个函数为内部函数的方法是在其函数名和函数类型的前面使用关键字 static，即：

static　类型标识符　函数名(形参表)

内部函数也称静态函数。类似于静态全局变量，通过 static 对内部函数的作用域进行限制，内部函数不能被其他文件中的函数使用。因此，不同文件中允许使用相同名字的内部函数，这种使用不会互相干扰。这是内部函数有别于外部函数很重要的一个特点。

外部函数用关键字 extern 来声明。由于函数的本质是全局的，所以如果不加关键字 extern，在 C 语言中是隐含其为外部函数的，这也是为什么前面所举例子中很少看到前面冠以关键字 extern 的原因。

类似于外部变量，外部函数在所有使用它的源文件中也只能定义一次，要在其他文件中调用该函数，需用 extern 加函数原型予以说明。

7. 7. 3 把程序划分成多个文件

如果已经按照前面的模块化程序设计方法确定程序需要什么函数，以及如何把函数分为逻辑相关的组(或模块)，则可以把每个函数集合放入一个不同的源文件中。例如，把实现各种排序算法的一组函数都放入文件 sort. c。然后，创建和源文件同名的头文件，例如

sort. h。在头文件中放置文件 sort. c 中定义的函数的原型。每个需要调用定义在文件 sort. c 中的的函数的源文件都应该包含文件 sort. h。此外，文件 sort. c 也应该包含文件 sort. h，这是为了编译器可以检查文件 sort. h 中的函数原型是否与文件 sort. c 中的函数定义一致。主函数出现在某个源文件中，这个文件的名称最好与程序名称相匹配。主函数所在的文件中也可以有其他函数，但是一般程序中其他文件不会调用这些函数。

下面通过一个程序示范前述的概念和方法。

【程序 7-16】编写掷骰子赌运气游戏程序。每个玩家掷两个骰子。每个骰子都有 6 个面。这些面中包含了 1 点、2 点、3 点、4 点、5 点和 6 点。当骰子静止下来之后，计算两个朝上的面的点数和作为本次投掷的结果。如果第一次投掷的结果是 7 或 11，那么这个玩家就获胜。如果第一次投掷的结果是 2、3 或 12，那么这个玩家就输了(即庄家获胜)。如果第一次投掷的结果是 4、5、6、8、9 或 10，那么这个结果就是该玩家的“幸运数”。为了获胜，玩家必须继续掷骰子，直到“掷出了幸运数”。在掷出幸运数之前，如果玩家掷出了 7，那么玩家就输了。

分析：设计一个模块来模拟掷骰子。为了让这个模块具有较好的通用性，考虑骰子可以有任意多个面，骰子的数量也是任意的。

按照前面介绍的划分程序文件的方法，首先把模拟掷骰子函数的定义和统计骰子次数的变量的定义放在一个源文件中。下面是模拟掷骰子模块的源文件(rolldice. c)：

```
#include<stdlib. h>
#include "rolldice. h"
int gRollCount=0;
static int RollOneDice(int sides)
{
    int roll;
    roll=rand()%sides+1;
    return roll;
}
int RollDices(int dice,int sides)
{
    int total=0;
    int i;
    if(dice<1 || sides<2)
      return total;
    for(i=0;i<dice;i++)
      total+=RollOneDice(sides);
    gRollCount++;
    return total;
}
```

然后，创建一个头文件，放置掷骰子函数的原型和保存投掷次数外部变量的声明。下面是模拟掷骰子模块的头文件(rolldice. h)：

```
extern int gRollCount;
int RollDices(int dice,int sides);
```

最后，创建主程序文件放置主函数，其中还包括一个辅助函数。下面是主程序文件的代码(ch07_fortune. c)：

```
#include<stdio. h>
#include<stdlib. h>
#include<time. h>
#include "rolldice. h"
int MyRollDice( )
{
    Return RollDices(2,6);
}
int main(void)
{
    int gameStatus,sum,myPoint;
    srand(time(NULL));
    sum=MyRollDice( );
    switch(sum)
    {
    case 7:case 11:
        gameStatus=1;
        break;
    case 2:case 3:case 12:
        gameStatus=2;
        break;
    default:
        gameStatus=0;
        myPoint=sum;
        printf("你的幸运数是 %d\n",myPoint);
        break;
    }
    while(gameStatus==0)
    {
        sum=MyRollDice( );
        if(sum==myPoint)
            gameStatus=1;
        else
            if(sum==7)
              gameStatus=2;
```

```
    }
    if(gameStatus == 1)
        printf("你赢了! \n");
    else
        printf("你输了! \n");
    printf("共掷了 %d 次。\n",gRollCount);
    return 0;
}
```

连续执行该程序多次,得到下面的运行结果:

```
你输了!
共掷了 1 次。
你赢了!
共掷了 1 次。
你的幸运数是 8
你输了!
共掷了 3 次。
你的幸运数是 9
你赢了!
共掷了 2 次。
```

7.7.4 构建多文件的程序

构造包含多个源文件的程序的步骤与构造小程序的基本步骤相同，也主要是编译和链接两步。在编译时，需要对程序中的每个源文件分别进行编译，产生对应的目标文件。然后由链接器把产生的所有目标文件和库函数的代码结合起来生成可执行的程序。

在构建程序时，可以采用命令行方式，也可以在集成开发环境中创建工程并进行相关设置来完成编译和链接。如果程序包含较多文件，第二种方式在管理程序文件和构建程序时更方便。与本书配套的实验教材详细介绍了在 VC2010 中创建和构建多文件程序的方法，这里就不详述了。

需要指出的是，在程序开发期间，如果对某些文件进行了修改，一般不需要编译全部文件，而是只对那些受到修改影响的文件进行重新编译。这样做就可以较多地节约构建时间。

7.8 程序设计案例：井字棋游戏

【程序 7-17】编写井字棋游戏程序。这个游戏要两位玩家(可以是人和机器)在棋盘上轮流放置不同形状或颜色的棋子，若棋盘的某一行，或某一列，抑或某一对角线上的三个格子被某一方的棋子占据，则该方胜利；否则，为平局。图 7-6 显示了一次游戏过程中的几步。

分析：根据游戏规则，可以初步确定游戏程序的任务，主要包括建立初始棋盘、显示棋盘、玩家放一粒棋子、计算机放一粒棋子、平局检测和胜利检测。这些任务是按照图 7-7 中

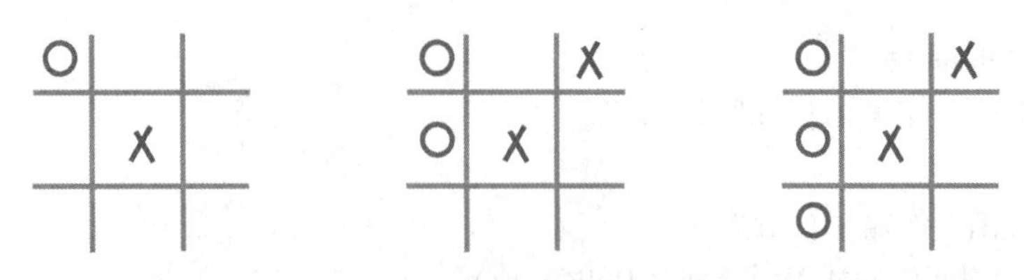
图 7-6　井字棋游戏过程示例

流程图所示的顺序和逻辑来执行的。当然，还有很多细节需要考虑。

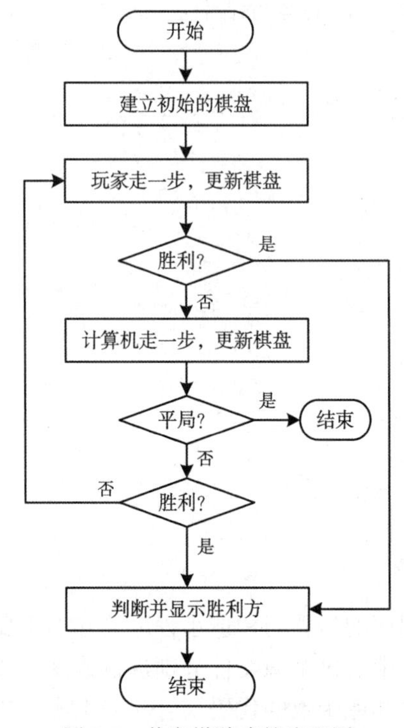

图 7-7　井字棋游戏的流程图

解决方案：棋盘及其状态可以用一个二维字符数组保存，每一种棋子和空白格子用一种字符表示。由前面的分析，可以确定程序需要哪些函数，如图 7-8 是程序的模块结构。

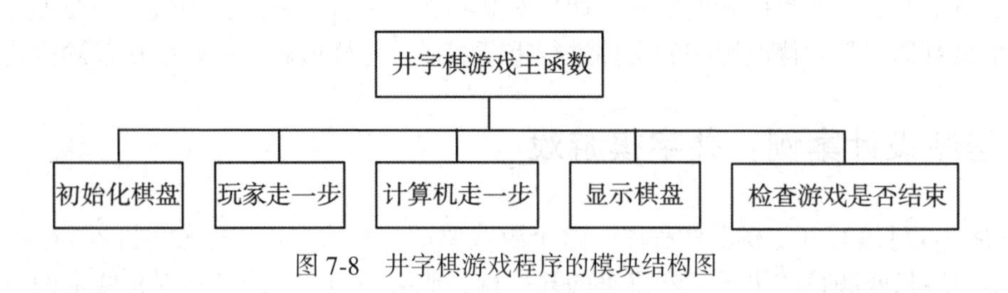

图 7-8　井字棋游戏程序的模块结构图

下面是井字棋游戏程序的源文件(ch07_tictactoe. c)：

```
#include<stdio.h>
#include<stdlib.h>
#include<conio.h>
/*保存棋盘状态*/
char gMatrix[3][3];
/*棋子样式*/
const char CHESSPIECE_BLANK=' ';
const char CHESSPIECE_PLAYER='X';
const char CHESSPIECE_COMPUTER='O';
/*初始化棋盘*/
void initMatrix(void);
/*玩家走一步*/
void getPlayerMove(void);
/*计算机走一步*/
void getComputerMove(void);
/*显示棋盘*/
void dispMatrix(void);
/*判断游戏是否结束*/
char check(void);
int main(void){
    char done;
    printf("XXXXXXXXXXXXXXXXXXXXX\n");
    printf("井字棋游戏\n");
    printf("你将和计算机对弈。\n");
    printf("XXXXXXXXXXXXXXXXXXXXX\n\n");
    done=CHESSPIECE_BLANK;
    initMatrix();
    do
    {
        dispMatrix();
        getPlayerMove();
        done=check();
        if(done ! =CHESSPIECE_BLANK)break;
        getComputerMove();
        done=check();
    } while(done==CHESSPIECE_BLANK);
    dispMatrix();
    if(done==CHESSPIECE_PLAYER)
        printf("你胜了! \n");
    else
        printf("计算机胜了! \n");
```

```
    printf("请按任意键继续...");
    getch();
    return 0;
}
void initMatrix(void)
{
    int i,j;
    for(i=0;i<3;i++)
        for(j=0;j<3;j++)
            gMatrix[i][j]=CHESSPIECE_BLANK;
}
/*
    读取用户输入放置棋子的位置,检查其有效性,
    如果输入无效,则让其重新输入。
*/
void getPlayerMove(void)
{
    int x,y;
    while(1)
    {
        printf("输入你要放置棋子的位置的行号和列号:");
        scanf("%d%*c%d",&x,&y);
        x--;y--;
        if(gMatrix[x][y]==CHESSPIECE_BLANK)
        {
            gMatrix[x][y]=CHESSPIECE_PLAYER;
            break;
        }
        printf("无效位置。再试一次。\n");
    }
}
/*
    计算机从上往下、从左往右顺序搜索空白位置,
    在第一个空白位置放置棋子。
    如果没有空白位置了,则是平局,立即结束游戏。
*/
void getComputerMove(void)
{
    int i,j;
    for(i=0;i<3;i++)
    {
```

```
        for(j=0;j<3;j++)
          if(gMatrix[i][j]==CHESSPIECE_BLANK)
            break;
        if(gMatrix[i][j]==CHESSPIECE_BLANK)
          break;
    }
    if(i*j==9)
    {
        printf("平局! \n");
        exit(0);
    }
    else
        gMatrix[i][j]=CHESSPIECE_COMPUTER;
}
void dispMatrix(void)
{
    int t;
    printf("\n");
    for(t=0;t<3;t++)
    {
        printf(" %c | %c | %c",gMatrix[t][0],gMatrix[t][1],gMatrix[t][2]);
        if(t! =2)printf("\n---|---|---\n");
    }
    printf("\n\n");
}
/*
    分别检查所有的行、列和对角线,
    如果被同一种棋子占据,则返回该类棋子的样式,表示胜负已分;
    否则返回空白,表示未分胜负,游戏未结束。
*/
char check(void)
{
    int i;
    for(i=0;i<3;i++)
        if(gMatrix[i][0]==gMatrix[i][1] &&
          gMatrix[i][0]==gMatrix[i][2])
          return gMatrix[i][0];
    for(i=0;i<3;i++)
        if(gMatrix[0][i]==gMatrix[1][i] &&
          gMatrix[0][i]==gMatrix[2][i])
```

```
        return gMatrix[0][i];
    if(gMatrix[0][0]==gMatrix[1][1] &&
        gMatrix[1][1]==gMatrix[2][2])
        return gMatrix[0][0];
    if(gMatrix[0][2]==gMatrix[1][1] &&
        gMatrix[1][1]==gMatrix[2][0])
        return gMatrix[0][2];
    return CHESSPIECE_BLANK;
}
```

图 7-9 是该程序一次执行的情况。在输入棋子位置时，行号与列号之间的分隔符可以是空格、逗号或竖线等。

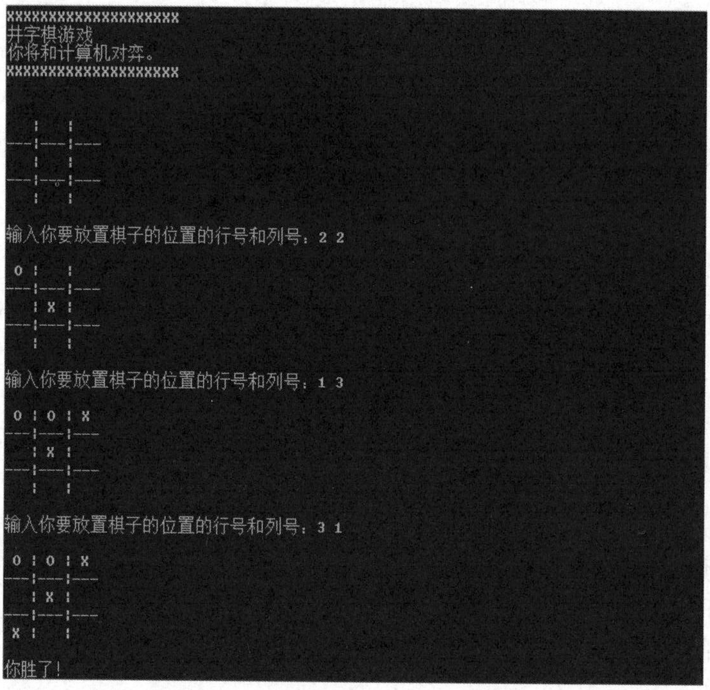

```
********************
井字棋游戏
你将和计算机对弈。
********************

   |   |
---|---|---
   |   |
---|---|---
   |   |

输入你要放置棋子的位置的行号和列号：2 2

 O |   |
---|---|---
   | X |
---|---|---
   |   |

输入你要放置棋子的位置的行号和列号：1 3

 O | O | X
---|---|---
   | X |
---|---|---
   |   |

输入你要放置棋子的位置的行号和列号：3 1

 O | O | X
---|---|---
   | X |
---|---|---
 X |   |

你胜了!
```

图 7-9　井字棋游戏程序的执行情况

本 章 小 结

本章主要介绍了 C 语言程序的模块化结构，程序的模块化结构体现了结构化程序设计的特点，使得程序的组织、编写、阅读、调试、修改、维护更加方便。在 C 语言中，函数作为大型程序的组成模块，每个函数应该实现某种明确的功能。使用参数可以向函数传递数据，并且通过 return 让函数返回一个数据。通过数组作为参数可以实现批量数据的传递和双向传递。使用函数原型对函数进行声明，以便编译器检查函数调用时所传递的参数个数和类型是否正确。C 语言允许函数的嵌套调用和递归调用，但不允许嵌套定义函数。

变量的作用域是变量在程序中可使用的范围，分为局部变量和全局变量。变量的存储类别是指变量在内存中的存储方式，分为静态存储和动态存储。此外，本章也简要介绍了大型程序的组织方式、划分程序文件的基本方法，以及内部函数和外部函数的概念。

思　考　题

1. 程序模块化背后的设计思想是什么？
2. 为什么说C语言可以通过函数实现自身功能的扩展？
3. 如果要实现被调函数向主调函数传递多项数据，可以采取什么方法？
4. 一个程序中的全局变量都具有相同的实际作用域吗？
5. 找到井字棋游戏程序的缺陷，并思考改善途径。

第 8 章 指　针

指针是 C 语言中的一个重要概念，也是 C 语言区别于其他程序设计语言的重要特征。C 语言处理指针的能力和灵活性，使之能有效地表示复杂的数据结构。正确地使用指针，能灵活方便地实现机器语言所能完成的功能，可以使程序清晰简洁，可以生成紧凑高效的代码。尤其在数组和函数的相关操作中，有了指针的结合将别有洞天。

初学者在学习指针时容易出错，一定要从本质上去深刻理解指针的概念，画变量的存储示意图是学习指针的有效方法。

8.1 指针和指针变量

8.1.1 引例

全班 50 名同学组织旅游活动，在酒店住宿时，安排 8001—8050 号共 50 个房间，酒店管理员登记信息可用两种方式。

方式一：登记每一个人姓名、房号、身份证号等信息，如：[张三，8002，……]、[李四，8047，……]。这里的房号相当于计算机存储单元的地址，通过地址号 8002，就可以直接访问张三。这种方式登记的信息量太多，也显得没有必要。尤其团队入住，登记信息是可以简化的。

方式二：提供 50 个房间给班长自己去分配，记下班长一人的详细信息，如：[王五，8001，……]。当需要联络张三同学时，流程则为：访问 8001 房⟶查看班长记录的房间安排表[张三，8002，……]等⟶访问 8002 房⟶联络张三。

方式一，根据张三的地址直接找到张三，这是前面章节访问变量的方式；方式二，先根据班长的地址找到班长，再根据班长记载的张三的地址找到张三。班长的作用就如同本章将要介绍的指针变量。表面上，间接的访问方式显得复杂且多余，但实际上会给问题的处理带来极大的灵活性，就像找到班长，可以找到班上的任何人，而不仅仅是张三。

本章学习内容如下：

(1)指针和指针变量的定义。

(2)指针变量的使用：指针变量的定义、引用、初始化和将指针变量作为函数参数。

(3)指针与数组：指针变量的运算、数组的指针和指向数组的指针变量和数组名作为函数参数。

(4)指针数组和指向指针的指针。

(5)指针与函数：函数指针与指向函数的指针变量、函数指针作为函数参数和返回指针的函数。

8.1.2　指针与地址

计算机的内存是由连续的存储单元组成的，每个存储单元都有唯一确定的编号，这个编号就是"地址"。如果程序中定义了一个变量，编译系统在编译程序时，会根据变量的类型给这个变量分配一定长度并且连续的存储单元。例如，定义 i、ch、f 三个不同类型的变量，如下所示：

```
int   i=1;
char  ch='A';
float  f=2.5;
```

程序编译后，变量在内存中的存放情况如图 8-1 所示。结合该图，先了解以下几个概念：

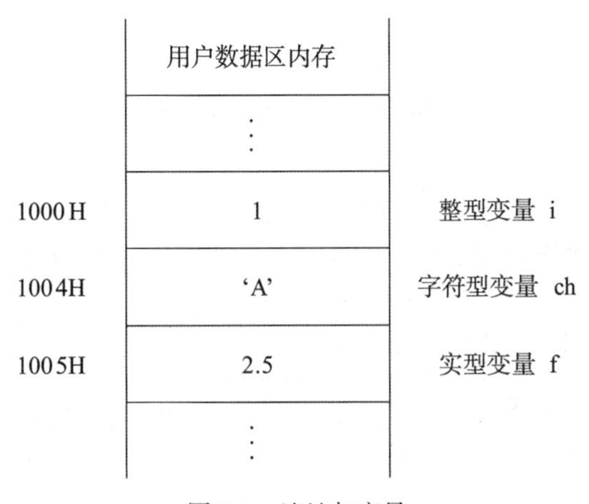

图 8-1　地址与变量

(1)存储单元：一般把一个字节作为一个存储单元，但是，有时也把保存一项某类型数据的存储区称为一个该类型的存储单元，例如，保存一个整数的整数存储单元。

(2)存储单元的内容：存储单元中存放的数据，即变量的值。例如图中的 1、'A'、2.5。

(3)存储单元的地址：存储单元的编号，常用十六进制表示。如：1000H、1004H、1005H 等。

(4)变量的地址：变量占据的连续存储单元的起始地址，简称变量的地址。如整型变量 i 的存储地址为 1000H~1003H，但习惯上用变量 i 的首地址 1000H 来代表变量 i 的地址，更为简洁。

存储单元地址和存储单元内容就好比酒店住宿时房间的编号和住在房间中的旅客，如果要拜访房间中的某位旅客，首先要根据这位旅客所在的房间编号找到房间才能访问旅客，同样对存储单元的访问也要先获得存储单元地址。

什么是指针呢？地址是一种特殊的整型数值数据，许多算术运算对地址没有意义，例如开方，而且通过地址可以找到所需的变量。可以说，地址指向该变量。所以C语言中引入了新的地址类型，同时为了形象地描述内存中地址与内容的这种指向关系，称该类型为指针类型。称存储单元的地址为指针，或者说指针是存储单元的地址。简单地说，指针就是地址。如图中的1000H，是变量i的地址，也称为变量i的指针。

8.1.3 指针变量

指针变量，是一种专门用来存放存储单元地址的特殊变量。与一般变量不同的是：指针变量中存放的是相应目标变量的地址，而不是存放变量的值。

如图8-2所示的指针变量。i是一个整型变量，其存储单元地址为1000H，其存储单元内容为10；ptri是一个整型指针变量，如果用赋值语句ptri=&i；则表示：取变量i地址(1000H)赋给指针变量ptri。如此一来，ptri和i之间建立起一种联系，这种联系称为指向关系，即指针变量ptri指向变量i。换言之，当把某个变量i的地址存入指针变量ptri后，我们就说这个指针变量ptri指向该变量i。对变量i的访问也可以先访问指针变量ptri，由该指针变量的指向，从而访问目标变量i。

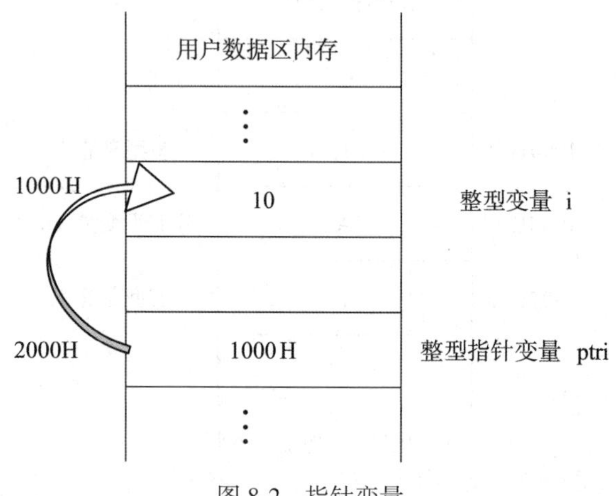

图8-2 指针变量

C语言中，对存储变量的访问有两种方式：直接访问和间接访问。直接访问是直接根据变量名存取变量的值。在本章以前，我们使用的变量访问方式都是直接访问。例如：表达式j=i+3中访问整型变量i的值，只要根据变量名与内存单元地址的映射关系，找到变量i的地址，从对应的内存单元中取出i的值就可以了。

间接访问是指将变量的地址存放在另一个内存单元中，当要对变量进行存取时先读取另一个内存单元的值，得到要存取变量的地址，再对该变量进行访问。例如：图8-2所示，间接访问变量i的方式为：由于指针变量ptri指向变量i，那么，根据指针变量ptri的存储值(地址1000H)找到地址为1000H的存储单元(变量i)，从而读取存储在其中的数值10。

如图8-2所示的指针变量，i是一个整型变量，其存储单元地址为1000H，其存储单元内容为10；ptri是一个整型指针变量，如果用赋值语句ptri=&i；则表示：取变量i地址(1000H)赋给指针变量ptri。如此一来，ptri和i之间就建立起一种联系，这种联系称为指向关系，即指针变量ptri指向变量i。换言之，当把某个变量i的地址存入指针变量ptri后，我们就说这个指针变量 ptri 指向该变量 i。对变量 i 的访问也可以先访问指针变量 ptri，由该指针变量的指向，从而访问目标变量 i。

引例中，用户对张三同学的访问既可以直接访问(通过[张三，8002，……]信息)，也可以间接访问(先找班长王五再访问到张三)。诚然，间接访问方式显得周折且麻烦，然而大有妙处。其妙处何在呢？请待后续揭晓。

指针与指针变量的区别，就是变量值与变量的区别：指针变量是一个变量、该变量的值是指针(地址)，且只能是地址。一个指针变量一旦被赋值，即存储了(某个变量的)地址，该指针变量就指向了这个变量。从此，对该变量的访问，除了之前的直接访问方式外，多了一种间接访问方式。

8.2　指针变量的使用

既然指针变量是一种变量，就具有变量的属性，即具有变量类型、变量名称和变量值。

8.2.1　指针变量的定义

同一般变量一样，指针变量在使用之前必须进行定义，定义的一般形式为：

类型说明符　* 指针变量名;

其中：类型说明符指的是指针变量所指向变量的数据类型，"*"表示随后的变量是指针变量。

例如：

```
int * pi;   /* 定义指针变量 pi,pi 是指向整型变量的指针变量 */
char * pj;   /* 定义指针变量 pj,pj 是指向字符型变量的指针变量 */
```

说明：

(1)定义中的"*"是一种标记符号，表示随后的变量是指针变量。例如，定义了 int * pi；后，指针变量名是 pi，而不是 * pi，这一点要明确。

(2)指针变量中只能存放地址(指针)，不能和整型变量混淆。例如，下面的写法是错误的：

```
int   * pi;
pi = 1000;
```

指针变量可以取值为 0(NULL)，表示该指针变量不指向任何变量。除 0 以外，不要将其他整型值当作地址值赋给指针变量。因为类型不同，把除 0 外的整型数据赋值给指针类型的变量，C 语言编译时会报错。

(3)一个指针变量指向的变量的类型应该与其定义一致。指向整型变量的应该是整型指针变量，指向字符型变量的应该是字符型指针变量。例如，下面写法是错误的：

```
int   * pj;
```

```
char  c;
pj=&c;
```

8.2.2 指针变量的引用

指针变量可以通过一对互逆的运算符进行引用。

(1)一元运算符"&"，取地址运算符，取变量的地址，它将返回操作对象的内存地址。& 只能用于一个具体的变量或数组元素，而不能用于表达式或常量。例如：

```
int i, * pi;
char c, * pc;
pi=&i;  /* 将变量 i 的地址赋给指针变量 pi,指针变量 pi 指向了整型变量 i */
pc=&c;  /* 将变量 c 的地址赋给指针变量 pc,指针变量 pc 指向了字符型变量 c */
```

(2)一元运算符"＊"，指针运算符，间接存取指针变量所指向变量的值。例如：

```
int i, * pi;
pi=&i;
 * pi=100;  /* 把整数 100 存入 pi 所指向的变量 i 中,等同于:i=100; */
 * pi+=20;  /* 把 pi 所指向变量 i 中的值加 20,等同于:i+=20; */
```

注意：

(1)在定义指针变量中的"＊"和引用指针变量中的"＊"意义是不一样的，定义中的"＊"是一种类型标记符号，表示随后的变量是指针类型变量，而引用中的"＊"是一种运算符号，表示间接存取指针变量所指向变量的值。

(2)确定指针变量的指向关系时，用表达式 pi=&i，不要错误写成：＊pi=&i。因为是将 i 的地址赋给指针变量 pi(指针变量名就是 pi)，而不是赋给＊pi(＊pi 是间接访问变量 i，即＊pi 指的是变量 i)。

【程序 8-1】用整型指针变量间接访问其指向的整型变量。

下面是程序的源代码(ch08_01.c)：

```
#include<stdio.h>
int main(void)
{
    int k=123, * pk;          /* 声明整型指针变量 pk */
    pk=&k;
    printf(" * pk=%d,pk=%d,k=%d\n", * pk,pk,k);
     * pk=300;/* 把整数 300 赋给指针变量 pk 所指向的变量 k 中,等同于:k=300 */
    printf(" * pk=%d,pk=%d,k=%d\n", * pk,pk,k);
    return 0;
```

```
}
```

执行该程序得到下面的运行结果：

```
*pk=123,pk=1244996,k=123
*pk=300,pk=1244996,k=300
```

其中，*pk 是间接访问指针变量 pk 所指向变量 k 的值，pk 是表示该指针(存储单元的内容，即地址)，k 则是直接访问变量 k 的存储值。建议读者参照图 8-2，画出该例内存单元示意图和变量值的变化过程。

8.2.3　指针变量的初始化

指针变量在使用之前必须指向一个可访问的内存单元。前面介绍了先定义指针变量，再取另一同类型变量地址赋给指针变量，例如：int i，*pi；pi=&i；这样分两步使得指针变量的指向关系成立。指针变量如普通变量一样，也可以做初始化，即在定义指针变量的同时，给指针变量赋初值。指针变量初始化的一般形式为：

类型说明符 * 指针变量名=初始地址值;

例如：

```
char c, *ptr1=&c;
int   i, *ptr2=&i;
float   *ptr3=0, *ptr4=NULL;
```

说明：

(1)任何指针变量在使用之前要进行赋值，没有合法的、有效的指向关系的指针变量禁止使用。上例中的 ptr3 和 ptr4 表示指针变量暂时没有指向。

(2)在说明语句中初始化，把初始地址值赋给指针变量，而且，变量的地址只能赋给指针变量，不能赋给其他变量。

(3)语句“char c，*ptr1=&c;”中，虽然形式是*ptr1=&c，请不要误认为取变量 c 的地址赋给了*ptr1，此时的*只是定义指针变量的一个标记符，而不是表示间接访问的指针运算符，所以变量 c 的地址赋给的是 ptr1，而非*ptr1！这一条初始化语句功能上等同于：

```
char c, *ptr1;
ptr1=&c;
```

(4)必须使用同类型变量的地址进行指针变量的初始化。赋给整型指针变量的必须是整型变量的地址，赋给字符型指针变量的必须是字符型变量的地址。例如，下面的写法是错误的：

```
char a='M';
```

```
int * p=&a;
```

此时，千万不要认为字符型数据与整型数据可以通用。

8.2.4 指针变量作为函数参数

变量可能作为函数调用中的函数参数，那么，指针变量也能作为函数参数。在介绍具体的使用方法之前，先看下面函数调用的例子：

```
#include<stdio.h>
void swap(int x,int y)
{
    int temp;
    temp=x;x=y;y=temp;
}
int main(void)
{
    int a=5,b=10;
    swap(a,b);
    printf("a=%d,b=%d\n",a,b);
    return 0;
}
```

执行该程序得到下面的运行结果：

```
a=5,b=10
```

在本例中，虽然在swap函数中将x和y的值互换了，但由于参数传递是“值传递”，即使在被调用函数中改变了形参的值，对主调用函数中的实参也是没有影响的，所以主调用函数中的a和b的值，没有达到交换的目的。不仅如此，在函数一章中讲过：一般变量作函数参数时，主要通过函数中的return语句，将一个函数值返回到主调函数，如果要得到几个返回值，可以通过全局变量或数组参数。所以，这里不能实现返回交换后的a和b值。

使用指针变量作为函数参数，就可以通过函数调用改变指针变量所指向的主调函数中变量的值。

【程序8-2】利用指针变量作为函数参数，用函数调用实现交换主调函数中两个变量的值。

下面是程序的源代码(ch08_02.c)：

```
#include<stdio.h>
void swap(int * x,int * y)
{
```

```
    int temp;
    temp= *x; *x= *y; *y=temp;
}
int main(void)
{
    int a=5,b=10;
    int *p=&a, *q=&b;
    swap(p,q);
    printf("a=%d,b=%d\n",a,b);
    return 0;
}
```

执行该程序得到下面的运行结果:

```
a=10,b=5
```

在swap函数中交换了指针变量所指向变量a和b的值。

思考:如果调用语句更换为swap(&a, &b);,可否?再者,如果被调用函数更换为如下所示,又可否实现交换变量a和b的值?

```
void swap(int *x,int *y)
{
    int *temp;
    temp=x;x=y;y=temp;
}
```

特别说明的是:函数调用中,实参变量和形参变量之间的数据传递是单向的“值传递”方式,这一点在用指针变量作为函数参数时没有改变。执行调用函数不可能改变实参指针变量的值,但是可以改变实参指针变量所指变量的值。

8.3 指针与数组

指针与地址密不可分。数组存储时,同一数组中的所有元素的地址是连续的,数组元素与地址也关系密切。本节介绍指针与数组的关系,用指针引用数组和数组元素。

8.3.1 指针变量的运算

指针变量的值是地址,那么指针变量的运算实质上是地址的运算。指针变量的运算有如下4种:

(1)指针变量赋值。

(2)指针变量加(减)一个整数。

(3)两个指针变量比较。

(4)两个指针变量相减。

1. 指针变量赋值

赋值运算是指使指针变量指向某个已经存在的对象。指针变量的赋值运算只能在相同的数据类型之间进行。

【程序 8-3】交换两个指针变量的值。

下面是程序的源代码(ch08_03.c):

```
#include<stdio.h>
int main(void)
{
    int   *p1, *p2, *t=NULL,x1=10,x2=20;
    p1=&x1;   p2=&x2;   /*指针变量赋值*/
    printf("*p1=%d, *p2=%d\n", *p1, *p2);
    t=p1;p1=p2;p2=t;   /*交换指针变量的值*/
    printf("*p1=%d, *p2=%d\n", *p1, *p2);
    printf("x1=%d,x2=%d\n",x1,x2);
    return 0;
}
```

执行该程序得到下面的运行结果:

```
*p1=10, *p2=20
*p1=20, *p2=10
 x1=10,   x2=20
```

2. 指针变量加(减)一个整数

当指针变量指向某存储单元 A 时，指针变量加(减)一个整数，使指针变量相对存储单元 A 移动若干个位置，从而指向另一个存储单元 B。如果存储单元 A 和存储单元 B 是没有任何关联的两个元素，指针的指向作如此偏移又有何用？如果这两个存储单元是有关联的，那非数组元素莫属。因此，可以说指针、指针的加减等运算，是为指向数组元素应运而生的。例如：

```
int array[20], *p;
p= &array[0];  /*指针变量 p 指向数组 array 的第 1 个元素*/
p+=2;  /*移动指针变量 p,使它指向数组 array 的第 3 个元素*/
```

注意：p+2 不是将 p 的地址简单地加 2，而是加上 2 个数组元素所占用的字节数。这里数组元素是 int 型，每个元素占 4 个字节，则意味着使 p 的值(地址)加 4*2 个字节，以使它指向下下一个元素 array[2]。

对于不同类型的指针变量，移动的字节数是不一样的，指针变量移动以它指向的数据类型所占的字节数为移动单位，例如，字符型指针变量每次移动 1 个字节，整型指针变量每次移动 4 个字节。如果指针变量 p 最初指向数组的第 1 个元素，则 p+i 后指向数组的第 i+1 个元素，其代表的地址实际上是 p+i×size(size 为该类型一个数组元素所占的字节数)。

经常利用指针变量的加减运算移动指针变量来取得相邻存储单元的值，特别是在使用数组时，经常使用该运算来存取不同的数组元素。

【**程序 8-4**】移动指针变量访问数组元素。

下面是程序的源代码(ch08_04.c)：

```
#include<stdio.h>
#define N 9
int main(void)
{
    int a[N]={-4,-3,-2,-1,0,1,2,3,4},i;
    int *p=&a[0];   /*初始化指针变量 p*/
    for(i=0;i<N;i++)
    {
        printf("%d ",*p);   /*输出指针变量 p 所指向数组元素的值*/
        p++;          /*移动指针变量 p*/
    }
    return 0;
}
```

执行该程序得到下面的运行结果：

```
-4 ␣-3 ␣-2 ␣1 ␣0 ␣1 ␣2 ␣3 ␣4
```

3. 两个指针变量比较

两个指向相同类型变量的指针变量可以使用关系运算符进行比较运算，对两个指针变量中存放的地址进行比较。

```
pi<pj;   /*当 pi 所指向变量的地址在 pj 所指向变量的地址之前时为真*/
pi>pj;   /*当 pi 所指向变量的地址在 pj 所指向变量的地址之后时为真*/
pi==pj;  /*当 pi 所指向变量的地址与 pj 所指向变量的地址相同时为真*/
pi!=pj;  /*当 pi 所指向变量的地址与 pj 所指向变量的地址不同时为真*/
```

指针变量的比较运算用于同一个数组，判定两个指针变量所指向同一个数组的不同数组元素的位置先后，才有意义；而将指向两个简单变量的指针变量进行比较或在不同类型指针变量之间的比较是没有意义的，指针变量与整型常量或变量的比较也没有意义，只有常量 0 例外。一个指针变量为 0(NULL)时表示该指针变量为空，没有指向任何变量，被禁止做指针运算。

【程序 8-5】将数组元素逆序排列。

下面是程序的源代码(ch08_05.c):

```
#include<stdio.h>
int main(void)
{
    int  a[10]={1,3,5,7,9,11,13,15,17,19};
    int  *p1=&a[0],*p2=&a[9],t;
    while(p1<p2)  /*两个指针变量比较*/
    {
        t=*p1;*p1=*p2;*p2=t;
        p1++;  p2--;
    }
    for(t=0;t<10;t++)
    {
        if(!(t%5))printf("\n");
        printf("a[%d]=%d\t",t,a[t]);
    }
  return 0;
}
```

执行该程序得到下面的运行结果:

```
a[0]=19 ␣a[1]=17 ␣a[2]=15 ␣a[3]=13 ␣a[4]=11
a[5]=9 ␣␣a[6]=7 ␣␣a[7]=5 ␣␣a[8]=3 ␣␣a[9]=1
```

4. 两个指针变量相减

当两个指针变量指向同一数组的不同元素时,两个指针变量相减的差值即为两个指针相差的元素个数。上例中的循环条件"while(p1<p2)"也可以写成两个指针变量相减的形式"while(p1-p2<0)"。

思考:C语言中,可否做两个指针变量的相加运算?这如同出生日期数据,两个出生日期相减表示相差的天数,一个出生日期加(减)一个整数表示该出生日期之后(前)的日期。可是,两个出生日期相加没有实质的意义,更谈不上什么场合需要计算两个出生日期的相加值。同理,C语言中执行两个指针变量的相加运算是没有意义的。

8.3.2 数组的指针和指向数组的指针变量

从上节指针变量指向数组的示例,读者是否已充分感受到指针之美?借用指针变量对数组元素的间接访问是如此的便捷。除此之外,指针变量编译后产生的代码占用空间少,执行速度快,效率高。

数组的指针是指数组的起始地址，数组元素的指针是指数组元素的地址。

1. 一维数组的指针和指向一维数组元素的指针变量

得到变量的地址就能间接访问变量，同理，如果知道一维数组首元素的地址，通过改变这个地址值就能间接访问数组中的任何一个数组元素。

(1)一维数组的指针

一维数组在内存中占用一片连续的存储空间，C语言规定，一维数组名代表数组的首地址，也就是一维数组中第一个元素的地址。如果定义了一个一维数组a，则数组名a和&a[0]均表示该一维数组的首地址。

由于在内存中数组的所有元素都是连续排列的，即数组元素的地址是连续递增的，所以通过数组的首地址加上偏移量就可得到其他元素的地址。

上节介绍过，指针变量p作了p+i运算后，新指向元素的地址为p+i×size。其实，新指向元素的地址由C语言的编译程序计算并确定，用户编写程序时不必关心此地址值，只要清楚数组元素间的相对位置，把前一个元素的地址加1就可得到下一个元素的地址。即，假定指针变量p最初指向数组的第1个元素，若p+1则指向数组的第2个元素，若p+2则指向数组的第3个元素……依次类推，p+i则指向数组的第i+1个元素。

【程序8-6】利用数组的首地址加上偏移量，依次指向其他元素的地址并输出。

下面是程序的源代码(ch08_06.c)：

```
#include<stdio.h>
int main(void)
{
    int a[4]={1,2,3,4},i;
    for(i=0;i<4;i++)
        printf("a[%d]=%d ",i,*(a+i));
    printf("\n");
    return 0;
}
```

执行该程序得到下面的运行结果：

```
a[0]=1␣a[1]=2␣a[2]=3␣a[3]=4
```

如图8-3所示，数组名a表示该数组的首地址，通过数组名a可以得到其他元素的地址。数组名a就是一个指向数组中第1个元素的指针，当计算中出现a[i]时，C编译程序立刻将其转换成*(a+i)，这两种形式在使用上是等价的，因此，该例中的*(a+i)实际上就是a[i]。

(2)指向一维数组元素的指针变量

一维数组由若干个数组元素组成，每一个数组元素是一个变量，指向变量的指针变量可

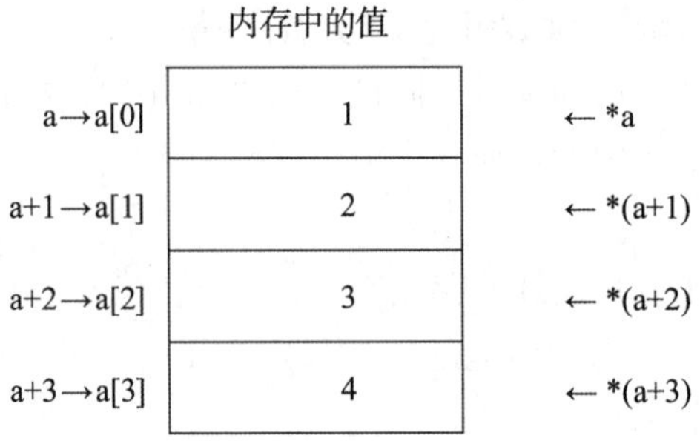

	内存中的值	
a→a[0]	1	← *a
a+1→a[1]	2	← *(a+1)
a+2→a[2]	3	← *(a+2)
a+3→a[3]	4	← *(a+3)

图 8-3　一维数组 a 的存储示意

以指向一维数组的数组元素，所以通过改变指向数组元素的指针变量值可以达到指向不同数组元素的目的。

根据以上叙述，访问一个数组元素，主要有两种形式：

- 下标法，即以 a[i]的形式存取数组元素。
- 指针法，如 *(a+i)或 *(p+i)。其中 a 是数组名，p 是指向数组元素的指针变量，其初值 p=a。

【程序 8-7】假设一数组有 10 个元素，要求输出所有数组元素的值。

下面是程序的源代码(ch08_07a. c,ch08_07b. c,ch08_07c. c,)：

方法 1：通过下标法存取数组元素。

```
#include<stdio. h>
int main(void)
{
    int a[10]={1,2,3,4,5,6,7,8,9,10};
    int i;
    for(i=0;i<10;i++)
        printf("%d ",a[i]);
    printf("\n");
    return 0;
}
```

执行该程序得到下面的运行结果：

```
1␣2␣3␣4␣5␣6␣7␣8␣9␣10
```

这种方法通过数组下标表示数组的不同元素。

方法 2：通过数组名计算数组元素的地址存取数组元素。

```
#include<stdio.h>
int main(void)
{
    int a[10]={1,2,3,4,5,6,7,8,9,10};
    int i;
    for(i=0;i<10;i++)
        printf("%d ",*(a+i));
    printf("\n");
    return 0;
}
```

执行该程序得到下面的运行结果：

```
1␣2␣3␣4␣5␣6␣7␣8␣9␣10
```

这种方法通过计算相对于数组首地址的偏移量得到各个数组元素的内存地址，再从对应的内存单元中存取数据。

方法3：通过指针变量存取数组元素。

```
#include<stdio.h>
int main(void)
{
    int a[10]={1,2,3,4,5,6,7,8,9,10};
    int *p;
    for(p=a;p<(a+10);p++)
        printf("%d ",*p);
    printf("\n");
    return 0;
}
```

执行该程序得到下面的运行结果：

```
1␣2␣3␣4␣5␣6␣7␣8␣9␣10
```

这种方法通过先将指针变量指向数组的首元素，再通过移动指针变量，使指针变量指向不同的数组元素，最后从对应的内存单元中存取数据。

在这三种方法中，第1种和第2种只是形式上不同，程序经编译后的代码是一样的，特点是编写的程序比较直观，易读性好，容易调试，不易出错；第3种使用指针变量直接指向数组元素，无须每次计算地址，执行效率要高于前两种，但初学者不易掌握，容易出错。具体在编写程序时使用哪种方法，可以根据实际问题来决定，对于计算量不是特别大的程序三种方法的运行效率差别不大，在上述的例子中，三种方法的运行效率几乎没有区别。

下面列出用指针引用一维数组的表现形式，如表 8-1 所示。

表 8-1　　用指针引用一维数组的表现形式

前提：int　i，a[10]，*p=a;	
表现形式	含　义
&a[0]　a　p	一维数组首地址
&a[i]　a+i　p+i	一维数组下标为 i 的元素地址
a[0]　*a　p[0]　*p	一维数组下标为 0 的元素的值
a[i]　*(a+i)　p[i]　*(p+i)	一维数组下标为 i 的元素的值

说明：

(1)表中一维数组的多种表现形式的前提是：整型指针变量 p 指向整型一维数组 a 的首地址。

(2)p+i 和 a+i 均表示 a[i]的地址，或者说它们均指向数组第 i 个元素，即指向 a[i]。

(3)*(p+i)和*(a+i)都表示 p+i 和 a+i 所指对象的内容，即为 a[i]。

(4)指向数组元素的指针变量，也可以表示成数组的形式。也就是说，它允许指针变量带下标，如*(p+i)可以表示成 p[i]。要强调的是：p 指向 a[0]，p[i]和 a[i]才是一样的。例如，假若 p=a+5，则 p[2]就相当于*(p+2)，由于 p 指向 a[5]，所以 p[2]就相当于 a[7]。而 p[-3]就相当于*(p-3)，它表示 a[2]。这种方式容易出错，不提倡初学者使用。

2. 二维数组的指针和指向二维数组的指针变量

二维数组与一维数组的数据逻辑结构是不同的，但两者的存储结构同样是占用一片连续的存储空间。对二维数组来说，每个数组元素既可以视为二维数组的成员，又可视为由二维数组的行首尾相接组成的一维数组的成员，也可将二维数组的行视为一个独立的一维数组，二维数组元素是所在行的一维数组的成员。因此，用指针变量可以指向一维数组，也可以指向二维数组。但由于在构造上二维数组比一维数组更复杂，相应地，二维数组的指针及其指针变量在概念及其应用等方面也更为复杂一些。

(1)二维数组的指针

二维数组的存储结构是按行顺序存放的。二维数组的地址有两种，一是行地址，即每行都有一个确定的地址，二是列地址(数组元素的地址)，即每个数组元素都有一个确定的地址。二维数组的行地址在数值上与行中首元素的地址相等，但意义是不同的。对行地址进行指针运算得到的是同一行的首元素地址，对列地址进行指针运算得到的是数组元素。

定义如下二维数组来说明问题：

int a[3][4]={{0,1,2,3}，{4,5,6,7}，{8,9,10,11}};

a 为二维数组名，此数组有 3 行 4 列，共 12 个元素。对于数组 a，也可这样来理解：数组 a 由 a[0]、a[1]和 a[2]三个元素组成，而它们中每个元素又是一个一维数组，且都含有 4 个元素(相当于 4 列)。例如，a[0]所代表的一维数组包含的 4 个元素为 a[0][0]，a[0]

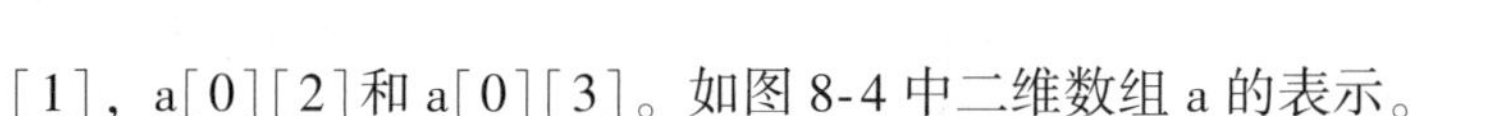
[1]，a[0][2]和 a[0][3]。如图 8-4 中二维数组 a 的表示。

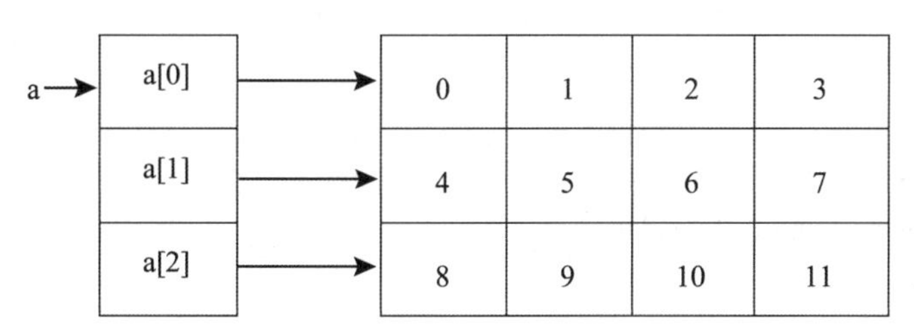

图 8-4 二维数组 a 的表示

从二维数组的角度来看，a 代表二维数组的首地址，也可看成是二维数组第 0 行的地址。a+1 代表第 1 行的地址，a+2 代表第 2 行的地址。如果此二维数组的首地址为 1000H，由于第 0 行有 4 个整型元素，所以 a+1 为 1010H，a+2 为 1020H。如图 8-5 中二维数组 a 的存储地址示意。

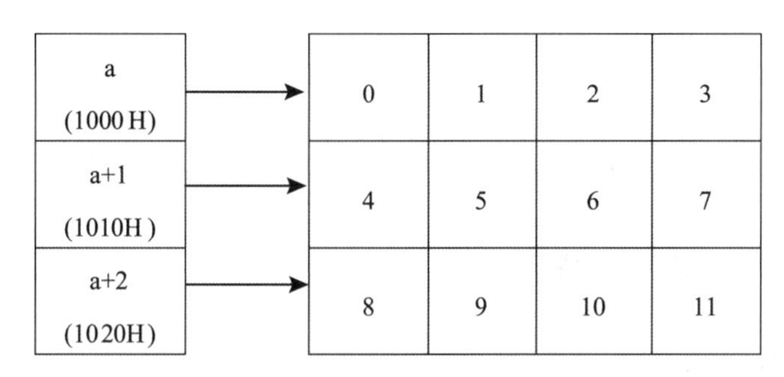

图 8-5 二维数组 a 的存储地址示意

既然把 a[0]、a[1]和 a[2]看成是一维数组名，就可以认为它们分别代表它们所对应的一维数组的首地址，也就是说，a[0]代表第 0 行中第 0 列元素的地址，即 &a[0][0]，a[1]是第 1 行中第 0 列元素的地址，即 &a[1][0]。根据地址运算规则，a[0]+1 即代表第 0 行第 1 列元素的地址，即 &a[0][1]。一般而言，a[i]+j 即代表第 i 行第 j 列元素的地址，即 &a[i][j]。

在二维数组中，还可用指针的形式来表示各元素的地址。如前所述，a[0]与 *(a+0)等价，a[1]与 *(a+1)等价，因此 a[i]+j 就与 *(a+i)+j 等价，它表示数组元素 a[i][j]的地址。因此，二维数组元素 a[i][j]可表示成 *(a[i]+j)或 *(*(a+i)+j)，它们都与 a[i][j]等价，另外也可写成(*(a+i))[j]。

另外需要特别注意的是，a+i 和 *(a+i)在数值上是相同的，但意义不同。a+i 代表二维数组第 i 行的地址，是行地址；而 *(a+i)代表二维数组第 i 行第 0 列元素的地址，是列地址。行地址以行为单位进行控制，列地址以数组元素为单位进行控制。

【程序 8-8】用指针法输入输出二维数组各元素。

下面是程序的源代码(ch08_08. c)：

```
#include<stdio. h>
```

```
int main(void)
{
    int a[3][4], * ptr;
    int i,j;
    ptr=a[0];          /* ptr 指向第 0 行第 0 列元素 */
    printf("Please input data:\n");
    for(i=0;i<3;i++)
        for(j=0;j<4;j++)
            scanf("%d",ptr++);   /* 指针的表示方法 */
    ptr=a[0];
    for(i=0;i<3;i++)
    {
        for(j=0;j<4;j++)
            printf("%-3d", * ptr++);
        printf("\n");
    }
    return 0;
}
```

执行该程序得到下面的运行结果：

```
Please input data:
1 ␣2 ␣3 ␣4 ␣5 ␣6 ␣7 ␣8 ␣9 ␣10 ␣11 ␣12 ↙
1 ␣␣2 ␣␣3 ␣␣4
5 ␣␣6 ␣␣7 ␣␣8
9 ␣␣10 ␣11 ␣12
```

(2)指向二维数组的指针变量

二维数组的地址有两种，相应地，指向二维数组的指针变量也有两种。

①指向二维数组元素的指针变量

定义方法与指向一维数组元素的指针变量相同，可参考程序 8-8。需要注意的是，指向二维数组元素的指针变量不能指向二维数组的行，只能指向数组元素。

②指向具有 *m* 个元素的一维数组的指针变量

C 语言中提供了一种专门指向具有 *m* 个元素的一维数组的指针变量，该指针变量能够直接指向二维数组的行，但不能直接指向数组元素。定义的格式为：

类型说明符(*指针变量名)[常量表达式]

其中，常量表达式为指针变量指向的一维数组中的数组元素个数。这个一维数组实际上是二维数组的行。例如：

```
int( * p)[3];
```

其中，指针 p 为指向一个由 3 个元素组成的整型数组的指针变量。

在定义中，圆括号是不能少的，否则它是指针数组。这种数组指针变量不同于前面介绍的整型指针变量，当整型指针变量指向一个整型数组元素时，进行指针(地址)加 1 运算，表示指向数组的下一个元素，此时地址值增加了 4(因为一个整型数据占 4 个字节)；而如上所定义的指向一个由 3 个元素组成的整型数组的指针变量，进行地址加 1 运算时，其地址值增加了 12(3＊4=12)。这种数组指针变量在 C 语言中用得较少，但在处理二维数组时，还是很方便的。例如：

```
int a[3][4],(*p)[4];
p=a;
```

开始时 p 指向二维数组第 0 行，当进行 p+1 运算时，根据地址运算规则，指针移动 16 个字节，所以此时 p 正好指向二维数组的第 1 行。和二维数组元素地址计算的规则一样，＊p+1 指向 a[0][1]，＊(p+i)+j 则指向数组元素 a[i][j]。

【程序 8-9】用指向二维数组的指针变量求得二维数组中每行数组元素的平均值。

下面是程序的源代码(ch08_09.c)：

```
#include<stdio.h>
int main(void)
{
    int a[5][3],i,j;
    int(*b)[3];/*定义指向具有 3 个元素的一维数组的指针变量 b*/
    float sum,average;
    printf("Please input data:\n");
    for(i=0;i<5;i++)
        for(j=0;j<3;j++)
            scanf("%d",&a[i][j]);
    for(b=a;b<a+5;b++)
    /*指针变量 b 依次指向二维数组 a 的第 0 行、第 1 行、……第 4 行
    {
        sum=0;
        for(i=0;i<3;i++)
          sum+=*(*b+i);      /*求每行 3 个数组元素的和值*/
        average=sum/3;       /*求每行 3 个数组元素的均值*/
        printf("averages=%.2f\n",average);
    }
    return 0;
}
```

执行该程序得到下面的运行结果：

```
Please input data:
60 60 60↙
70 70 70↙
60 70 80↙
70 70 70↙
70 80 90↙
average=60.00
average=70.00
average=70.00
average=70.00
average=80.00
```

8.3.3 数组作为函数参数

上一章介绍过数组作为函数参数。当用数组作为函数参数时，采用“传址”方式，形参数组与实参数组共用一段内存空间，因此，对修改形参数组元素的值实际上改变的是实参数组元素的值。这里针对这种“传址”方式的参数传递，结合指针究其缘由。

数组作为函数参数时，数组形参对应的实参是数组名，数组名表示该数组的首地址，而形参是用来接收从实参传递过来的数组的首地址，只有指针变量才能存放地址，因此，形参应该是一个指针变量。前面学习的形参数组，实际上，在编译时是将其作为指针变量处理的。例如，数组 a 编译时转换成 *a，数组元素 a[i] 编译时转换成 *(a+i)。

【程序 8-10】用选择法对 10 个整数进行由大到小排序。

下面是程序的源代码(ch08_10.c)：

```
#include<stdio.h>
void sort(int [],int);
int main(void)
{
    int *p,i,a[10];
    printf("Please input data:\n");
    for(i=0;i<10;i++)
        scanf("%d",a+i);
    sort(a,10);     /*作为实参的数组名 a 代表数组的首地址*/
    for(p=a;p<a+10;p++)
        printf("%-3d",*p);
    printf("\n");
    return 0;
}
```

```
void sort(int x[ ],int n)/ * 作为形参的数组 x 实质上是一个指针变量 * /
{
    int * x_end, * y, * p,temp;
    x_end=x+n;
    for( ;x<x_end-1;x++)
    {
        p=x;
        for(y=x+1;y<x_end;y++)
            if( * y> * p)p=y;
        if(p!  =x)
            { temp= * x; * x= * p; * p=temp;}
    }
}
```

执行该程序得到下面的运行结果：

```
Please input data:
3 ␣6 ␣20 ␣-2 ␣0 ␣9 ␣1 ␣33 ␣12 ␣18 ↙
33 ␣20 ␣18 ␣12 ␣9 ␣6 ␣3 ␣1 ␣0 ␣-2
```

这里，实参是数组名，形参是数组，这种依然将数组作为形参的方法显得直观，也是初学者常用的一种表达方式。但读者要清楚，用下标法和指针法访问数组是等价的，尽管是用下标法表示数组，其实质是一个指针变量。所以，程序 8-10 被调函数中形参数组 x，书写上用数组形式 int * x[ ]或用指针形式 int * x，其实质是一样的。

综上所述，如果主调函数有一个数组，想在被调函数中改变此数组元素的值，被调函数的实参与形参的定义有如下几种情形：

(1)形参定义为数组，实参用数组名；

(2)形参用指针变量，实参用数组名；

(3)形参和实参都用指针变量；

(4)形参定义为数组，实参用指针变量

【程序 8-11】用指针变量作为形参实现程序 7-9，要求：编写一个销售业绩分析程序。已知某经销商上半年 3 类商品每个月的价格和销量，定义函数计算销售表中各商品的销售总额，然后对该函数进行测试。

下面是程序的源代码(ch08_11. c)：

```
#include<stdio. h>
void SalesAnalysis(int n,double( * pr)[6],int( * vo)[6],double * am);
int main(void)
{
    / * 定义二维数组保存 3 种商品每个月的价格 * /
```

```
    double salesPrice[3][6]={
        {23.9,23.9,23.9,22.9,21.9,21.9},
        {89.9,89.9,79.9,79.9,69.9,69.9},
        {65.9,65.9,65.9,65.9,65.9,65.9}};
    /*定义二维数组保存3种商品每个月的销量*/
    int salesVolume[3][6]={
        {300,290,456,358,372,366},
        {155,134,98,79,82,94},
        {233,215,242,201,239,251}};
    /*定义一维数组保存3种商品上半年的销售总额*/
    double salesAmount[3]={0.0};
    int i;
    /*调用销售业绩分析函数,实参有二维数组名、一维数组名*/
    SalesAnalysis(3,salesPrice,salesVolume,salesAmount);
    /*显示各类商品上半年的销售总额*/
    printf("种类上半年销售总额(万元)\n");
    for(i=0;i<3;i++)
    {
        printf("%-5d%-.4f\n",i+1,salesAmount[i]/10000);
    }
    return 0;
}
void SalesAnalysis(int n,double(*pr)[6],int(*vo)[6],double *am)
{
    int t,m;
    for(t=0;t<n;t++)
    {
        double a=0.0;
        for(m=0;m<6;m++)
            a+=*(*(pr+t)+m)**(*(vo+t)+m);
        *(am+t)=a;
    }
}
```

执行该程序得到下面的运行结果:

```
种类上半年销售总额(万元)
1    4.9360
2    5.2426
3    9.1008
```

与程序7-9不同的是，销售业绩分析函数SalesAnalysis中的形参用了指针变量。实参二维数组名salesPrice的首地址传递给指针变量pr，二维数组名salesVolume的首地址传递给指针变量vo，一维数组名salesAmount的首地址传递给指针变量am。引用指针变量*(*(pr+t)+m)的值就是二维数组元素salesPrice[t][m]的值，引用指针变量*(*(vo+t)+m)的值就是二维数组元素salesVolume[t][m]的值，引用指针变量*(am+t)就是一维数组元素salesAmount[t]的值。程序结果与执行过程都与程序7-9一样，不同的是表现方式而已。

8.4 指针数组和指向指针的指针

8.4.1 指针数组

指针数组是一个数组，其每一个数组元素都是指针变量。指针数组定义的一般形式为：

类型说明符 *数组名[常量表达式]

例如：int *a[5]；定义了一个指针数组a。下标运算符[ ]比指针运算符*的优先级高，因此a先与[5]形成a[5]，表明数组有5个元素(a[0]、a[1]、a[2]、a[3]、a[4])；其后再与*结合，标记这5个数组元素均是指针变量。

与一般数组的特点一样，同一个数组的每一个元素类型必须一致。指针数组的每一个元素(指针变量)都指向相同数据类型的变量。

【程序8-12】利用指针数组输出单位矩阵。

下面是程序的源代码(ch08_12.c)：

```
#include<stdio.h>
#define N 3
int main(void)
{
    int matrix[N][N]={0};   /*定义矩阵*/
    int *p[N];          /*定义整型指针数组*/
    int i,j;
    printf("%d*%d identity matrix:\n",N,N);
    for(i=0;i<N;i++)
    {
        p[i]=matrix[i];
        for(j=0;j<N;j++)
        {
            if(i==j)  p[i][j]=1;
            printf("%-3d",p[i][j]);
        }
        printf("\n");
    }
```

```
    return 0;
}
```

执行该程序得到下面的运行结果：

```
3 * 3 identity matrix:
1  0  0
0  1  0
0  0  1
```

8.4.2 指向指针的指针

指针变量本身也是一种变量，同样要在内存中分配相应的单元。如果另设一个变量，其中存放一个指针变量的内存单元地址，那么它本身也是一个指针变量，但所指的对象还是一个指针变量。这种指向指针数据的指针变量简称为指向指针的指针，也可称为“二维指针”。

图 8-6 所示为指向指针的指针。设 p 为一指针变量，它指向指针变量 q，而 q 指向整型变量 i，这样 p 就成了指向指针的指针。这里的 p 指向 * p(相当于上述的 q)，* p 是一个指针变量，它指向 ** p(相当于上述的变量 i)。** p 是整型变量，* p 指向整型变量 ** p，这样的指针变量 p 就叫做指向指针的指针。

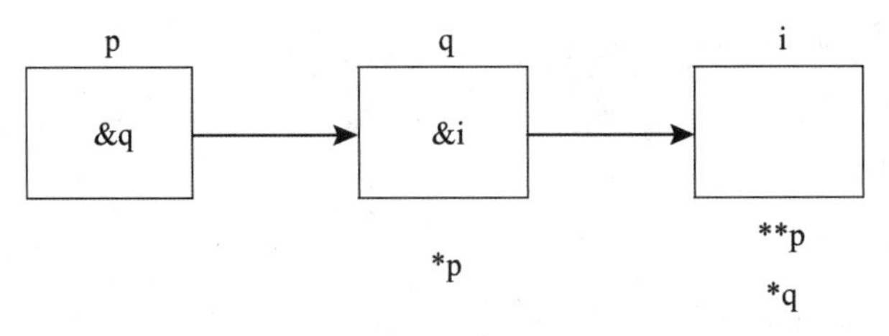

图 8-6　指向指针的指针

指向指针的指针定义的一般形式为：

类型说明符　** 指针变量名

例如：int　** p;

该语句定义了指针变量 p，它指向另一个指针变量(该指针变量又指向一个整型变量)，即 p 是指向指针的指针。

下面看一下怎样正确引用指向指针的指针。

【**程序 8-13**】利用指向指针的指针输出二维数组。

下面是程序的源代码(ch08_13. c)：

```
#include<stdio.h>
int main(void)
{
```

```
    int a[3][4];
    int ** p, * q;      /* p 为指向整型指针变量的指针变量 */
    int i,j;
    printf("Please input data:\n");
    for(i=0;i<3;i++)
        for(j=0;j<4;j++)
            scanf("%d",&a[i][j]);
    for(i=0;i<3;i++)
    {
        q=a[i];
        p=&q;
        for(j=0;j<4;j++)
            printf("%-4d", *( * p+j));
        printf("\n");
    }
    return 0;
}
```

执行该程序得到下面的运行结果：

```
Please input data:
1 ␣2 ␣3 ␣4 ␣5 ␣6 ␣7 ␣8 ␣9 ␣10 ␣11 ␣12 ↙
1 ␣␣␣2 ␣␣␣3 ␣␣␣4
5 ␣␣␣6 ␣␣␣7 ␣␣␣8
9 ␣␣␣10 ␣␣11 ␣␣12
```

8.5 指针与函数

8.5.1 函数指针与指向函数的指针变量

所有类型的变量都在内存中占用一定的空间，从而具有相应的起始地址。同样，一个函数在编译后被放入内存中，这片内存区域从一个特定的地址开始，这个地址就称为该函数的入口地址，也就是该函数指针。我们可以定义一个指针变量，让它指向某个函数，这个变量就称为指向函数的指针变量。利用指向函数的指针变量可以更灵活地进行函数调用——让程序从若干函数中选择一个最适宜当前情况的函数予以执行。

1. 指向函数的指针变量

指向函数的指针变量的一般定义形式为：

函数类型(* 指针变量名)(形参列表)

"函数类型"说明函数返回值的类型，由于"( )"的优先级高于" * "，所以指针变量名外的括号必不可少，后面的“形参列表”表示指针变量指向的函数所带的参数列表。

例如：

```
int( *f1)(int x);
double( *f2)(double x,double y);
```

第一行定义 f1 是指向返回整型值的函数的指针变量，该函数有一个类型为 int 的参数；第二行定义 f2 是指向返回双精度实型值的函数的指针变量，该函数有两个类型为 double 的参数。

在定义指向函数的指针变量时请注意：

(1)指向函数的指针变量和它指向的函数的参数个数和类型都应该是一致的。

(2)指向函数的指针变量的类型和函数的返回值类型也必须是一致的。

2. 指向函数的指针变量的赋值

指向函数的指针变量不仅在使用前必须定义，而且也必须赋值，使它指向某个函数。由于 C 语言编译对函数名的处理方式与对数组名的处理方式相似，即函数名代表了函数的入口地址，因此，利用函数名对相应的指针变量赋值，就使得该指针变量指向这个函数。

例如：

```
int func(int x);          /*声明一个函数*/
int( *f)(int x);          /*定义一个指向函数的指针变量*/
f=func;                   /*将 func 函数的入口地址赋给指针变量 f*/
```

赋值时函数 func 不带括号，也不带参数，由于 func 代表函数的入口地址，因此经过赋值以后，指针变量 f 就指向函数 func(x)。

3. 通过指向函数的指针变量来调用函数

与其他指针变量类似，如果 f 是指向函数 func(x)的指针变量，则 *f 就代表它所指向的函数 func。所以在执行了 f=func；之后，(*f)和 func 代表同一函数。

由于指向函数的指针变量指向存储区中的某个函数，因此可以通过它调用相应的函数。现在就来讨论如何通过指向函数的指针变量调用函数，它应执行下面三步：

(1)定义指向函数的指针变量。

例如：int(*f)(int x)；

(2)对指向函数的指针变量赋值。

例如：f=func；(函数 func(x)必须先要有定义)

(3)用(*指针变量名)(参数表)；调用函数。

例如：(*f)(x)；(x 必须先赋值)

【程序 8-14】任意输入 *n* 个数，找出其中最大数，并且输出最大数值。

下面是程序的源代码(ch08_14.c)：

```
#include<stdio.h>
#define N 9
```

```
int main(void)
{
    int f(int,int);
    int i,a,b;
    int( * p)(int x,int y);  /* 定义指向函数的指针变量 */
    printf("Please input data:\n");
    scanf("%d",&a);
    p=f;          /* 给指向函数的指针变量 p 赋值,使它指向函数 f */
    for(i=1;i<N;i++)
    {
        scanf("%d",&b);
        a=( * p)(a,b);     /* 通过指针变量 p 调用函数 f */
    }
    printf("The Max Number is:%d\n",a);
    return 0;
}
int f(int x,int y)
{
    int z;
    z=(x>y)? x:y;
    return(z);
}
```

执行该程序得到下面的运行结果:

```
Please input data:
3 ␣8 ␣4 ␣-45 ␣1 ␣0 ␣9 ␣52 ␣7 ↙
The ␣Max ␣Number ␣is:␣52
```

8.5.2 函数指针作为函数参数

在C语言中规定，整个函数不能作为参数在函数间进行传送。但在编制程序时，有时需要把一个函数传给另一个函数，那么就必须使用函数指针作参数。

前面说过，函数名代表该函数的入口地址，因此，函数名可以作为实参出现在函数调用的参数表中。例如，有如下函数原型:

```
void func(int( * p)(int x));
int f(int y);
```

那么，在程序中可以使用以下函数调用语句:

```
func(f);
```

在函数 func 内部为了调用传送过来的函数 f，应使用间接访问的方式，如：

```
(*p)(a); (a 必须先赋值)
```

【**程序 8-15**】利用梯形法计算定积分 $\int_a^b f(x)\,dx$，其中 $f(x)$ 可以是以下三种数学函数之一：

(1) $f(x)=x^2-2x+2$；

(2) $f(x)=1+x+x^2+x^3$；

(3) $f(x)=\dfrac{x}{1+x^2}$。

首先分别编写函数 f1、f2、f3，分别用来表示上述的三个数学函数。然后用指向函数的指针变量作参数的方法，编写一个求定积分的通用函数 integral。

求给定函数的定积分值就是求出在给定区间内函数曲线与 x 轴之间的面积。为求出总面积，先将区间[a，b]分成 n 等份，也对应地将面积分成 n 个小块，每一个小块的图形近似于一个小梯形。用小梯形面积代替该小块图形的面积，然后进行累加，就能得到曲线图形的近似面积。因此，求函数 f 在区间[a，b]的定积分的公式为：

$$S=\frac{f(a)+f(a+h)}{2}\times h+\frac{f(a+h)+f(a+2h)}{2}\times h+\cdots+\frac{f(a+(n-1)h)+f(b)}{2}\times h$$

$$=\frac{h}{2}\times[f(a)+2f(a+h)+2f(a+2h)+\cdots+2f(a+(n-1)h)+f(b)]$$

$$=h\times\left[\frac{f(a)+f(b)}{2}+f(a+h)+f(a+2h)+\cdots+f(a+(n-1)h)\right]$$

其中，$h=\dfrac{b-a}{n}$。

最后在 main 函数中调用求定积分的通用函数 integral，每次调用时分别以函数名 f1、f2、f3 作为实参，同时指定下限 a、上限 b 和区间[a，b]的 n 等分数，就可以求出三个函数的定积分。

下面是程序的源代码(ch08_15.c)：

```
#include<stdio.h>
int main(void)
{
    float f1(float),f2(float),f3(float);
    float integral(float,float,int,float(*)(float));
    float a,b,v;
    int n,flag;
    printf("Please input the low limit and upper limit:\n");
```

```
    scanf("%f%f",&a,&b);
    printf("Please input the number of sections:\n");
    scanf("%d",&n);
    printf("Please input your choice as follows:\n");
    printf("1. f1(x)=x*x-2*x+2\n");
    printf("2. f2(x)= 1+x+x*x+x*x*x\n");
    printf("3. f3(x)=x/(1+x*x)\n");
    printf("Enter your choice(1,2 or 3):\n");
    scanf("%d",&flag);
    if(flag==1)
        v=integral(a,b,n,f1);
    else if(flag==2)
        v=integral(a,b,n,f2);
    else
        v=integral(a,b,n,f3);
    printf("v=%.2f\n",v);
    return 0;
}
float f1(float x)
{
    return x*x-2*x+2;
}
float f2(float x)
{
    return 1+x+x*x+x*x*x;
}
float f3(float x)
{
    return x/(1+x*x);
}
float integral(float a,float b,int n,float(*p)(float x))
{
    int i;
    float h,s=0;
    h=(b-a)/n;
    s=((*p)(a)+(*p)(b))/2;
    for(i=1;i<n;i++)
        s+=(*p)(a+i*h);
    return h*s;
}
```

执行该程序得到下面的运行结果：

```
Please ␣input ␣the ␣low ␣limit ␣and ␣upper ␣limit:
0 ␣2 ↙
Please ␣input ␣the ␣number ␣of ␣sections:
100 ↙
Please ␣input ␣your ␣choice ␣as ␣follows:
1. ␣f1(x)= x * x-2 * x+2
2. ␣f2(x)= 1+x+x * x+x * x * x
3. ␣f3(x)= x/(1+x * x)
Enter ␣your ␣choice(1,2 ␣or ␣3):
2 ↙
v=10.67
```

8.5.3 返回指针的函数

一个函数不仅可以返回一个整型值、字符值、实型值等，也可以返回指针型的数据。如果一个函数的返回值是一个指针，即某个对象的地址，那么这个函数就是返回指针的函数。

返回指针的函数的一般定义形式为：

类型标识符 * 函数名(参数表)

例如：

```
double * func(int x, double y);
```

func 是函数名，调用它以后能得到一个指向 double 型数据的指针(地址)，x、y 是函数 func 的形参。注意不要把返回指针的函数的定义与指向函数的指针变量的定义混淆起来，使用时要十分小心。

【程序 8-16】一个班有若干学生，每个学生有 4 门课程，交互式输入每个学生的各门课程的成绩，找出其中有不及格课程的学生的序号，并输出其所有的课程成绩。

用返回指针的函数实现该程序。下面是程序的源代码(ch08_16.c)：

```
#include<stdio.h>
#define N 3
int main(void)
{
    float * search(float( * )[4]), * p,score[N][4];
    int i,j;
    for(i=0;i<N;i++)
    {
```

```
        printf("Please input the scores of %d student:\n",i+1);
        for(j=0;j<4;j++)
            scanf("%f",&score[i][j]);
    }
    printf("The serial number and score of failure students:\n");
    for(i=0;i<N;i++)
    {
        p=search(score+i);
        if(p== *(score+i))
        {
            printf("No. %d scores:",i+1);
            for(j=0;j<4;j++)
                printf("%5.2f ", *(p+j));
            printf("\n");
        }
    }
    return 0;
}
float * search(float( * p)[4])/ * 形参p指向一维数组的指针变量 * /
{
    int i;
    float * q= * p;
    for(i=0;i<4;i++)
        if( * (q+i)<60)    return * p;
    return * (p+1);
}
```

执行该程序得到下面的运行结果:

```
Please␣input␣the␣scores␣of␣1␣student:
60␣70␣80␣90↙
Please␣input␣the␣scores␣of␣2␣student:
56␣89␣67␣88↙
Please␣input␣the␣scores␣of␣3␣student:
34␣78␣90␣66↙
The␣serial␣number␣and␣score␣of failure␣students:
No.␣2␣scores:␣56.00␣89.00␣67.00␣88.00
No.␣3␣scores:␣34.00␣78.00␣90.00␣66.00
```

特别提醒:在定义返回指针的函数中,一切要确保函数返回的指针所指向的对象在函数调用结束后依然存在，可以被访问。

8.6 指针与动态内存管理

上一章介绍变量的存储类别时讲到，存储区域中的栈区和堆区都是采用动态存储方式。栈区主要存放函数的参数和非静态局部变量的值，函数执行时，局部变量被保存到栈区，函数结束执行时，释放栈区的存储单元，这些变量随之消失。

堆区是提供给数据临时存储的动态存储区，需要时随时申请使用，不需要时随时释放，而不是在函数结束执行时才释放。堆区空间的申请和释放是在程序运行时才发生，而不是在编译时处理。欲使用堆区空间的临时数据，不必在程序的声明部分定义，自然就不能如同引用变量的方式去引用这些数据，只能通过指针来引用。本节介绍利用指针动态管理堆区的存储空间。

8.6.1 动态内存的分配与管理

内存的动态分配是通过系统提供的库函数实现的，主要有 malloc、calloc、free、realloc 这四个函数。这四个函数的声明都在 stdlib. h 头文件中，在用这些函数时，应当用"#include<stdlib. h>"指令将 stdlib. h 头文件包含到程序文件中。

1. malloc 函数

其函数原型是：

void *malloc(unsigned int size);

其作用是在内存的动态存储区中分配一个长度为 size 的连续存储空间。其中形参 size 不允许为负数，定义为无符号整型。该指针型函数的返回值是指针，即分配存储区的第一个字节的地址。或者说，该指针型函数返回的指针指向分配的动态存储区的开始位置。例如，执行函数调用语句：

malloc(80);

意味着：开辟 80 个字节的连续临时存储区，函数值为第 1 个字节的地址。

需要说明的是，返回的指针指向变量的类型为 void，即不指向确定类型，只提供一个地址。如果此函数因内存不足等原因未能成功执行，则返回空指针(NULL)。

2. calloc 函数

其函数原型是：

void *calloc(unsigned n, unsigned size);

其作用是在内存的动态存储区中分配 n 个长度为 size 的连续空间。用这个函数可以为给有 n 个元素的一维数组开辟动态存储区，每个数组元素长度为 size，这就是动态数组。例如，执行语句：

calloc(80, 4);

意味着：开辟 80 个每个长度为 4 个字节的连续临时存储区，函数值为分配存储区的起始地址。如果函数因内存不足等原因未能成功执行，则返回空指针(NULL)。

3. free 函数

其函数原型是：

void *free(void *p);

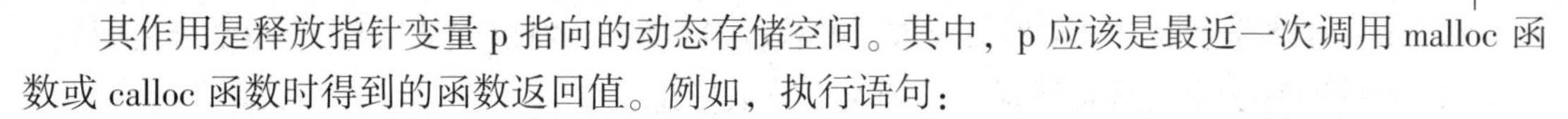

其作用是释放指针变量 p 指向的动态存储空间。其中，p 应该是最近一次调用 malloc 函数或 calloc 函数时得到的函数返回值。例如，执行语句：

```
free(p);
```

意味着：释放指针变量 p 指向的已分配的动态存储空间。free 函数没有返回值。

4. realloc 函数

其函数原型是：

```
void  *realloc(void  *p, unsigned  int  size);
```

其作用是重新分配存储空间，并保留原有数据。如果 p 指向的存储区后面有足够的空闲区域，则把存储区扩大到 size；否则，重新分配一块大小为 size 的存储区，并把原来的数据拷贝进去。注意，如果 size 小于原存储区的大小，则会丢失数据。例如，执行语句：

```
realloc(p, 100);
```

意味着：将 p 指向的已经分配的(用 malloc 或 calloc 函数)动态空间大小改为 100 个字节。如果重新分配不成功，则返回 NULL。

8.6.2　void 指针类型

void 指针类型是无类型指针，即不指向一种具体的、类型确定的数据，只表示用来指向一个抽象类型的数据。

上面四个函数返回的指针均为 void 指针类型。要强调的是，这种"指向 void 类型"不要理解成"指向任何类型"或"指向不确定类型"的数据，而应理解成"指向空类型"或"不指向确定类型"的数据。例如：

```
int  a=10, *pa=&a;
char  b='H', *pb=&b;
void *p;                    /*定义无类型指针变量*/
p=(void *)pa;               /*将 pa 的值强制转换为 void * 类型,赋给指针变量 p */
pb=(char *)p;        /*将 p 的值强制转换为 char * 类型,赋给指针变量 pb */
printf("%d\n", *pa);
```

可见，无类型指针变量可以根据需要灵活地改变指向。不过，其实不必通过强制转换，使之适合于被赋值的变量的类型。编译系统会自动完成转换，即上面程序段可以直接赋值：

```
p=pa;           /*相当于执行了 p=(void *)pa; */
pb=p;           /*相当于执行了 pb=(char *)p; */
```

特别提醒：执行赋值 p=pa 后，指针变量 p 只是得到 pa 的值(地址)，但并不指向变量 a，当然就不能通过 *p 来输出 a 的值。这就是强调 void 指针类型所谓的"不指向确定类型"。

8.7　程序设计案例：学生成绩查询系统

【**程序 8-17**】设计和实现一个学生成绩查询系统，要求编程完成如下功能：

(1)录入 4 名学生、5 门课程的分数，并检验分数的有效性(是否介于 0~100 分之间)；
(2)显示所有学生、所有课程名称和所有分数信息；
(3)计算每个学生 5 门课程的平均成绩，和每一门课程的平均分数；
(4)根据输入的学生学号，查询该学生的每门课程分数和平均分；
(5)根据输入的课程号，查询该课程所有学生的分数和课程平均分。
下面是程序的源代码(ch08_score.c)：

```
#include<stdio.h>
void stuave(int *,float *);
void courave(int *);
void findxh(int *,float *,int );
void findkch(int *,int );

int main(void)
{
     int i,j,xh,kch;
     int score[4][6], * pscore= * score;   /* 指针变量 pscore 指向二维数组 score */
     float ave[4], * pstave=ave;            /* 指针变量 pstave 指向一维数组 ave */
     printf("请输入学号和分数:\n");         /* 输入 4 个学生学号和 5 门课程分数 */
     for(i=0;i<4;i++)
        for(j=0;j<6;j++)
      {
          scanf("%d",&score[i][j]);
          while((score[i][j]>100 || score[i][j]<0)&&j! =0)
                     /* 分数的有效性检测 */
          {
                    printf("输入成绩应在 0~100 之间,请重新输入:\n");
                    scanf("%d",&score[i][j]);
          }
     }
      printf("No.\tChinese\tMath\tEnglish\tPhysics\tChemistry\n");
      for(i=0;i<4;i++)        /* 输出显示所有信息 */
      {
          for(j=0;j<6;j++)
               printf("%d\t",score[i][j]);
          printf("\n");
     }
    printf("\n=================================================\n");
```

```
    stuave(pscore,pstave);    /*求每个学生5门课程的平均成绩 */
    courave(pscore);          /*求每门课程的平均成绩 */
    printf("\n 请输入要查询的学生学号:");
    scanf("%d",&xh);
    findxh(pscore,pstave,xh);
    printf("\n\n 请输入要查询的课程号(1~5):");
    scanf("%d",&kch);
    findkch(pscore,kch);
    return 0;

}

void stuave(int *pscore,float *pstave)/*求每个学生的平均分 */
{
        int i,j;
        float sum,aver;
        for(i=0;i<4;i++)
        {
          sum=0.0;
          for(j=1;j<6;j++)
              sum=sum+(*(pscore+6*i+j));
          aver=sum/5;
          *(pstave+i)=aver;
          printf("学生%d 所有课程的平均成绩是%.2f\n",*(pscore+6*i),*(pstave+i));
    }
}

 void courave(int *pscore)     /*求每门课程的平均分 */
 {
        int i,j;
        float sum,aver;
        for(j=1;j<6;j++)
        {
          sum=0.0;
          for(i=0;i<4;i++)
              sum=sum+(*(pscore+6*i+j));
          aver=sum/4;
          printf("第%d 门课程的平均成绩是%7.2f\n",j,aver);
```

```
    }
}

void findxh(int  *pscore,float  *pstave,int  xh)
      /*查询并输出某学生的每门课程分数和平均分  */
 {
      int  i,j;
      for(i=0;i<4;i++)
          if(xh== *(pscore+6*i))
          {
               printf("学生%d 的成绩单:\n",xh);
               printf("Chinese\tMath\tEnglish\tPhysics\tChemistry\taverage\n");
              for(j=1;j<6;j++)
                    printf("%d\t", *(pscore+6*i+j));
              printf("\t%.2f\t", *(pstave+i));
              break;
          }
 }

  void findkch(int  *pscore,int  k)
      /*查询并输出某课程所有学生的分数和课程平均分  */
  {
       int  i,sum=0;
       float  aver;
       switch(k)
      {case  1:printf("Chinese");break;
       case  2:printf("Math");break;
       case  3:printf("English");break;
       case  4:printf("Physics");break;
       case  5:printf("Chemistry");break;
      }
       printf("的分数如下:\n");
       printf("学生 1\t 学生 2\t 学生 3\t 学生 4\t 平均分\t\n");
       for(i=0;i<4;i++)
       {
           printf("%d\t", *(pscore+6*i+k));
           sum+= *(pscore+6*i+k);
       }
       aver=sum/4;
       printf("%.2f\n",aver);
 }
```

程序运行结果如图 8-7 所示。程序中定义了二维数组 score 存放 4 个学生的学号和 5 门课程成绩，指针变量 pscore 指向二维数组 score，定义了一维数组 ave 存放 4 个学生的平均分，指针变量 pstave 指向一维数组 ave。

```
请输入学号和分数:
2014001 60 60 60 60 60
2014002 90 90 90 90 90
2014003 70 70 70 70 70
2014004 80 80 70 60 50
No.     Chinese Math    English Physics Chemistry
2014001 60      60      60      60      60
2014002 90      90      90      90      90
2014003 70      70      70      70      70
2014004 80      80      70      60      50

===================================================
学生2014001所有课程的平均成绩是60.00
学生2014002所有课程的平均成绩是90.00
学生2014003所有课程的平均成绩是70.00
学生2014004所有课程的平均成绩是68.00
第1门课程的平均成绩是  75.00
第2门课程的平均成绩是  75.00
第3门课程的平均成绩是  72.50
第4门课程的平均成绩是  70.00
第5门课程的平均成绩是  67.50

请输入要查询的学生学号：2014002
学生2014002的成绩单：
Chinese Math    English Physics Chemistry       average
90      90      90      90      90              90.00

请输入要查询的课程号（1~5）：3
English的分数如下：
学生1   学生2   学生3   学生4   平均分
60      90      70      70      72.00
```

图 8-7　案例程序运行结果

调用函数 stuave 用指针变量 pscore 和 pstave 作实参，求每个学生 5 门课程的平均成绩；调用函数 courave 用指针变量 pscore 作实参，求每门课程的平均成绩；调用函数 findxh 用指针变量 pscore、指针变量 pstave 和变量 xh 作实参，查询并输出学号为 xh 的学生成绩；调用函数 findkch 用指针变量 pscore 和变量 kch 作实参，查询并输出课程号为 kch 的课程成绩。

本章小结

本章首先阐述了指针和指针变量的基本概念。接下来介绍了指针变量的定义、引用与初始化，以及指针变量作为函数参数的使用方法。然后详尽阐明了指针与数组，指针与函数之间的紧密关系，并通过多个实例来展示数组指针变量、指针数组、函数指针变量和指针函数的具体应用过程，以及指针与动态内存的分配与管理，最后给出学生成绩查询的案例程序。

思　考　题

1. 什么是指针？什么是指针变量？二者有何区别？

2. 指针变量如何引用？使用指针变量之前是不是必须进行初始化？
3. 指针变量有哪几种运算？试举例说明。
4. 用指针变量作函数参数有什么好处？
5. 什么是指针数组？
6. 一维数组的指针与二维数组的指针有什么相同点和不同点？
7. int(* p)[5]与 int * p[5]各自的含义是什么？
8. 作为形参的数组名与作为实参的数组名有什么区别？

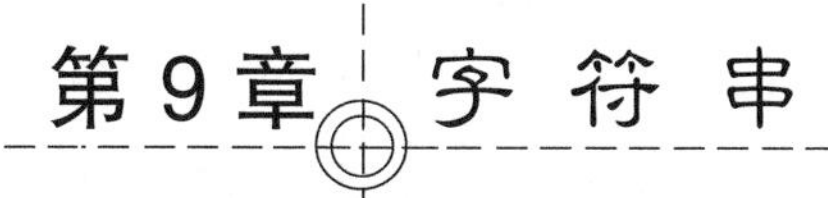

第9章 字 符 串

在C语言的数据类型中，将整型常量赋值给整型变量存储，实型常量赋值给实型变量存储，字符型常量赋值给字符型变量存储。可是，字符串常量如何存储呢？有没有所谓的字符串变量存储字符串常量呢？

C语言中没有字符串变量数据类型。本章专门介绍字符串的相关知识：用字符数组存储和处理字符串，用指针变量指向字符串，以及常用的字符串处理函数。

9.1 字符串的基本概念

字符串常量是用双引号括起来的字符序列。存储字符串常量时，系统会在字符序列后自动加上'\0'，标志字符串的结束。'\0'是ASCII码为0的字符，从ASCII码表中可以了解到，ASCII码为0的字符不是一个可以显示出来的字符，而是一个"空操作符"，表示什么都不做。

字符串的长度定义为字符串中的有效字符数，不包括结束标志'\0'和双引号。例如，字符串"China"的长度是5，而非6。

字符串是非常常见的信息。编辑一篇文档，需要统计其字数。图9-1是Microsoft Word文档中的字数统计对话框，这就需要识别每一个对象是英文字母、空格、段落标记还是汉字等。

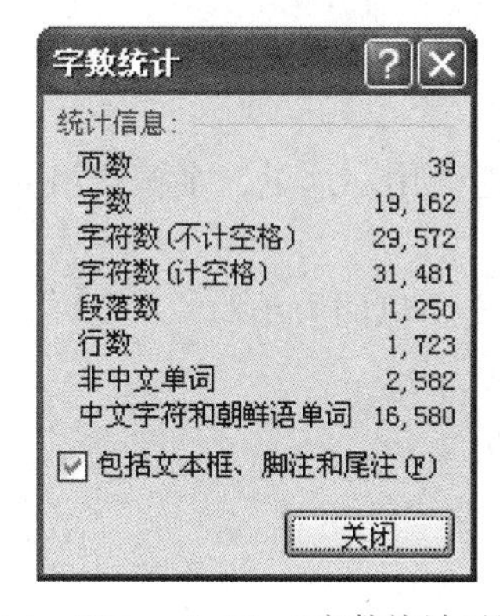

图9-1 Microsoft Word字数统计对话框

如果有一篇文章，在页面中有10行，每行最多容纳80个字符，现要求分别统计出其中英文大写字母、小写字母、数字、空格以及其他字符的个数。用C语言解决这一问题，关键是要正确地表达字符串。

C语言中，字符串是用字符型数组存储的。

9.2 用字符数组存储和处理字符串

9.2.1 字符数组的定义

字符数组是用来存放字符型数据的数组，在字符数组中，每个数组元素只能存放一个字符。字符数组有两种用法：一是当作字符的数组来使用，对字符数组的输入、输出、赋值、引用等都是针对单个元素进行。二是用于存储和处理字符串，可以把字符串作为一个整体进行操作。

字符数组的定义格式和数值型数组的定义格式相同。定义格式如下：

char 字符数组名[常量表达式1][常量表达式2]；

其中，类型说明符为 char，表明每一个数组元素均为字符常量。下标运算符[ ]的个数反映了数组的维数。常量表达式必须是正整数，指明了该字符数组中数组元素的个数，也即字符数组的长度。

例如：char add[30]；

它定义了包含 30 个元素的一维字符数组 add，其中每个元素都可用来存放一个字符。因此，一维字符数组常用来存放单个字符串。

再例如：char stu_add[10][30]；

它定义了一个包含 300(10 行 30 列)个元素的二维字符数组 stu_add。

由于二维数组可以看成是由一维数组组成的特殊数组，每个元素都是一个一维数组，因此，二维字符数组可以看成是特殊的一维字符数组，每个元素都是一个一维字符数组。在处理字符串数据时，正是应用了以上思想。由于一维字符数组可以用来存放单个字符串，所以二维字符数组可以作为存放多个字符串的字符数组。例如，可以用上面定义的一维字符数组 add 存储字符串“Wuhan”，则二维字符数组 stu_ add 可以存储“Beijing”、“Wuhan”等 10 个字符串。

9.2.2 字符数组的引用

数组一章中，数组元素逐个地引用。这里，字符数组元素逐个地引用，得到一个一个的字符。

【程序 9-1】分别输出 26 个英文字母的大小写。

下面是程序的源代码(ch09_01. c)：

```
#include<stdio. h>
int main(void)
{
    char i,upp[26],low[26];
    upp[0]='A';
    low[0]=upp[0]+32;
    for(i=1;i<=25;i++)
    {
```

```
        upp[i]=upp[i-1]+1;
        low[i]=low[i-1]+1;
    }
    for(i=0;i<=25;i++)
        printf("upp[%d]=%-3c",i,upp[i]);
    printf("\n");
        for(i=0;i<=25;i++)
            printf("low[%d]=%-3c",i,low[i]);
    return 0;
}
```

程序定义了两个一维字符数组，分别存储26个大写字母和26个小字母。结合循环结构，逐个地赋值，逐个地输出显示。读者可以尝试定义一个二维字符数组存储26个英文字母的大小写并输出。

9.2.3 字符数组的初始化

字符数组的初始化，指在定义字符数组的同时，给该字符数组的元素赋初值。与一般数组初始化不同的是，字符数组初始化不仅可以用字符常量逐个给数组元素赋初值，也可以用字符串常量整个给数组元素赋初值。

1. 用字符常量对字符数组初始化

将每一个字符常量逐个赋值给每一个数组元素。例如：

```
char s1[7]={'s','t','r','i','n','g','!'};
```

在字符数组s1的7个元素中分别存放了7个字符常量。如果初值表中的字符个数与定义的数组长度相同，在定义时可以省略数组长度，系统会自动根据初值个数确定数组长度。例如：

```
char s2[]={'s','t','r','i','n','g','!'};
```

字符数组s2的长度自动定义为7。这种方式不用先数字符个数，再定义数组的长度。尤其当字符个数较多时，由系统自动定义数组的长度显得更为方便。

字符数组s1和字符数组s2的存储形式完全一致，如图9-2所示，7个字符常量赋给了7个数组元素。字符数组并不要求它的最后一个元素为'\0'，但是，用户可以人为地在初始化列表末尾加上'\0'。例如：

```
char s3[8]={'s','t','r','i','n','g','!','\0'};
```

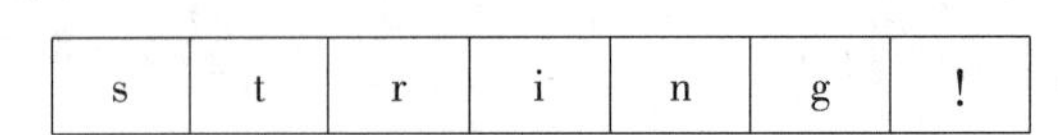

图 9-2　字符数组 s1 和 s2 的存储形式

或：

```
char s4[ ]={'s','t','r','i','n','g','!','\0'};
```

图 9-3 所示为字符数组 s3 和 s4 的存储形式。

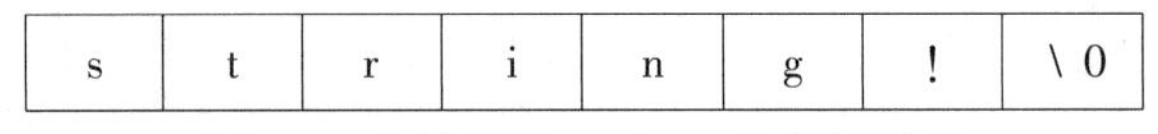

图 9-3　字符数组 s3 和 s4 的存储形式

如果初始化列表中的字符常量个数小于数组长度，则只将这些字符常量赋给数组中前面的元素，其余的元素都自动定义为空字符'\0'。例如：

```
char s5[10]={'s','t','r','i','n','g','!','\0'};
```

图 9-4 所示为字符数组 s5 的存储形式。系统会自动将 s5[8]和 s5[9]这两个元素赋给空字符。如果在定义字符数组时不进行初始化，数组元素则不会被赋予默认初值'\0'。

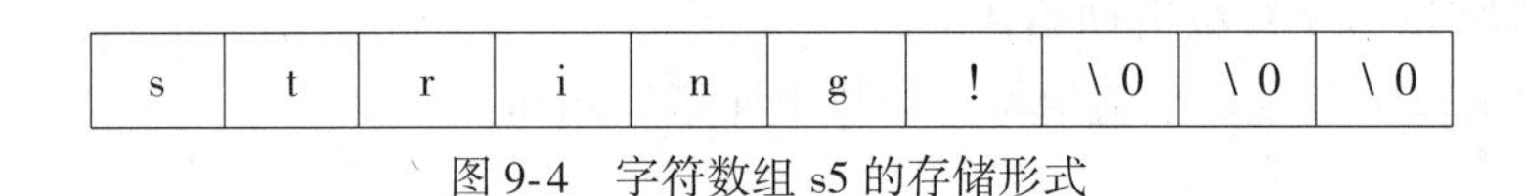

图 9-4　字符数组 s5 的存储形式

如果初始化列表中的字符常量个数大于数组长度，则出现语法错误。

2. 用字符串常量对字符数组初始化

用字符串常量对字符数组初始化，初始化列表的花括号中是用双引号括起来的字符串常量，此时，也可以缺省初始化列表的花括号。例如：

```
char t1[8]={"string!"};
char t2[8]="string!";
char t3[ ]="string!";
```

这三个字符数组的存储形式完全等效，也如同图 9-3 所示的字符数组 s3 和 s4 的存储形式，数组长度均为 8。字符串常量在存储时，系统会自动添加一个字符串结束标志'\0'。因此建议，在利用字符串常量对字符数组初始化时，字符数组的长度应不小于字符串有效字符的个数加 1。

同样，可以定义和初始化二维字符数组。例如：

```
char m1[2][3]={{'0','1','2'},{'3','4','5'}};
```

或者，给二维字符数组的部分元素赋初值，其余元素获得默认初值'\0'。

```
char  m2[2][3]={'0','1','2','3'};
```

也可以在省略行下标的情况下，对二维字符数组进行初始化。例如：

```
char  m3[][3]={{'0','1','2'},{'3','4','5'}};
```

也可以利用字符串常量对二维字符数组进行初始化。例如：

```
char  name[4][8]={"ZHAO","QIAN","SUN","LI"};
```

这里，二维字符数组 name 可看成一维字符串数组，包含 name[0]到 name[3]共 4 个数组元素，每个元素都是一维字符数组，其中分别存放了字符串常量"ZHAO","QIAN","SUN"和"LI"。

注意：字符数组只有在初始化时可以用字符串赋初值，除此之外，只能一个元素一个元素地赋值。

9.2.4 字符数组的输入输出

可以利用格式输入输出函数来完成字符数组的输入输出操作。

1. 利用格式字符 c 对字符数组元素逐个输入和输出字符

【程序 9-2】定义一个字符数组，依次对数组元素赋值并输出。

下面是程序的源代码(ch09_02.c)：

```
#include<stdio.h>
int main(void)
{
    char  s[20];
    inti,j;
    printf("请输入一行字符串:\n");
    for(i=0;i<20;i++)   /*向字符数组中逐个输入字符*/
    {
        scanf("%c",&s[i]);
        if(s[i]=='\n')   break;
    }
    printf("输出字符串如下:\n");
    for(j=0;j<i;j++)   /*逐个输出字符数组元素*/
        printf("%c",s[j]);
    printf("\n");
```

```
    return 0;
}
```

执行该程序得到下面的运行结果：

请输入一行字符串：
Welcome to China
输出字符串如下：
Welcome to China

2. 利用格式字符 s 对字符数组整体输入和输出字符串

【程序 9-3】定义一个字符数组，对数组所有元素整体执行输入并输出。

下面是程序的源代码(ch09_03. c)：

```
#include<stdio. h>
#define M30
int main(void)
{
    char str[M];
    printf("请输入一行字符\n");
    scanf("%s",str);  /*向字符数组中输入字符串*/
    printf("输出字符串如下:\n");
    printf("%s",str);  /*输出字符数组中存放的字符串*/
    return 0;
}
```

执行该程序得到下面的运行结果：

请输入一行字符串：
Welcome to China
输出字符串如下：
Welcome

注意：

(1)由于 scanf 函数要求给出变量地址，因此在输入字符串时，直接使用字符数组名(数组首地址)作为函数实参。下面的写法都是错误的：

```
scanf("%s",str[0]);
scanf("%s",&str);
```

(2)scanf 函数读入的字符串开始于第一个非空白符，包括下一个空白符(空格、Tab 键、回车键)之前的所有字符，最后自动加上字符串结束标志'\0'。

因此，程序 9-3 中的 scanf 函数只读入了第一个空格前的"Welcome"，若要正确读入三个词串，则可用如下语句：

```
char  s1[10], s2[10], s3[10];
scanf("%s%s%s", s1, s2, s3);
```

执行上面语句时，同样输入："Welcome to China"，则第一个空格符前的"Welcome"送到数组元素 s1[0]~s1[6]中，"to"送到数组元素 s2[0]~s2[1]中，"China"送到数组元素 s3[0]~s3[4]中，其余元素均为'\0'。

(3)printf 函数在输出字符串时一边检测一边输出，一旦碰到'\0'，便认为字符串已经结束，随即停止工作。一旦由于某种原因字符串中的'\0'被改为其他值，字符串就无法终止，printf 函数也无法输出正确的结果。

9.3 指向字符串的指针变量

C 语言中是用字符数组来存储字符串的，但是，引用字符串有两种方式。一是前面讲到的字符数组，对字符数组中存储的字符串可以用%c 格式逐个引用、用%s 格式整个输入输出；二是用指向字符串的指针变量来实现字符串的相关操作。

9.3.1 字符串指针变量的定义与初始化

通常把指向字符串的指针变量称为字符串指针变量或字符指针变量。指向字符串的指针变量等同于指向字符数组第 1 个元素的指针变量，可以通过指针运算指向后续字符或字符串中的任意一个字符。

字符串指针变量和其他类型指针变量的定义格式相同，其类型说明符为 char。

例如：

```
char * ps="Welcome to China";
```

定义并初始化一个指向字符型变量的指针变量 ps(即字符串指针变量)，等价于下面两句：

```
char * ps;
ps="Welcome to China";
```

这种方式没有定义字符数组，而是直接定义字符串指针变量指向字符串。C 语言编译系统对这种字符串常量按照字符数组的方式进行处理，同样在内存中开辟一个连续的存储空间来存放字符串常量。因此，在程序中定义一个字符串指针变量，并将字符串的首地址赋给它，然后通过该指针变量来访问字符串。这里定义的字符串指针变量 ps 就指向字符串"Welcome to China"的首地址。

注意：字符串指针变量不是指向整个字符串，而是指向该字符串的首地址。只是为了方便表达，习惯上说字符串指针变量指向字符串。

【程序 9-4】定义字符串指针变量指向字符串，执行字符串的输入和输出。

下面是程序的源代码(ch09_04.c)：

```
#include<stdio.h>
int main(void)
{
    char *ps="Welcome to China";
    printf("%s\n",ps);
    ps="Greatwall";
    printf("%s\n",ps);
    return 0;
}
```

执行该程序得到下面的运行结果：

```
Welcome to China
Greatwall
```

这里指针变量 ps 作了二次赋值，在第二次赋值后，输出的是"Greatwall"，而非"Greatwallo China!"由此可以看出，字符串的结束标记'\0'的重要性。

字符串的操作也可以先定义字符数组并赋给字符串常量，再定义字符指针变量，让其指向字符串的首地址，从而实现用指针变量表示字符串。

例如：

```
char str[]="Welcome to China", *ps=str;
```

指针变量 ps 中存放了字符数组 str 的首地址，即字符串首字符"W"的地址，以后可以通过移动指针变量读取字符串的其他字符。

9.3.2 字符串指针变量与字符数组

用字符数组和字符串指针变量都能实现对字符串的相关操作，在很多时候使用方法一样，但二者之间仍然存在区别，不能混为一谈。主要区别有：

(1)字符数组由若干个元素组成，每个元素存放一个字符；而字符串指针变量是一个指针变量，变量中只保存一个字符的地址(初始化时是字符串的首地址)，而不是整个字符串。

(2)赋值方式不同。对字符数组的赋值只能对各个元素分别赋值，而对字符串指针变量只用赋给字符串的首地址就可以了。

例如，以下对字符串指针变量的赋值是正确的：

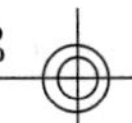

```
char * ps;
ps="Welcome to China";
```

ps 是字符串指针变量，是一个变量，用来保存字符的地址，允许给其赋值。

而字符数组是不能整体赋值的，例如：

```
char str[30];
str="Welcome to China";
```

是错误的表示。str 是字符数组名，是一个常量，代表数组的首地址，不允许给其赋值。但是，字符数组又是可以在初始化时整体赋初值的，例如：

```
char str[30]="Welcome to China";
```

(3)当存储较大的字符串时，字符串指针变量占用的内存要少于字符数组。字符串指针变量只是在程序运行中被临时赋予字符串的首地址，而字符数组在程序被编译时要为每个数组元素分配内存单元，而且必须用字符数组可能存放字符的最大数目作为数组的大小，尽管在大多数时候该数组可能只用到其占用内存中的一部分。

(4)字符串指针变量中所存放的地址在程序中可以根据需要灵活地变化，而数组名永远代表该数组的首地址，而且是在程序一开始运行就被分配好的，在程序运行后不会变化。

【程序 9-5】复制字符串。

下面是程序的源代码(ch09_05. c)：

```
#include<stdio. h>
#define M 100
int main(void)
{
    char str1[M],str2[M];
    char * p1=str1, * p2=str2;  /* 定义字符串指针变量并赋予字符数组首地址 */
    printf("请输入待复制的字符串:\n");
    for(;p1<str1+M;p1++)  /* 移动字符串指针变量使其指向不同的字符数组元素 */
    {
        scanf("%c",p1);  /* 向字符串指针变量指向的字符数组元素中输入字符 */
        if( * p1=='\n')   break;
    }
    * p1='\0';  /* 为输入的字符串添加字符串结束标志 */
    for(p1=str1; * p1! ='\0';p1++,p2++)  /* 将指针变量 p1 所指向字符串中的字符
逐个复制到指针变量 p2 所指向的字符数组元素中 */
        * p2= * p1;
```

```
    *p2='\0';  /*为复制的字符串添加字符串结束标志*/
    printf("复制字符串为:\n");
    for(p2=str2; *p2! ='\0';p2++)   /*逐个输出字符串指针变量所指向字符串中的
                                      字符*/
        printf("%c",*p2);
    printf("\n");
    return 0;
}
```

执行该程序得到下面的运行结果:

```
请输入待复制的字符串:
Life was like a box of chocolates,you never know what you're gonna get. ↙
复制字符串为:
Life was like a box of chocolates,you never know what you're gonna get.
```

9.3.3 字符串指针变量作为函数参数

将一个字符串从主调函数传递到被调用函数，可以使用地址传递的方法，即用字符数组名或字符串指针变量作为参数。在被调用函数中可以改变字符串的内容，在主调函数中则得到被改变的字符串。

【程序 9-6】编写函数 strlink，连接两个字符串 str1 和 str2，连接后的结果放在 str1 中。

根据要求，str1 所占的存储空间即字节数应该不小于其中存放字符串的长度加 str2 中存放字符串的长度再加 1。

由于主调函数与被调用函数都要对 str1 和 str2 进行操作，而且要在被调用函数中修改主调函数中 str1 的内容，因此函数调用时要用指针作为参数来传址。

下面是程序的源代码(ch09_06.c):

```
#include<stdio.h>
#define SIZE 50
void strlink(char *,char *);
int main(void)
{
    char str1[SIZE]="Forrest",str2[]="Gump";
    printf("字符串一:%s\n",str1);
    printf("字符串二:%s\n",str2);
    strlink(str1,str2);  /*字符数组名作为函数实参*/
    printf("连接后的新字符串:\n%s\n",str1);
    return 0;
}
```

```
void strlink(char * s,char * t)/ * 字符串指针变量作为函数形参 * /
{
    while( * s! ='\0')/ * 不断移动指针变量 s,使其指向 str1 中存放字符串的末尾 * /
        s++;
    while( * t! ='\0')  / * 将指针变量 t 所指向字符串中的有效字符逐个添加到指针变量 s 所指向字符串的末尾 * /
    {
        * s= * t;s++;t++;
    }
    * s='\0';  / * 为连接后的新字符串添加字符串结束标志 * /
}
```

执行该程序得到下面的运行结果:

```
字符串一:Forrest
字符串二:␣Gump
连接后的新字符串:
Forrest ␣Gump
```

在执行主调函数中的函数调用语句 strlink(str1, str2)时, 首先将字符数组 str1 的首地址传给 s, 将字符数组 str2 的首地址传给 t, 参数传递完成后 s=str1=&str1[0], t=str2=&str2[0], 然后将控制转给函数 strlink。当在 strlink 函数中改变指针变量 s 所指向字符串中的值时, 由于指针变量 s 所指向的字符串正好是字符数组 str1 中存放的字符串, 所以字符数组 str1 的值也相应地发生改变。

9.4 字符串处理函数

C 语言提供了丰富的字符串处理函数, 大致可分为字符串的输入、输出、合并、修改、比较、转换、复制、搜索几类。使用这些函数可大大减轻编程的负担。用于输入输出的字符串函数, 在使用前应包含头文件“stdio. h”; 使用其他字符串函数则应包含头文件“string. h”。本节介绍几个最常用的字符串函数。

9.4.1 gets 函数

一般形式: **gets(str);**

参数: str 可以是字符数组名或字符串指针变量名。

功能: 通过标准输入设备向字符数组中输入一个字符串, 当遇到回车符时结束输入, 系统会自动在所有有效字符后加上结束符“\0”。函数返回值是字符数组的首地址。

例如:

```
char str[30];
```

```
printf("Please input string\n");
gets(str);
printf("%s\n",str);
```

执行该段程序得到下面的结果：

```
Never give up
Never give up
```

gets 函数与使用格式说明"%s"的 scanf 函数相比较，有以下值得注意的地方：

(1)gets 函数一次只能输入一个字符串，而 scanf 函数可利用多个格式说明"%s"来一次输入多个字符串。

例如：

```
char str1[30],str2[30],str3[30];
gets(str1);
scanf("%s%s",str2,str3);
```

(2)使用格式说明"%s"的 scanf 函数以空格、Tab 键或回车键作为输入字符串时的分隔符或结束符，所以空格、Tab 键不能出现在字符串中；而利用 gets 函数输入字符串时没有此限制。例如：

```
char str1[20],str2[20];
gets(str1);
scanf("%s",str2);
printf("%s\n",str1);
printf("%s\n",str2);
```

执行该段程序得到下面的结果：

```
Wuhan University
Wuhan University
Wuhan University
Wuhan
```

9.4.2 puts 函数

一般形式：**puts(str);**

参数：str 可以是字符数组名或字符串指针变量名。

功能：将字符串 str 输出到终端，遇到结束符"\0"时终止。puts 函数一次只能输出一个字符串，字符串中可以包含转义字符。

例如：

```
char str[ ] = "China\nWuhan\tUniversity" ;
puts( str) ;
```

执行该段程序得到下面的结果：

```
China
WuhanUniversity
```

puts 函数与使用格式说明“%s”的 printf 函数相比较，有以下值得注意的地方：

(1) puts 函数一次只能输出一个字符串，而 printf 函数可利用多个格式说明“%s”来一次输出多个字符串。

例如：

```
char * str1 = "East Lake" , * str2 = "Yellow Crane Tower" , * str3 = "Guiyuan Temple" ;
puts( str1) ;
printf( "%s\n%s\n" ,str2,str3) ;
```

执行该段程序得到下面的结果：

```
East Lake
Yellow Crane Tower
Guiyuan Temple
```

(2) puts 函数在输出时将结束符“\0”转换成“\n”，即输完后自动换行；利用格式说明“%s”输出字符串的 printf 函数没有此功能。例如：

```
char str1[20] = "Program Design" ,str2[20] = "C language " ;
puts( str1) ;
printf( "%s" ,str2) ;
```

执行该段程序得到下面的结果：

```
Program Design
C language Press any key to continue
```

9.4.3 strlen 函数

一般形式：**strlen(str) ;**

参数：str 可以是字符数组名、字符串指针变量名或字符串常量。
功能：计算并返回字符串 str 的有效长度(不包含结束符“\0”)。
例如：

```
char str[]="computer";
char * p=str;
printf("%d\n",strlen(str));
printf("%d\n",strlen(p));
printf("%d\n",strlen("computer"));
```

三次输出的字符串有效长度均为 8，结束符“\0”不计在内。

9.4.4 strcat 函数

形式：strcat(str1, str2);
参数：str1 可以是字符数组名或字符串指针变量名，str2 可以是字符数组名、字符串指针变量名或字符串常量。
功能：将字符串 str1 与字符串 str2 尾首相接，原 str1 末尾的结束符“\0”被自动覆盖，新串的末尾自动加上结束符“\0”，生成的新串存于 str1 中。函数返回值是字符串 str1 的首地址。
例如：

```
char str1[80]="Good ";
char * str2="luck ";
strcat(str1,str2);
strcat(str1,"for you!");
printf("%s\n",str1);
```

执行该段程序得到下面的结果：

```
Good luck for you!
```

注意：str1 必须有足够的长度以容纳 str2 的内容，否则会因越界产生错误。

9.4.5 strcpy 函数

一般形式：**strcpy(str1, str2);**
参数：str1 可以是字符数组名或字符串指针变量名，str2 可以是字符数组名、字符串指针变量名或字符串常量。
功能：将字符串 str2 的内容连同结束符“\0”一起复制到 str1 中，并返回字符串 str1 的首地址。
例如：

```
char str1[50],str2[]="ComputerCenter of ",*p="WuhanUniversity";
strcpy(str1,str2);
strcpy(str2,p);
strcat(str1,str2);
printf("%s\n",str1);
```

执行该段程序得到下面的结果：

```
Computer Center of Wuhan University
```

注意：str1 必须有足够的长度以容纳 str2 的内容，否则会因越界产生错误。

9.4.6 strcmp 函数

一般形式：**strcmp(str1, str2);**

参数：str1 和 str2 均可以是字符数组名、字符串指针变量名或字符串常量。

功能：比较 str1 和 str2 两个字符串的大小。比较方法：对两个字符串的对应字符逐一进行比较，只有当两个字符串中的所有对应字符都相等(包括结束符“\0”)时，才认定两者相等。否则当第一次出现不相同的字符时，就停止比较过程，依据这两个字符的 ASCII 码值大小决定所在字符串的大小。如果 str1 等于 str2，函数返回值为 0；如果 str1 大于 str2，函数返回值为 1；如果 str1 小于 str2，函数返回值为-1。

【程序 9-7】用函数 strcmp 进行两个字符串的比较。

下面是程序的源代码(ch09_07.c)：

```
#include<stdio.h>
#include<string.h>
int main(void)
{
    int flag;
    char *str1="ZhangSan",*str2="ZhengLiu";
    flag=strcmp(str1,str2);
    if(flag==0)
        printf("str1=str2\n");
    else if(flag>0)
        printf("str1>str2,flag=%d\n",flag);
    else
        printf("str1<str2,flag=%d\n",flag);
    return 0;
}
```

执行该程序得到下面的结果：

```
str1<str2,flag=-1
```

9.4.7 strlwr 函数

一般形式：**strlwr(str);**
参数：str 只能是字符数组名。
功能：将字符串 str 中的大写字母转换成小写字母。
例如：

```
char str[]="Enjoy Every Day";
printf("%s\n",strlwr(str));
```

执行该段程序得到下面的结果：

```
enjoy every day
```

9.4.8 strupr 函数

一般形式：**strupr(str);**
参数：str 只能是字符数组名。
功能：将字符串 str 中的小写字母转换成大写字母。
例如：

```
char str[]="Have a good day!";
printf("%s\n",strupr(str));
```

执行该段程序得到下面的结果：

```
HAVE A GOOD DAY!
```

9.5 程序设计案例：字符串排序

【程序 9-8】对字符串使用调用函数方式实现排序。在主函数中输入字符串，输出排序后的字符串。调用函数执行字符串的排序过程。

下面是程序的源代码(ch09_sortstring1.c)：

```
#include<stdio.h>
#include<string.h>
void sort(char *[]);
int main()
{
    inti;
    char *p[10],name[10][20];/* 定义二维字符数组,存储10个字符串,每个字符串
长度不超过20;定义有10个元素的指针数组 */
    for(i=0;i<10;i++)
        p[i]=name[i];/* 将第i个字符串的首地址赋给指针数组p的第i个元素 */
    printf("请输入10个字符串:\n");
    for(i=0;i<10;i++)
        scanf("%s",p[i]);
    sort(p);/* 调用排序函数,实参是指针数组名 */
    printf("字符串的升序排列结果:\n");
    for(i=0;i<10;i++)
        printf("%s\n",p[i]);
    return 0;
}
void sort(char *q[])
{
    inti,j;
    char *temp;
    for(i=0;i<9;i++)   /* 用冒泡排序法对字符串排序 */
        for(j=0;j<9-i;j++)
            if(strcmp( *(q+j), *(q+j+1))>0)   /* 调用函数strcmp进行两个字符串
                                                  的比较 */
            {
                temp= *(q+j);
                *(q+j)= *(q+j+1);
                *(q+j+1)= temp;
            }
}
```

下面是程序的源代码(ch09_sortstring2.c):

```
#include<stdio.h>
#include<string.h>
```

```
void sort(char ** q);
int main()
{
    inti;
    char ** p, * pn[10],name[10][20];/ * 定义二维字符数组 name,存储 10 个字符串,
每个字符串长度不超过 20;定义有 10 个元素的指针数组 pn;定义指向指针的指针 p * /
    for(i=0;i<10;i++)
        pn[i]=name[i];  / * 将第 i 个字符串的首地址赋给指针数组 pn 的第 i 个元
                           素 * /
    printf("请输入 10 个字符串:\n");
    for(i=0;i<10;i++)
        scanf("%s",pn[i]);
    p=pn;       / * 指针数组的首地址赋给指向指针的指针 p * /
    sort(p);     / * 调用排序函数,实参是指向指针的指针 p * /
    printf("字符串的升序排列结果:\n");
    for(i=0;i<10;i++)
        printf("%s\n",pn[i]);
    return 0;
}
void sort(char ** q)
{
    inti,j;
    char * temp;
    for(i=0;i<10;i++)   / * 用选择排序法对字符串排序 * /
        for(j=i+1;j<10;j++)
        {
            if(strcmp( * (q+i), * (q+j))>0)  / * 调用函数 strcmp 进行两个字符串的
                                               比较 * /
            {
                temp= * (q+i);
                * (q+i)= * (q+j);
                * (q+j)= temp;
            }
        }
}
```

上面两个程序运行结果相同，如图 9-5 所示。两个程序中指向字符串的方式有别。程序 ch09_sortstring1. c 中，定义指针数组 p，有 10 个数组元素，二维数组 name 存储的 10 个字符

串，指针数组 p 的元素 p[i]指向第 i 个字符串的首地址 name[i]，调用排序函数时，实参是指针数组名 p，即是地址传递；程序 ch09_ sortstring2. c 中，定义了指向指针的指针 p，其指向指针数组 pn，指针数组的元素 pn[i]则指向第 i 个字符串的首地址 name[i]，调用排序函数时，实参是指向指针的指针 p，是地址传递。两个程序中的被调函数，分别使用了冒泡排序法和选择排序法两种算法执行排序操作。

```
请输入10个字符串:
zhangyiduo
huangjun
hebing
liukeke
wupeici
zhaoqian
chenhuahua
kechade
linjiayin
lilangyi
字符串的升序排列结果:
chenhuahua
hebing
huangjun
kechade
lilangyi
linjiayin
liukeke
wupeici
zhangyiduo
zhaoqian
```

图 9-5　案例程序运行结果

本章小结

本章首先阐述了字符串的基本概念和字符串结束标志'\0'。接下来详细介绍了用以存储字符串的字符数组，讲解了字符数组的定义、引用、初始化和输入输出的操作方法。提出了指向字符串的第二个概念——字符串指针变量，讲解了字符串指针变量的定义与初始化，详细比较了字符串指针变量与字符数组的区别，并通过实例展示了字符串指针变量作为函数参数的优点。介绍了一些常用的字符串处理函数，介绍了这些函数的一般形式、参数类型、基本功能并举例说明。最后给出了程序案例实现字符串的排序。

思考题

1. 简述你对字符串结束标记的理解。
2. 用字符数组存储字符串时，必须有一个数组元素存储字符串结束标记吗？请给出理由。
3. 用字符数组输出字符串有哪几种方式？请举例说明。
4. 什么是字符串指针变量？

5. 字符串指针变量与字符数组有什么区别和联系？
6. 字符串指针变量作为函数参数有什么优点？
7. 在输入字符串时，gets 函数与 scanf 函数有什么区别？
8. 在输出字符串时，puts 函数与 printf 函数有什么区别？

第10章 结构体、共用体和枚举

本章介绍三种数据类型：结构体、共用体和枚举。结构体是可能具有不同类型的成员的集合，用来描述简单类型无法描述的复杂对象。共用体和结构体很类似，不同之处在于共用体的成员共享同一存储空间。因此，共用体可以每次存储一个成员，但无法同时存储全部成员。使用共用体是节省空间的一种方法。枚举类型是将该类型变量的所有取值一一列出，变量的值只能是列举范围中的某一个。在这三种类型中，结构体是最重要的一种类型，本章的大部分内容都是关于结构体的。

10.1 引例

结构体所具有的特性与数组不同。结构体的成员可能具有不同的类型，而且每个结构体成员都有名字。当需要存储相关数据项的集合时，就应当考虑使用结构体了。

例如，要编写一个处理东北虎数据的程序，就需要每只东北虎的名字(字符串)、性别(字符型)、年龄(整型)、体重(实型)、父亲(字符串)和母亲(字符串)等。

再如，要编写一个学生信息管理的程序，就需要每一名学生的学号(字符串)、姓名(字符串)、性别(字符型)、年龄(整型)、平均成绩点数(实型)、电话号码(字符串)和 Email (字符串)等。

如果将它们分别定义为独立的变量，就反映不出彼此之间的联系。C 语言中的结构体可以很好地解决这一问题。

10.2 结构体

10.2.1 结构体类型的定义

结构体类型定义的一般形式为：

```
struct 结构体名
{
    类型名1  成员名1;
    类型名2  成员名2;
    …
    类型名n  成员名n;
};
```

其中，struct 是保留字，指明为结构体。

结构体名是一个标识符，其命名规则同变量名。

"struct 结构体名"是结构体类型名，它和系统已定义的标准类型(如 int、float 和 char 等)一样可以用来作为定义变量的类型。

类型名 1～n 说明了结构体成员的数据类型，结构体成员可以是任何类型的变量，包括数组和结构体。

成员名 1～n 为用户定义的一个或多个结构体成员的名称，其命名规则同变量名。

注意，结构体类型的定义以分号(;)结尾。

例如：

```
struct tiger
{
    char name[20];
    char gender;
    int age;
    float weight;
    char father[20];
    char mother[20];
};
```

表示定义了一个名为 struct tiger 的结构体类型，有 6 个成员，字符串成员 name、father 和 mother，字符串成员 gender，整型成员 age，实型成员 weight。

再如：

```
struct student
{
    char number[15];
    char name[20];
    char gender;
    int age;
    float gpa;
    char telephone[15];
    char email[30];
};
```

表示定义了一个名为 struct student 的结构体类型，有 7 个成员，字符串成员 number、name、telephone、email、字符串成员 gender、整型成员 age、实型成员 gpa。

又如：

```
struct date
{
    int year,month,day;
};
struct employee
{
    char name[20];
    struct date birthday;   /* birthday 是 struct date 结构体类型变量 */
    float salary;
};
```

表示定义了一个名为 struct employee 的结构体类型，有3个成员，字符串成员 name，结构体成员 birthday，实型成员 salary。这里出现了结构体类型的嵌套定义。

注意：同一结构体的成员不能重名；不同结构体的成员可以重名；结构体成员和程序中的其他变量可以重名。

10.2.2 结构体类型变量的定义

结构体类型的定义仅仅指出了结构体的组成情况，表明存在此种类型的结构模型。结构体类型中不能存放具体的数据，系统也不会为它分配实际的存储单元。需要在定义结构体类型之后，定义结构体类型变量，才能使用。

结构体类型变量的定义方式有以下三种：

1. 先定义结构体类型，再定义结构体类型变量

如果事先已定义了结构体类型，那么只需再用下面的格式定义结构体类型变量：

结构体类型名变量名；

例如，利用10.2.1节中定义的结构体类型来定义结构体类型变量：

```
struct tiger t1;
struct students1,s2;
struct employee e1,e2,e3;
```

其中，t1 是 struct tiger 结构体类型变量，s1 和 s2 是 struct student 结构体类型变量，e1，e2 和 e3 是 struct employee 结构体类型变量。

2. 在定义结构体类型的同时定义结构体类型变量

例如：

```
struct tiger
{
    char name[20];
```

```
    char gender;
    int age;
    float weight;
    char father[20];
    char mother[20];
}t1={"Toby",'M',3,186.5,"Owen","Sandra"};
```

在定义结构体类型 struct tiger 的同时，定义了 struct tiger 结构体类型变量 t1，并进行了初始化。

由于结构体成员可能具有不同的类型，所以各个初值必须与相应成员保持类型一致或兼容。初始化时，系统按每个成员在结构体中的顺序一一对应赋初值。若只对部分成员进行初始化，则只能给前面的若干成员赋初值，而不允许跳过前面的成员给后面的成员赋初值。对于后面未赋初值的成员，若为数值型数据，系统自动赋初值为 0；若为字符型数据，系统自动赋初值'\0'。

3. 直接定义结构体类型变量

例如：

```
struct
{
    char number[15];
    char name[20];
    char gender;
    int age;
    float gpa;
    char telephone[15];
    char email[30];
}s1={"30258","孔海洋",'M',18,3.7,"18986219090","haiyang@qq.com"},
 s2={"30259","方美歆",'F',19,3.5,"13907132076","fangmx@163.com"};
```

其中，在保留字 struct 后省略了结构体名。这种方法由于未命名结构体，所以除直接定义外，不能再定义该类型的变量。

10.2.3 结构体类型变量的存储结构

结构体成员在内存中是按照类型定义的顺序存储的。10.2.2 节中定义的结构体类型变量 t1 的存储结构如图 10-1 所示。

需要说明的是，在 VC2010 环境下，变量 t1 占用 72 个字节的存储单元，而不是 20+1+4+4+20+20=67(字节)。这是由于系统为了提高 CPU 的存储速度，对一些变量的起始地址做了"对齐"处理。在默认情况下，VC2010 规定结构体各成员存放的起始地址相对于结构体

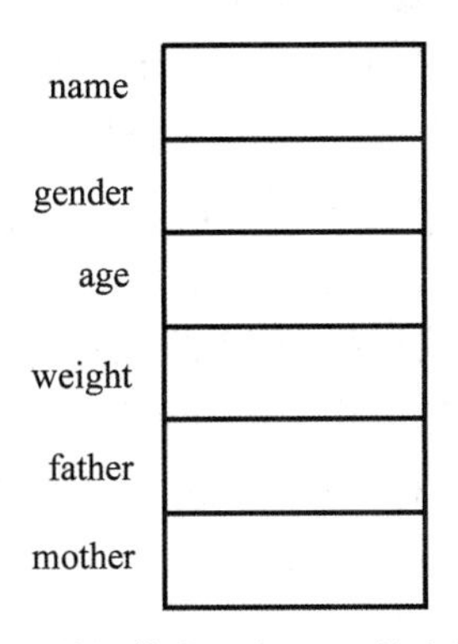

图 10-1　结构体类型变量 t1 的存储结构

类型变量的起始地址的偏移量必须为该成员类型所占用的字节数的倍数。

在 VC2010 环境下，常用类型的对齐方式如表 10-1 所示。

表 10-1　**常见类型的对齐方式**

类　　型	对齐方式
char	偏移量为 sizeof(char)即 1 的倍数
short	偏移量为 sizeof(short)即 2 的倍数
int	偏移量为 sizeof(int)即 4 的倍数
long	偏移量为 sizeof(long)即 4 的倍数
float	偏移量为 sizeof(float)即 4 的倍数
double	偏移量为 sizeof(double)即 8 的倍数

各成员在存放时，根据其在结构体定义中出现的顺序依次申请空间，同时按照表 10-1 中的对齐方式调整位置，空缺的字节由系统自动填充。并且为了确保结构体类型变量占用内存的大小为结构体的字节边界数(即该结构体中占用最大空间的成员类型所占用的字节数)的倍数，在为最后一个成员申请空间后，还会根据需要自动填充空缺的字节。

例如，定义如下结构体类型变量 x：

```
struct example1
{
    double dd;
    char cc;
    int ii;
};
struct example1 x;
```

在为结构体类型变量 x 分配空间时，首先为第一个成员 dd 分配空间，其起始地址与结构体的起始地址相同，偏移量为0，是 sizeof(double)= 8 的倍数，该成员占用8个字节；接着为第二个成员 cc 分配空间，这时下一个可以分配的地址相对于结构体起始地址的偏移量为8，是 sizeof(char)= 1 的倍数，该成员占用1个字节；最后为第三个成员 ii 分配空间，这时下一个可以分配的地址相对于结构起始地址的偏移量为9，不是 sizeof(int)= 4 的倍数，系统自动填充3个字节，此时下一个可以分配的地址相对于结构体起始地址的偏移量为12，是 sizeof(int)= 4 的倍数，所以把 ii 存放在偏移量为12的位置，该成员占用4个字节；这样整个结构体的成员已经都分配了空间，总的占用空间大小为：8+1+3+4=16(字节)，是结构体字节边界数8的倍数，所以没有空缺的字节需要填充。结构体类型变量 x 的存储结构如图 10-2 所示。

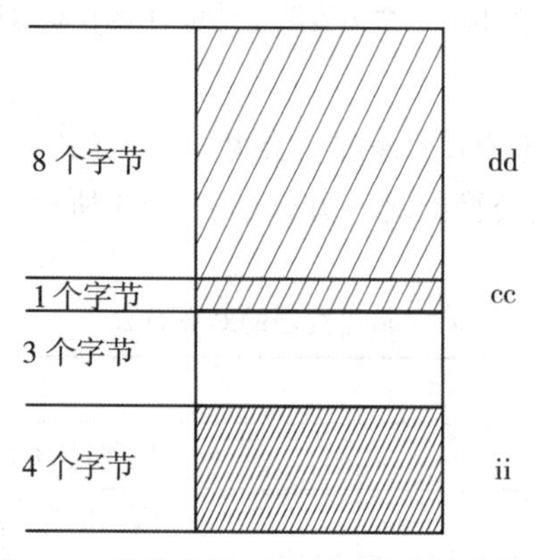

图 10-2　结构体类型变量 x 的存储结构

再如，定义如下结构体类型变量 y：

```
struct example2
{
    char cc;
    double dd;
    int ii;
};
struct example2y;
```

在为结构体类型变量 y 分配空间时，首先为第一个成员 cc 分配空间，此时偏移量为0，是 sizeof(char)= 1 的倍数，cc 占用1个字节；接着为第二个成员 dd 分配空间，这时下一个可用地址的偏移量为1，不是 sizeof(double)= 8 的倍数，需要补足7个字节，cc 存放在偏移量为8的位置，它占用8个字节；最后为第三个成员 ii 分配空间，这时下一个可用地址的偏移量为16，是 sizeof(int)= 4 的倍数，它占用4个字节。这样所有成员都分配了空间，空间总的大小为 1+7+8+4=20(字节)，由于不是结构体的字节边界数的倍数，所以需要填充4个字节，以满足结构体字节边界数8的倍数。整个结构体类型变量所占用内存的大小为：1+7+8+4+4=24(字节)。结构体类型变量 y 的存储结构如图 10-3 所示。

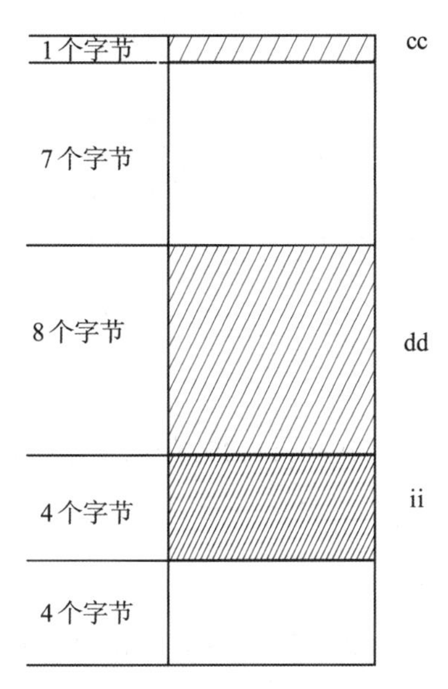

图 10-3　结构体类型变量 y 的存储结构

10.2.4　结构体类型变量的引用

1. 引用结构体成员

结构体成员是通过名字访问的。引用结构体成员的一般方式为：

　　结构体类型变量名 . 成员名

其中：“. ”为结构体成员运算符。

例如：t1. name 表示对 t1 变量中的 name 成员的引用，e1. brithday. year 表示对 e1 变量中的 brithday 成员中的 year 成员的引用。

结构体成员和相同类型的普通变量完全一样，可以像普通变量一样进行该类型变量所允许的任何操作。

例如：

```
scanf("%s",t1.name);
scanf("%d",&t1.age);
t1.gender=getchar();
t1.weight=198.3;
e1.birthday.year=1982;
```

2. 结构体类型变量的整体赋值

C 语言允许两个相同类型的结构体变量相互赋值。实质上是两个结构体变量相应的存储空间中的所有数据直接拷贝。

例如：

```
struct date
{
    int year,month,day;
};
struct employee
{
    char name[20];
    struct date birthday;
    floatsalary;
};
struct employee e1={"方菲菲",1986,11,25,5400.5},e2,e3;
e2=e1;/*直接赋值*/
e3=e2;/*直接赋值*/
/*逐一输出变量e3的各成员值*/
printf("%s,%d,%d,%d,%.2f\n",e3.name,e3.birthday.year,
                e3.birthday.month,e3.birthday.day,e3.salary);
```

注意，不能将结构体类型变量作为一个整体进行输入和输出。下面的语句是错误的：

```
scanf("%s%d%d%d%f",&e3);
printf("%s,%d,%d,%d,%.2f\n",e3);
```

在第6章中已经介绍，数组是不用赋值运算符(=)进行复制的。但如果把数组封装在结构体中，就可以轻松实现复制数组了。

例如：

```
struct
{
    int a[10];
}a1,a2={1,3,5,7,9,0,2,4,6,8};
a1=a2;
```

10.2.5 结构体数组

一个结构体类型变量只能存放一组数据，如一名学生的信息，如果要处理多名学生的信息，就需要使用结构体数组了。在结构体数组中，每一个数组元素都是一个结构体类型变量。

例如：

```
struct student
```

```
{
    char number[15];
    char name[20];
    char gender;
    int age;
    float gpa;
    char telephone[15];
    char email[30];
};
struct student s[3];
```

以上定义了一个类型为 struct student 的结构体数组 s，该数组共有 3 个结构体数组元素。结构体数组元素成员的引用形式为：

s[0].number、s[0].name、s[0].gender、s[0].age、s[0].gpa、s[0].telephone、s[0].email;
s[1].number、s[1].name、s[1].gender、s[1].age、s[1].gpa、s[1].telephone、s[1].email;
s[2].number、s[2].name、s[2].gender、s[2].age、s[2].gpa、s[2].telephone、s[2].email;

结构体数组的初始化方式与一般数组的初始化方式一样。

例如：

```
struct student s[3]={
        {"30258","孔海洋",'M',18,3.7,"18986219090","haiyang@qq.com"},
        {"30259","方美歆",'F',19,3.5,"13907132076","fangmx@163.com"},
        {"30260","程一玄",'M',20,3.9,"13389767671","chengyx@126.com"}};
```

【程序 10-1】哈尔滨东北虎园有 *N* 只东北虎，每只东北虎的信息包括名字、性别、年龄、体重、父亲名字和母亲名字。要求输出 3 岁以上成年雄虎的信息。

下面是程序的源代码(ch10_tiger.c)：

```
#include<stdio.h>
#define N10/*为方便调试,假设N为10*/
struct tiger
{
    char name[20];
    char gender;
    int age;
    float weight;
    char father[20];
    char mother[20];
};
int main(void)
```

```
{
    struct tiger t[N];  /*定义结构体数组*/
    int i,flag=-1;
    printf("请按如下顺序输入%d 只东北虎的信息:\n",N);
    printf("名字 性别 年龄 体重 父亲名字 母亲名字\n");
    for(i=0;i<N;i++)
    {
        printf("请输入第%d 只东北虎的信息:\n",i+1);
        scanf("%s%*c%c%d%f%s%s",t[i].name,&t[i].gender,&t[i].age,&t[i].
weight,t[i].father,t[i].mother);
    }
    printf("\n 查找结果如下:\n");
    for(i=0;i<N;i++)
        if(t[i].age>=3 &&(t[i].gender=='M'|| t[i].gender=='m'))
        {
            printf("%s,%c,%d,%.2f,%s,%s\n",t[i].name,t[i].gender,t[i].age,t
[i].weight,t[i].father,t[i].mother);
            flag=i;
        }
    if(flag==-1)
        printf("没有找到 3 岁以上成年雄虎的信息!\n");
    return 0;
}
```

执行该程序得到下面的运行结果:

```
请按如下顺序输入 10 只东北虎的信息:
名字性别年龄体重父亲名字母亲名字
请输入第 1 只东北虎的信息:
乐乐 F 4 212.5 明明小胖
请输入第 2 只东北虎的信息:
北豆 M5220.5 冬青杜鹃
……
请输入第 10 只东北虎的信息:
小帅 M 6 192.5 冬青小敏
查找结果如下:
北豆 M5220.5 冬青杜鹃
小帅 M 6 192.5 冬青小敏
```

10.2.6　结构体指针

结构体类型变量被定义后，系统会为其在内存中分配一片连续的存储单元。该片存储单元的起始地址就称为该结构体类型变量的指针。如果定义一个指针变量来存放这个地址，即让一个指针变量指向结构体类型变量，就可以通过该指针变量来引用结构体类型变量。指向结构体类型变量的指针变量就是结构体指针变量。

结构体指针变量定义的一般形式为：

struct 结构体名 * 结构体指针变量名表;

例如：

```
struct tiger t1, * pTiger;
pTiger=&t1;
```

这里定义了一个 pTiger 指针，它可以存储 struct tiger 类型变量的地址，赋值语句"pTiger=&t1;"的作用是将 struct tiger 类型变量 t1 的地址给变量 pTiger，使指针变量 pTiger 指向变量 t1。这样，就可以利用指针变量 pTiger 来间接访问结构体类型变量 t1 的各个成员。

使用结构体指针变量引用结构体成员的形式有两种：

(1)(* 结构体指针变量名). 成员名。其中"* 结构体指针变量名"表示指针变量所指的结构体类型变量。注意不要省略括号，因为结构体成员运算符(.)的优先级高于指针运算符(*)。

例如：

```
printf("\n 东北虎的名字是:%s。\n",( * pTiger). name);
```

(2)结构体指针变量名->成员名。其中"->"为指向结构体成员运算符，是一个负号后跟一个大于号。

例如：

```
printf("\n 东北虎的名字是:%s。\n",pTiger->name);
```

10.2.7　结构体与函数

1. 结构体作为函数参数

把结构体传递给函数有三种方法：用结构体类型变量的成员作为函数参数、用整个结构体类型变量作为函数参数以及用指向结构体类型变量(或结构体数组)的指针作为函数参数。

(1)结构体变量的成员作函数参数

结构体类型变量的成员作函数参数与普通变量作函数参数一样，是一种值传递。

(2)结构体变量作函数参数

结构体变量作函数参数是一种多值传递，需要对整个结构体做一份拷贝，效率低。

例如：

```
void printPart(struct tiger t)
{
      printf("%s,%c,%d,%.2f,%s,%s\n",t.name,t.gender,t.age,t.weight,t.father,
t.mother);
}
```

printPart 函数的功能是显示出结构体的成员。

(3)结构体指针作函数参数

结构体指针变量作函数参数是一种地址传递，效率高。

例如：

```
void printPart(struct tiger * p)
{
printf("%s,%c,%d,%.2f,%s,%s\n",p->name,p->gender,p->age,
p->weight,p->father,p->mother);
}
```

2. 结构体作为函数返回值

函数可以返回结构体类型的值。

例如：

```
struct tiger buildPart(char * pName,char gender,int age,float weight,char * pFather,char *
pMother)
{
      struct tiger t;
      strcpy(t.name,pName);
      t.gender=gender;
      t.age=age;
      t.weight=weight;
      strcpy(t.father,pFather);
      strcpy(t.mother,pMother);
      return t;
};
```

buildPart 函数返回 struct tiger 类型的结构体变量。

由于结构体可以包含多个成员，所以函数可以利用这种方式返回“多个值”。

【程序 10-2】用结构体实现复数的加减乘除计算。

分析：

设复数 x=a+bi,y=c+di,那么:

x+y=(a+c)+(b+d)i

x - y=(a-c)+(b-d)i

x * y=(ac-bd)+(bc+ad)i

x/ y=(ac+bd)/(c * c+d * d)+(bc-ad)i/(c * c+d * d)　(c * c+d * d≠0)

下面是程序的源代码(ch10_complexnumber. c):

```
#include<stdio. h>
#include<stdlib. h>
struct complex comlexAdd(struct complex x,  struct complex y);
struct complex comlexSubtract(struct complex x,  struct complex y);
struct complex comlexMultiply(struct complex x,  struct complex y);
struct complex comlexDivide(struct complex x,  struct complex y);
void complexPrint(struct complex * p);
struct complex/ * 定义复数结构体类型 * /
{
    double real;
    double imaginary;
};
int main(void)
{
    struct complex x,y,result;
    int choice;
    printf("欢迎使用复数运算程序\n");
    printf("1. 复数加法运算\n");
    printf("2. 复数减法运算\n");
    printf("3. 复数乘法运算\n");
    printf("4. 复数除法运算\n");
    printf("0. 退出\n\n");
    printf("请输入第一个复数的实部和虚部:\n");
    scanf("%lf%lf",&x. real,&x. imaginary);
    printf("请输入第二个复数的实部和虚部:\n");
    scanf("%lf%lf",&y. real,&y. imaginary);
    while(1)
    {
        printf("\n 请输入要进行的运算:");
        scanf("%d",&choice);
        switch(choice)
        {
        case 0:exit(0);
```

```
        case 1:
            result=comlexAdd(x,y);
            complexPrint(&result);
            break;
        case 2:
            result=comlexSubtract(x,y);
            complexPrint(&result);
            break;
        case 3:
            result=comlexMultiply(x,y);
            complexPrint(&result);
            break;
        case 4:
            result=comlexDivide(x,y);
            complexPrint(&result);
            break;
        default:
            printf("请选择数字0-4。\n");
            break;
        }
    }
    return 0;
}
/*复数相加*/
struct complex comlexAdd(struct complex x,  struct complex y)
{
    struct complex result;
    result.real=x.real+y.real;
    result.imaginary=x.imaginary+y.imaginary;
    return result;
}
/*复数相减*/
struct complex comlexSubtract(struct complex x,  struct complex y)
{
    struct complex result;
    result.real=x.real-y.real;
    result.imaginary=x.imaginary-y.imaginary;
    return result;
}
/*复数相乘*/
```

```
struct complex comlexMultiply(struct complex x,  struct complex y)
{
    struct complex result;
    result.real=x.real * y.real-x.imaginary * y.imaginary;
    result.imaginary=x.imaginary * y.real+x.real * y.imaginary;
    return result;
}
/ * 复数相除 * /
struct complex comlexDivide(struct complex x,  struct complex y)
{
    struct complex result;
    double r1,r2,i1,i2;
    r1=x.real * y.real+x.imaginary * y.imaginary;
    r2=i2=y.real * y.real+y.imaginary * y.imaginary;
    i1=x.imaginary * y.real-x.real * y.imaginary;
    if(r2 ! =0)
    {
        result.real=r1/r2;
        result.imaginary=i1/ i2;
        return result;
    }
    else
    {
        result.real=0;
        result.imaginary=0;
        return result;
    }
}
void complexPrint(struct complex * p)      / * 输出复数 * /
{
    if(p->real==0 && p->imaginary==0)
        printf("0\n");
    if(p->real )
        printf("%.2lf",p->real);
    if(p->imaginary>0)
        printf("+%.2lfi\n",p->imaginary);
    else if(p->imaginary<0)
        printf(" %.2lfi\n",p->imaginary);
}
```

执行该程序得到下面的运行结果：

```
欢迎使用复数运算程序
1. 复数加法运算
2. 复数减法运算
3. 复数乘法运算
4. 复数除法运算
0. 退出
请输入第一个复数的实部和虚部：
23.7 8.5
请输入第二个复数的实部和虚部：
12.6-9.3
请输入要进行的运算:1
36.30-0.80i
请输入要进行的运算:2
11.10+17.80i
请输入要进行的运算:3
377.67-113.31i
请输入要进行的运算:4
0.90+1.34i
请输入要进行的运算:0
```

10.3 typedef 的用法

C 语言允许使用 typedef 声明一个新的类型名来代替原有的类型名，此时，并没有产生新的数据类型，只是为现有类型名声明了一个别名。

例如：

```
typedef int INTEGER;
```

该语句为 int 声明了一个新名字 INTEGER。也就是说，INTEGER 是 int 的一个别名。为了便于识别，一般习惯将新的类型名用大写字母表示。

因此语句：

```
INTEGER m,n;
```

等价于：

```
int m,n;
```

再如：

```
typedef char LINE[81];
```

该语句为大小为 81 的字符数组声明了一个新的类型名 LINE。

因此语句：

```
LINE firstLine,secondLine;
```

等价于：

```
char firstLine[81],secondLine[81];
```

又如：

```
typedef struct
{
    char name[20];
    char gender;
    int age;
    float weight;
    char father[20];
    char mother[20];
}TIGER;
TIGERt1,t2;
```

等价于：

```
struct
{
    char name[20];
    char gender;
    int age;
    float weight;
    char father[20];
    char mother[20];
}t1,t2;
```

用 typedef 声明新类型名的步骤如下：

(1)按定义变量的方法写出定义语句。如：

```
char * pointerChar;
```

(2)将变量名换成新类型名。如：

```
char * PCHAR;
```

(3)在最前面加上关键字 typedef。如：

```
typedef char * PCHAR;
```

(4)然后就可用新类型名去定义变量了。如：

```
PCHAR p1,p2;
```

使用typedef不仅可以声明易于记忆的类型名,简化代码,更重要的是可以促进跨平台开发。

例如,在某种体系结构中,short为16位,int为16位,long为32位。如果要将该平台下编写的程序移植到另一种体系结构中(short为16位,int为32位,long为64位),就需要将程序中的int全部替换为short,long全部替换为int,这样的修改不仅工作量巨大,而且容易出错。

一个简单的解决办法是在程序中用typedef为int和long声明新名称,例如:

```
typedef int INT16;
typedef long INT32;
```

移植到新平台后,只要修改新名称的声明即可。例如,将上述typedef声明替换成:

```
typedef short INT16;
typedef int INT32;
```

10.4 用结构体和指针实现链表

10.4.1 链表的概念

链表是C语言中很容易实现而且非常有用的数据结构。图10-4展示了一种最简单的链表——单向链表。

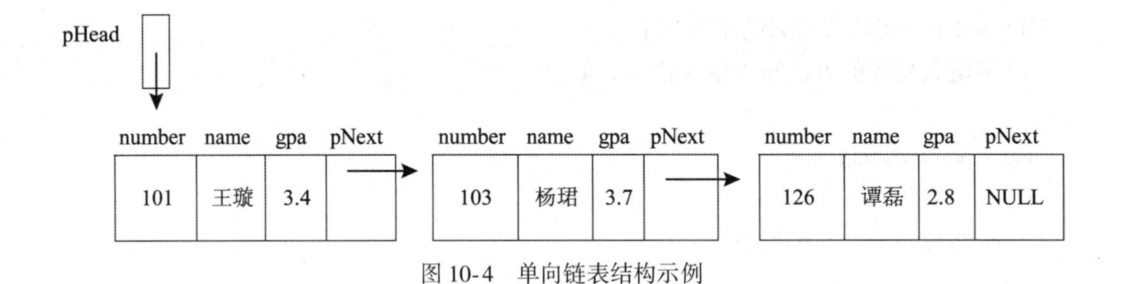

图10-4 单向链表结构示例

由图10-4可见，单向链表是由若干个相同类型的结点通过依次串接方式构成的一种动态数据结构。链表中的每一个节点都由两部分组成：一是程序中用到的数据，二是用来链接下一个结点的指针。链尾节点中链接指针的值是NULL，表示该链表到此为止。在每个链表中都有一个"头指针变量，图中以pHead表示，它指向链表中的头一个节点。链表中的每个结点都通过链接指针与下一个节点相连。这样，从pHead开始，就可以将整个链表中的所有结点都访问一遍。

链表有若干种形式，如单向链表、双向链表和循环链表等，本节以单向链表为例介绍对

链表的基本操作知识。

图 10-4 所示链表节点的数据结构定义如下：

```
struct student
{
    long number;
    char name[20];
    float gpa;
    struct student * pNext;
};
```

注意，成员 pNext 具有 struct student * 类型，这意味着它能存储一个指向 struct student 类型结构体的指针。

链表与结构体数组有相似之处：都由若干相同类型的结构体变量组成，结构体变量之间有一定的顺序关系。但二者之间存在很大差别：

其一，结构体数组中各元素是连续存放的。而链表中的结点可以不连续存放。

其二，结构体数组在定义时就确定其元素个数，不能动态增长；而链表的长度往往是不确定的，根据问题求解过程中的实际需要，动态地创建结点并为其分配存储空间。

10.4.2　对单向链表的操作

对链表的操作包括建立链表、遍历链表、删除链表中的结点、将结点插入链表等。

(1)建立链表

建立链表是指从无到有地建立起一个链表，即一个一个地输入各结点数据，并建立起前后相链接的关系。

【程序 10-3】编写一个 create()函数，创建一个结点个数不限的单向链表。

分析：可设置三个指针变量：pHead、pNew 和 pTail。pHead 指向链表的首结点，pNew 指向新创建的结点，pTail 指向链表的尾结点。通过“pTail->pNext=pNew”将新创建的结点链接到链表尾，使之成为新的尾结点。

函数代码如下：

```
#define LEN sizeof(struct student)
struct student
{
    long number;
    char name[20];
    float gpa;
    struct student * pNext;
};
int count=0;
struct student * create(void)        /* 函数返回一个指向链表首结点的指针 */
```

```
{
    struct student * pHead=NULL, * pNew, * pTail;
    pNew=pTail=(struct student * )malloc(LEN);/ * 创建一个新的结点 * /
    printf("请输入学号、姓名和 GPA 值:\n");
    scanf("%ld%s%f",&pNew->number,pNew->name,&pNew->gpa);
    while(pNew->number ! =0)
    {
        count++;      / * 结点个数加一 * /
        if(count==1)
            pHead=pNew;      / * pHead 指向链表的首结点 * /
        else
        pTail->pNext=pNew;      / * 新创建的结点链接到链表尾 * /
        pTail=pNew;      / * pTail 指向新的尾结点 * /
        pNew=(struct student * )malloc(LEN);
        scanf("%ld%s%f",&pNew->number,pNew->name,&pNew->gpa);
    }
    pTail->pNext=NULL;
    return(pHead);
}
```

(2)输出链表

输出链表是指从链表的首结点开始，依次将结点的数据显示在指定的设备上，直至链表结尾。

【程序 10-4】编写一个 display()函数，输出单向链表中所有结点的数据。

算法分析：首先确定链表的首结点。然后判断链表是否为空，如果为空，显示结束；否则，显示当前结点的数据，并移至下一个结点重复执行。

函数代码如下：

```
void display(struct student * pHead)
{
    struct student * p=pHead;
    while(p ! =NULL)      / * 判断链表是否为空 * /
    {
        printf("%ld\t%s\t%f\n",p->number,p->name,p->gpa);
        p=p->pNext;      / * 移至下一个结点 * /
    }
}
```

(3)将新节点插入链表

假设已有链表节点的顺序是按照节点某个成员数据的大小排序的，新节点仍然按照原来

的顺序插入。

【程序 10-5】编写一个 insertNode( ) 函数，将新节点插入单向链表。设已有链表中各节点是按成员项 number 由小到大顺序排列的。

算法分析：设置四个指针变量：pHead、pNew、pRight 和 pLeft。pHead 指向链表的首结点，pNew 指向待插入的新节点，pRight 指向插入位置右相邻的节点，pLeft 指向插入位置左相邻的节点。首先根据新节点的数据找到要插入的位置，然后将新节点与右相邻的节点链接起来，最后将新节点与左相邻的节点链接起来。在查找插入位置时，需要考虑单向链表是否为空两种可能。如果单向链表不为空，则需考虑以下三种不同插入情况：插入位置在首节点之前；插入位置在尾节点之后；插入位置既不在首节点之前，又不在尾节点之后。

函数代码如下：

```
struct student * insertNode(struct student * pHead,struct student * pNew)
{
    struct student * pRight, * pLeft;
    pRight=pLeft=pHead;
    if(pHead==NULL)      /* 单向链表为空的情况 */
    {
        pHead=pNew;      /* pHead 指向新节点,新节点成为链表的首节点 */
        pNew->pNext=NULL;
    }
    else     /* 单向链表不为空的情况 */
    {
        /* 查找插入位置 */
        while((pNew->number>pRight->number)&&(pRight->pNext != NULL))
        {
            pLeft=pRight;      /* pLeft 指向插入位置左相邻的节点 */
            pRight=pRight->pNext;      /* pRight 指向插入位置右相邻的节点 */
        }
        if(pNew->number<=pRight->number)
        {
            pNew->pNext=pRight;      /* 新节点与右相邻的节点链接 */
            if(pHead==pRight)      /* 插入位置在首节点之前 */
                pHead=pNew;      /* pHead 指向新的首节点 */
            else      /* 插入位置既不在首节点之前,又不在尾节点之后 */
                pLeft->pNext=pNew;      /* 新节点与左相邻的节点链接 */
        }
        else      /* 插入位置在尾节点之后 */
        {
            pRight->pNext=pNew;/* 新节点链接到尾节点之后,成为新的尾节点 */
            pNew->pNext=NULL;
```

```
        }
    }
    count++;       /* 节点个数加一 */
    return(pHead);
}
```

(4)将已知节点从链表中删除

从一个链表中删除一个节点，并不是真正从内存中把它清除，而是把它从链表中分离出去，即只需改变链接关系。当然，为了给程序腾出更多可用的内存空间，应该释放被删除节点所占用的内存。

【程序 10-6】编写一个 deleteNode( )函数，将已知节点从单向链表中删除。

算法分析：设置三个指针变量：pHead、p 和 pLeft。pHead 指向链表的首节点，p 指向待删除的节点，pLeft 指向待删除的节点左相邻的节点。首先从链表的首节点开始，通过逐个节点的比较寻找待删除的节点。一旦找到，将 pLeft 指向的节点与 p 指向节点的右相邻节点链接，即将 p 指向的节点从链表中删除。

函数代码如下：

```
struct student *deleteNode(struct student *pHead,long number)
{
    struct student *p, *pLeft;
    p=pLeft=pHead;
    while(p->number != number && p->pNext != NULL)/*寻找待删除的节点*/
    {
        pLeft=p;
        p=p->pNext;
    }
    if(p->number==number)      /*找到了待删除的节点*/
    {
        /*若待删除的节点是链表的首节点,使 pHead 指向第二个节点*/
        if(p==pHead)
            pHead=p->pNext;
        else
        /*若待删除的节点不是链表的首节点,将待删除节点的左相邻节点与右相邻节
点链接*/
            pLeft->pNext=p->pNext;
        free(p);      /*释放被删除节点所占用的内存空间*/
        count--;      /*节点个数减一*/
    }
    else
        printf("%ld has not been found! \n",number); /*找不到待删除的节点*/
```

```
    return(pHead);
}
```

10.5　共用体

像结构体一样，共用体也是由一个或多个成员构成的，而且这些成员可能具有不同的数据类型。然而，系统只为共用体中最大的成员分配存储空间。共用体的成员在这个空间内彼此覆盖。也就是说，共用体每次只能存储一个成员，无法同时存储全部成员。使用共用体是节省空间的一种方法。

10.5.1　共用体类型的定义

共用体类型定义的一般形式为：

union 共用体名
{
类型名 1　成员名 1;
类型名 2　成员名 2;
…
类型名 n　成员名 n;
};

其中：union 是保留字，指明为共用体。

共用体名是一个标识符，其命名规则同变量名。

“union 共用体名”是共用体类型名，它和系统已定义的标准类型(如 int、float 和 char 等)一样可以用来作为定义变量的类型。

类型名 1~n 说明了共用体成员的数据类型。

成员名 1~n 为用户定义的一个或多个共用体成员的名称，其命名规则同变量名。

注意，共用体类型的定义是以分号(;)结尾的。

例如：

```
union tag
{
    int i;
    float f;
};
```

表示定义了一个名为 tag 的共用体类型，成员为 i 和 f。

10.5.2　共用体类型变量的定义

与结构体类型变量的定义形式相似，共用体变量的定义也有三种方式：

1. 先定义共用体类型，再定义共用体类型变量

如果事先已定义了共用体类型，那么只需再用下面的格式定义共用体类型变量：

共用体类型名变量名;

例如，利用 10.5.1 节中定义的共用体类型来定义共用体类型变量：

uniontag u1，u2;

2. 在定义共用体类型的同时定义共用体类型的变量

例如：

```
uniontag
{
    int i;
    float f;
} u1={100},u2;
```

在定义共用体类型 union tag 的同时，定义了 union tag 共用体变量 u1 和 u2，并对 u1 进行了初始化。

注意，只能对共用体的第一个成员进行初始化，不能对所有成员都赋初值。

如下语句是错误的：

```
union tag u1={100, 31.6};
```

3. 直接定义共用体类型的变量

例如：

```
union
{
    int i;
    float f;
} u1,u2;
```

即在关键字 union 后省略了共用体名。

10.5.3　共用体类型变量的存储结构

由 10.2.3 节可知，结构体类型变量所占用的存储空间是各成员所占存储空间之和，每个成员都有独立的存储空间。而共用体类型变量的所有成员共享一段存储空间。

图 10-5 是共用体类型变量 u1 和 u2 的存储结构。

10.5.4　共用体类型变量的引用

共用体类型变量的引用方式与结构体类型变量的引用方式类似，有以下三种：

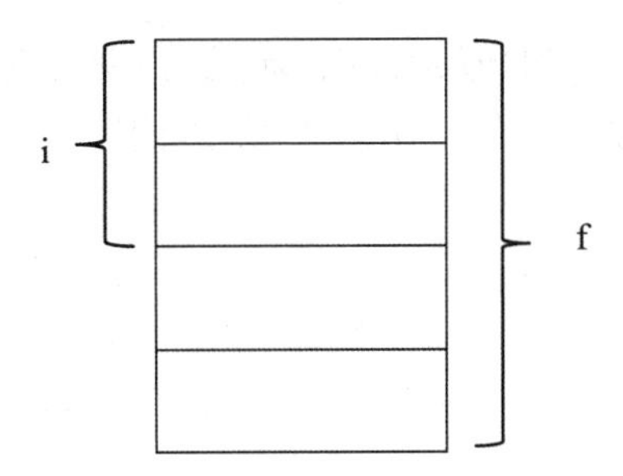

图 10-5　共用体类型变量 u1 和 u2 的存储结构

1. 共用体类型变量名．成员名

例如：

```
u1.i=100;
```

2.（＊指针变量名）．成员名

其中"＊指针变量名"表示指针变量指向的共用体类型变量。

例如：

```
uniontag * pUnion;
pUnion=&u1;
( * pUnion).i=100;
```

由于共用体变量中各成员的起始地址都是相同的，所以 &u1、&u1.i、&u1.f 都有相同的结果。

3. 指针变量名->成员名

例如：

```
union tag * pUnion;
pUnion=&u1;
pUnion->i=100;
```

注意：

(1) 如果对一个共用体类型变量的不同成员分别赋予不同的值，则只有最后一个被赋值的成员起作用，它的值及其属性就完全代表了当前该共用体变量的值及属性。

例如：

```
u1.i=100;
u1.f=31.6;
printf("%d%5.2f",u1.i,u1.f);
```

输出结果中，成员 f 具有确定的值 31.60，而成员 i 被覆盖掉了，它的值是不可预料的。

(2)C 语言允许在两个类型相同的共用体变量之间进行赋值运算。

例如：

```
u1.i=100;
u2=u1;
printf("%d",u2.i);
```

输出结果为 100。

【程序 10-7】某学校的人员信息表中学生的信息包括编号、姓名、性别、年龄、标志和班级等，教师的信息包括编号、姓名、性别、年龄、标志和职务等。现利用共用体的特点，编写一个程序，输入并输出该表中的信息。

下面是程序的源代码(ch10_union.c)：

```
#include<stdio.h>
#define N10/*为方便调试,假设 N 为 10*/
union category
{
    long studentClass;         /*班级*/
    char teacherPosition[20];  /*职务*/
};
struct person
{
    long id;
    char name[20];
    char gender;
    int age;
    char flag;  /*标志*/
    union category cp;
};
int main(void)
{
    struct person studentTeacher[N];
    int i;
    printf("请按照编号姓名性别年龄标志(S/T)顺序输入 %d 位人员的信息。\n",
N);
    for(i=0;i<N;i++)
    {
        printf("请输入第%d 位人员的信息：\n",i+1);
```

```
        scanf("%ld%s%*c%c%*c%d%*c%c",&studentTeacher[i].id,
                        studentTeacher[i].name,&studentTeacher[i].gender,
                        &studentTeacher[i].age,&studentTeacher[i].flag);
        if(studentTeacher[i].flag=='S' || studentTeacher[i].flag=='s')
        {
            printf("请输入学生班:");
            scanf("%ld",&studentTeacher[i].cp.studentClass);
        }
        else if(studentTeacher[i].flag=='T' || studentTeacher[i].flag=='t')
        {
            printf("请输入教师职务:");
            scanf("%s",studentTeacher[i].cp.teacherPosition);
        }
        else
            printf("输入错误! \n");
    }
    printf("\n%-10s%-20s%-5s%-5s%-5s%-22s\n",
                "编号","姓名","性别","年龄","标志","班级/职务");
    for(i=0;i<N;i++)
        if(studentTeacher[i].flag=='S' || studentTeacher[i].flag=='s')
            printf("%-10ld%-20s%-5c%-5d%-5c%-22ld\n",
                studentTeacher[i].id,studentTeacher[i].name,
                studentTeacher[i].gender,studentTeacher[i].age,
                studentTeacher[i].flag,
                studentTeacher[i].cp.studentClass);
        else if(studentTeacher[i].flag=='T' || studentTeacher[i].flag=='t')
        printf("%-10ld%-20s%-5c%-5d%-5c%-22s\n",studentTeacher[i].id,
                studentTeacher[i].name,studentTeacher[i].gender,
                studentTeacher[i].age,studentTeacher[i].flag,
                studentTeacher[i].cp.teacherPosition);
    return(0);
}
```

执行该程序得到下面的运行结果:

请按照编号姓名性别年龄标志顺序输入 10 位人员的信息。
请输入第 1 位人员的信息:
12　王光明 M 56 T
请输入教师职务:教授
请输入第 2 位人员的信息:

1306 李亚清 F 21 S
请输入学生班级:5
……
请输入第 10 位人员的信息:
1896 陈丽 F 19 S
请输入学生班级:10
编号姓名性别年龄标志班级/职务

12	王光明	M	56	T	教授
1306	李亚清	F	21	S	5
……					
1896	陈丽	F	19	S	10

10.6 枚举

所谓"枚举"就是将变量所有可能的取值都一一列举出来。当一个变量只可能取某些特定的值时，就可将该变量定义为枚举类型。

10.6.1 枚举类型的定义

与结构体和共用体一样，枚举也要先定义枚举类型，再定义该枚举类型的变量。

枚举类型定义的一般形式为:

enum 枚举名 {元素名 1，元素名 2，…，元素名 n};

其中：enum 是保留字，指明为枚举。

枚举名是一个标识符，其命名规则同变量名。

"enum 枚举名"是枚举类型名，它和系统已定义的标准类型(如 int、float 和 char 等)一样可以用来作为定义变量的类型。

元素名 1~n 一一列出了该枚举类型数据所有可能的取值。

例如:

```
enum weekdays {SUN, MON, TUE, WED, THU, FRI, SAT};
```

表示定义了一个名为 enum weekdays 的枚举类型，同时列出了 7 个它可能的取值。

```
enum cards {CLUB, HEART, SPADE, DIAMOND};
```

表示定义了一个名为 enum cards 的枚举类型，同时列出了 4 个它可能的取值。

10.6.2 枚举类型变量的定义

枚举类型变量定义的一般形式为:

enum 枚举名变量名;

例如:

```
enum weekdays  workday1, workday2, holiday;
```

表示定义 workday 与 holiday 为 enum weekdays 类型的枚举变量，workday 与 holiday 的值是枚举元素 SUN、MON、TUE、WED、THU、FRI 和 SAT 中的一个，不可能是其他的值。

```
enum cards c1, c2;
```

表示定义 c1 和 c2 为 enum cards 类型的枚举变量，c1 和 c2 的值是枚举元素 CLUB、HEART、SPADE 和 DIAMOND 中的一个，不可能是其他的值。

注意，系统把枚举元素作为符号常量处理，常称为枚举常量。枚举常量的起始值一般从 0 开始，依次增 1。例如 SUN、MON、TUE、WED、THU、FRI 和 SAT 这 7 个枚举元素的值分别是 0、1、2、3、4、5、6。由于不是变量，所以不能对枚举元素赋值。

10.6.3　枚举类型变量的引用

枚举类型变量可以参与赋值和关系两种运算。

枚举常量可直接赋给枚举类型变量，同类型的枚举变量之间可以相互赋值。

例如：

```
c1=SPADE;/*将枚举常量 SPADE 赋值给枚举类型变量 c1*/
c2=c1;/*枚举类型变量 c1 赋值给 c2*/
```

枚举类型变量可以和枚举常量进行关系比较，同类型的枚举变量之间也可以进行关系比较，枚举类型变量之间的关系比较是对其序号值进行的。

例如：

```
workday1=SUN;  /*worday1 中枚举常量 SUN 的序号值为 0*/
workday2=MON;  /*workday2 中枚举常量 MON 的序号值为 1*/
if(workday2>workday1)workday2=workday1;
if(workday1>SAT)workday1=SAT;
```

workday2 与 workday1 的比较，实际上是其元素 MON 与 SUN 序号值 1 与 0 的比较，由于 1>0 成立，所以 workday2>workday1 条件为真，执行赋值 workday2=workday1。同样由于 workday1 中元素 SUN 的序号值 0 小于 SAT 的序号值 6，所以 workday1>SAT 条件为假，workday1 的值不变。

枚举类型数据不能直接输入输出，需要通过编程处理。参考程序 10-8。

【程序 10-8】定义一个描述三种颜色的枚举类型{RED、BLUE、GREEN}，输出这三种颜色的全部排列结果。

算法分析：这是三种颜色的全排列问题，用穷举法即可输出三种颜色的全部 27 种排列结果。

下面是程序的源代码(ch10_enum.c)：

```
#include<stdio.h>
enum colors {RED,BLUE,GREEN};
void show(enum colors c);
int main(void)
{
```

```
    enum colors c1,c2,c3;
    for(c1=RED;c1<=GREEN;c1=(enum colors)(int(c1)+1))
        for(c2=RED;c2<=GREEN;c2=(enum colors)(int(c2)+1))
            for(c3=RED;c3<=GREEN;c3=(enum colors)(int(c3)+1))
            {
                show(c1);
                show(c2);
                show(c3);
                printf("\n");
            }
        return(0);
}
void show(enum colors c)
{
    switch(c)
    {
        case RED:printf("RED");  break;
        case BLUE:printf("BLUE");  break;
        case GREEN:printf("GREEN");  break;
    }
    printf("\t");
}
```

执行该程序得到下面的运行结果:

```
RED     RED     RED
RED     RED     BLUE
RED     RED     GREEN
RED     BLUE    RED
RED     BLUE    BLUE
RED     BLUE    GREEN
RED     GREEN   RED
RED     GREEN   BLUE
RED     GREEN   GREEN
BLUE    RED     RED
BLUE    RED     BLUE
BLUE    RED     GREEN
BLUE    BLUE    RED
BLUE    BLUE    BLUE
BLUE    BLUE    GREEN
```

```
BLUE    GREEN   RED
BLUE    GREEN   BLUE
BLUE    GREEN   GREEN
GREEN   RED     RED
GREEN   RED     BLUE
GREEN   RED     GREEN
GREEN   BLUE    RED
GREEN   BLUE    BLUE
GREEN   BLUE    GREEN
GREEN   GREEN   RED
GREEN   GREEN   BLUE
GREEN   GREEN   GREEN
```

主程序通过三重循环穷举出三种颜色所有的组合。外层 for 循环语句中,用枚举变量 c1 为循环变量,c1 取值从 RED 开始到 GREEN 为止,循环变量的自增操作是通过表达式 c1 = (enum colors)(int(c1)+1)来实现的。表达式中,先将 c1 转换成整数,然后加 1,再转换成 enum colors 类型的枚举常量赋给 c1 变量。

10.7　程序设计案例

10.7.1　图书信息管理系统

【程序 10-9】用结构体数组保存数据,实现一个图书信息管理系统。

分析:每本图书的信息包括编号、书名、第一作者、出版社、出版年和价格等。信息管理系统的功能有:数据录入、按书名排序、按第一作者排序、按价格排序、按书名查询、按第一作者查询、按出版社统计数量等。

下面是程序的源代码(ch10_book.c):

```
#include<stdio.h>
#include<stdlib.h>
#include<string.h>
#include<conio.h>
#define N 100
struct book/*定义图书结构体类型*/
{
    char number[5];
    char name[20];
    char author[20];
    char press[20];
    int  year;
```

```
    float price;
};
int menu(void);
int dataInput(struct book * pBook);
void printfData(struct book * pBook,int n);
void sortName(struct book * pBook,int n);
void sortAuthor(struct book * pBook,int n);
void sortPrice(struct book * pBook,int n);
void searchName(struct book * pBook,int n,char * pFindName);
void searchAuthor(struct book * pBook,int n,char * pFindAuthor);
void pressCount(struct book * pBook,int n,char * pPress);
int main(void)
{
    int item,n;
    struct bookb[N];
    char findName[30],findAuthor[20],press[20];
    n=dataInput(b);
    while(1)
    {   item=menu( );
        switch(item)
        {
            case 1:
                sortName(b,n);
                printfData(b,n);
                break;
            case 2:
                sortAuthor(b,n);
                printfData(b,n);
                break;
            case 3:
                sortPrice(b,n);
                printfData(b,n);
                break;
            case 4:
                printf("\n 请输入书名:");
                scanf("%s",findName);
                searchName(b,n,findName);
                break;
            case 5:
                printf("\n 请输入第一作者:");
```

```
                scanf("%s",findAuthor);
                searchAuthor(b,n,findAuthor);
                break;
            case 6:
                printf("\n 请输入出版社名:");
                scanf("%s",press);
                pressCount(b,n,press);
                break;
            case 0:
                printf("\n 谢谢您的使用,再见! \n");
                exit(0);
        }
    }
    return(0);
}
int menu(void)   /*显示菜单*/
{
    int item=-1;
    printf("\n");
    printf("\t\t==========================================\n");
    printf("\t\t                                          \n");
    printf("\t\t          图书信息管理系统菜单\n");
    printf("\t\t                                          \n");
    printf("\t\t          1. 按书名排序\n");
    printf("\t\t          2. 按第一作者排序   \n");
    printf("\t\t          3. 按价格排序   \n");
    printf("\t\t          4. 按书名查询   \n");
    printf("\t\t          5. 按第一作者查询 \n");
    printf("\t\t          6. 按出版社统计数量 \n");
    printf("\t\t          0. 退出 \n");
    printf("\t\t                                          \n");
    printf("\t\t==========================================\n\n");
    while(item==-1)
    {
        printf("请输入选项(0-6):");
        scanf("%d",&item);
        if(item==-1)
        {
            printf("\n 非法输入,程序退出! \n");
            exit(0);
```

```
        }
        else if(item<0 || item>6)
        {
            item=-1;
            printf("\n 输入错误。");
        }
    }
    return item;
}
int dataInput(struct book * pBook)   /* 数据录入 */
{
    int i,n;
    printf("首先录入数据,请输入记录个数:");
    scanf("%d",&n);
    printf("请按如下顺序录入数据:\n ");
    printf("%-5s%-20s%-20s%-20s%-7s%-5s\n",
               "书号","书名","作者","出版社","出版年","价格");
    for(i=0;i<n;i++)
    {
        printf("请输入第 %d 本图书信息:\n",i+1);
        scanf("%s%s%s%s%d%f",
              pBook[i].number,pBook[i].name,pBook[i].author,
              pBook[i].press,&pBook[i].year,&pBook[i].price);
    }
    return n;
}
void printfData(struct book * pBook,int n)
{
    int i;
    printf("\n%-5s%-20s%-20s%-20s%-7s%-5s\n",
               "书号","书名","作者","出版社","出版年","价格");
    for(i=0;i<n;i++)
        printf("%-5s%-20s%-20s%-20s%-7d%-5.2f\n",
              pBook[i].number,pBook[i].name,pBook[i].author,
              pBook[i].press,pBook[i].year,pBook[i].price);
}
void sortName(struct book * pBook,int n)   /* 按书名排序 */
{
    int i,j;
    struct book temp;
```

```
    for(i=0;i<n-1;i++)
        for(j=i+1;j<n;j++)
            if( strcmp(pBook[i].name,pBook[j].name)>0)
            {
                temp=pBook[i];
                pBook[i]=pBook[j];
                pBook[j]=temp;
            }
}
void sortAuthor(struct book * pBook,int n)  /* 按第一作者排序 */
{
    int i,j;
    struct book temp;
    for(i=0;i<n-1;i++)
        for(j=i+1;j<n;j++)
            if( strcmp(pBook[i].author,pBook[j].author)>0)
            {
                temp=pBook[i];
                pBook[i]=pBook[j];
                pBook[j]=temp;
            }
}
void sortPrice(struct book * pBook,int n)  /* 按价格排序 */
{
    int i,j;
    struct book temp;
    for(i=0;i<n-1;i++)
        for(j=i+1;j<n;j++)
            if( pBook[i].price>pBook[j].price)
            {
                temp=pBook[i];
                pBook[i]=pBook[j];
                pBook[j]=temp;
            }
}
/* 按书名查询 */
void searchName(struct book * pBook,int n,char * pFindName)
{
    int i,flag=0;
    for(i=0;i<n;i++)
```

```
    {
        if(strcmp(pBook[i].name,pFindName)==0)
        {   if  (flag==0)
            {  printf("\n%-5s%-20s%-20s%-20s%-7s%-5\n",
                   "书号","书名","作者","出版社","出版年","价格");
              flag=1;
            }
           printf("%-5s%-20s%-20s%-20s%-7d%-5.2f\n",
                      pBook[i].number,pBook[i].name,pBook[i].author,
                      pBook[i].press,pBook[i].year,pBook[i].price);
            }
    }
    if(flag==0)
        printf("\n查无此书! \n");
}
/*按第一作者查询*/
voids earchAuthor(struct  book *pBook,int  n,char *pFindAuthor)
{
    int  i,flag=0;
    for(i=0;i<n;i++)
    {
        if(strcmp(pBook[i].author,pFindAuthor)==0)
        {   if  (flag==0)
            {  printf("\n%-5s%-20s%-20s%-20s%-7s%-5s\n",
                   "书号","书名","作者","出版社","出版年","价格");
              flag=1;
            }
           printf("%-5s%-20s%-20s%-20s%-7d%-5.2f\n",
                  pBook[i].number,pBook[i].name,pBook[i].author,
                  pBook[i].press,pBook[i].year,pBook[i].price);
        }
    }
    if(flag==0)
        printf("\n查无此人! \n");
}
/*按出版社统计数量*/
void pressCount(struct  book *pBook,int  n,char *pPress)
{
    int  i,count=0;
    for(i=0;i<n;i++)
```

```
        if(strcmp(pBook[i].press,pPress)==0)
            count++;
    printf("\n%s 共有 %d 本图书。\n",pPress,count);
}
```

执行该程序得到下面的运行结果：

```
首先录入数据,请输入记录个数:5
请按如下顺序录入数据:
书号        书名        作者        出版社        出版年        价格
请输入第 1 本图书信息:
102 Excel 高级应用指南张勇机械工业出版社 2012 45.5
请输入第 2 本图书信息:
987 C 专家编程 Peter 人民邮电出版社 2008 45
请输入第 3 本图书信息:
101 C 语言程序设计谭浩强清华大学出版社 2010 33
请输入第 4 本图书信息:
202 微观经济学邹华锋北京大学出版社 2009 65.2
请输入第 5 本图书信息:
122 公共经济学张杰人民邮电出版社 2014 23.5
          ================================
          图书信息管理系统菜单
          1. 按书名排序
          2. 按第一作者排序
          3. 按价格排序
          4. 按书名查询
          5. 按第一作者查询
          6. 按出版社统计数量
          0. 退出
          ================================
请输入选项(0-6):1
书号  书名              作者      出版社            出版年    价格
101C  语言程序设计      谭浩强    清华大学出版社    2010      33.00
987   C 专家编程        Peter     人民邮电出版社    2008      45.00
102   Excel 高级应用指南 张勇     机械工业出版社    2012      45.50
122   公共经济学        张杰      人民邮电出版社    2014      23.50
202   微观经济学        邹华锋    北京大学出版社    2009      65.20
          ================================
          图书信息管理系统菜单
          1. 按书名排序
```

2. 按第一作者排序
3. 按价格排序
4. 按书名查询
5. 按第一作者查询
6. 按出版社统计数量
0. 退出

══════════════════════

请输入选项(0-6):2

书号	书名	作者	出版社	出版年	价格
987	C 专家编程	Peter	人民邮电出版社	2008	45.00
101	C 语言程序设计	谭浩强	清华大学出版社	2010	33.00
122	公共经济学	张杰	人民邮电出版社	2014	23.50
102	Excel 高级应用指南	张勇	机械工业出版社	2012	45.50
202	微观经济学	邹华锋	北京大学出版社	2009	65.20

══════════════════════

图书信息管理系统菜单
1. 按书名排序
2. 按第一作者排序
3. 按价格排序
4. 按书名查询
5. 按第一作者查询
6. 按出版社统计数量
0. 退出

══════════════════════

请输入选项(0-6):3

书号	书名	作者	出版社	出版年	价格
122	公共经济学	张杰	人民邮电出版社	2014	23.50
101	C 语言程序设计	谭浩强	清华大学出版社	2010	33.00
987	C 专家编程	Peter	人民邮电出版社	2008	45.00
102	Excel 高级应用指南	张勇	机械工业出版社	2012	45.50
202	微观经济学	邹华锋	北京大学出版社	2009	65.20

══════════════════════

图书信息管理系统菜单
1. 按书名排序
2. 按第一作者排序
3. 按价格排序
4. 按书名查询
5. 按第一作者查询
6. 按出版社统计数量
0. 退出

```
==================================================
请输入选项(0-6):4
请输入书名:C 专家编程
书号  书名               作者      出版社          出版年    价格
987   C 专家编程         Peter     人民邮电出版社  2008      45.00
==================================================
          图书信息管理系统菜单
          1. 按书名排序
          2. 按第一作者排序
          3. 按价格排序
          4. 按书名查询
          5. 按第一作者查询
          6. 按出版社统计数量
          0. 退出
==================================================
请输入选项(0-6):5
请输入第一作者:张杰
书号  书名               作者      出版社          出版年    价格
122   公共经济学         张杰      人民邮电出版社  2014      23.50
==================================================
          图书信息管理系统菜单
          1. 按书名排序
          2. 按第一作者排序
          3. 按价格排序
          4. 按书名查询
          5. 按第一作者查询
          6. 按出版社统计数量
          0. 退出
==================================================
请输入选项(0-6):6
请输入出版社名:人民邮电出版社
人民邮电出版社共有 2 本图书。
==================================================
          图书信息管理系统菜单
          1. 按书名排序
          2. 按第一作者排序
          3. 按价格排序
          4. 按书名查询
          5. 按第一作者查询
          6. 按出版社统计数量
```

0. 退出

═══════════════════════════

请输入选项(0-6):0
谢谢您的使用,再见!

10.7.2 学生信息管理系统

【程序 10-10】用单链表实现一个学生信息管理系统。

分析：每个结点包括学号、姓名、性别、年龄、院系和指针等成员。信息管理系统的功能有：各结点按学号升序排列，插入新结点后仍保持原有的顺序不变，根据用户设定的不同查询条件查询。

下面是程序的源代码(ch10_student.c)：

```c
#include<stdio.h>
#include<string.h>
#include<stdlib.h>
struct student          /*定义学生结构体类型*/
{
    char number[14];
    char name[20],gender;
    int age;
    char department[20];
    struct student *pNext;
};
struct student *gPHead=NULL;
void insert(struct student *pNew);
void create(void);
void print(void);
void query(void);
int main(void)
{
    create( );
    print( );
    query( );
    return(0);
}
/*在有序链表中插入一个新结点,并保持原有顺序不变*/
void insert(struct student *pNew)
{
    struct student *pRight=gPHead, *pLeft=gPHead;
```

```
    if(gPHead==NULL)
    {
        gPHead=pNew;
        pNew->pNext=NULL;
    }
    else
    {
        while(strcmp(pRight->number,pNew->number)<0
                      &&pRight->pNext !=NULL)
        {
            pLeft=pRight;
            pRight=pRight->pNext;
        }
        if(strcmp(pRight->number,pNew->number)>0)
        {
            pNew->pNext=pRight;
            if(pRight==gPHead)
                gPHead=pNew;
            else
                pLeft->pNext=pNew;
        }
        else if(strcmp(pRight->number,pNew->number)==0)
            printf("输入不合法:学号相同! \n");
        else
        {
            pRight->pNext=pNew;
            pNew->pNext=NULL;
        }
    }
}
void create(void)      /*创建链表*/
{
    struct student *pNew;
    pNew=(struct student *)malloc(sizeof(struct student));
    printf("请输入学号,输入#号时结束:");
    scanf("%s",pNew->number);
    while(strcmp(pNew->number,"#")!=0)
    {
        printf("请按照姓名性别年龄院系顺序输入数据:\n");
        scanf("%s%*c%c%d%s",
```

```
            pNew->name,&pNew->gender,&pNew->age,pNew->department);
        insert(pNew);
        pNew=(struct student *)malloc(sizeof(struct student));
        printf("请输入学号,输入#号时结束:");
        scanf("%s",pNew->number);
    }
}
void query(void)    /*按任意属性查询*/
{
    struct student *p;
    char queryName[20],queryValue[20],ch;
    int find;
    do
    {
        p=gPHead;
        find=0;
        printf("\n可以根据number、name、gender、age"
               "和department查询,请输入查询属性:");
        scanf("%s",queryName);
        printf("请输入属性值:");
        scanf("%s",queryValue);
        printf("查询结果如下:\n");
        if(strcmp( queryName,"number") == 0)
            while(p != NULL)
            {
                if(strcmp(p->number, queryValue)==0)
                {
                    printf("%s %s %c %d %s\n",p->number,p->name,
                                    p->gender,p->age,p->department);
                    find=1;
                    break;
                }
                p=p->pNext;
            }
        else if(strcmp(queryName,"name")==0)
            while(p != NULL)
            {
                if(strcmp(p->name, queryValue)==0)
                {
                    printf("%s %s %c %d %s\n",p->number,p->name,
```

```
                                p->gender,p->age,p->department);
                find=1;
            }
            p=p->pNext;
        }
    else if(strcmp(queryName,"gender")==0)
        while(p ! =NULL)
        {
            if(p->gender==queryValue[0] && strlen( queryValue)==1)
            {
                printf("%s %s %c %d %s\n",p->number,p->name,
                                p->gender,p->age,p->department);
                find=1;
            }
            p=p->pNext;
        }
    else if(strcmp(queryName,"age")==0)
        while(p ! =NULL)
        {
            if(p->age==atoi(queryValue))
            {
                printf("%s %s %c %d %s\n",p->number,p->name,
                              p->gender,p->age,p->department);
                find=1;
            }
            p=p->pNext;
        }
    else if(strcmp(queryName,"department")==0)
        while(p ! =NULL)
        {
            if(strcmp(p->department,queryValue)==0)
            {
                printf("%s %s %c %d %s\n",p->number,p->name,
                                p->gender,p->age,p->department);
                find=1;
            }
            p=p->pNext;
        }
    else
        printf("属性名不存在！ \n");
```

```
            if(! find)
                printf("未发现记录! \n");
            printf("\n 是否继续查询(Y or N)?");
            scanf("% * c%c",&ch);
        }
        while(ch=='Y' || ch=='y');
}
void print(void)   /* 输出链表 */
{
    struct student * p=gPHead;
        printf("\n 学生信息如下:\n");
    while(p ! =NULL)
    {
        printf("%s %s %c %d %s\n",p->number,p->name,
                                    p->gender,p->age,p->department);
        p=p->pNext;
    }
}
```

程序运行过程和输出结果如下:

请输入学号, 输入#号时结束: 1023
请按照姓名性别年龄院系顺序输入数据:
程楠 F 23 计算机学院
请输入学号, 输入#号时结束: 1089
请按照姓名性别年龄院系顺序输入数据:
唐灿 M 24 法学院
请输入学号, 输入#号时结束: 2077
请按照姓名性别年龄院系顺序输入数据:
洪颖戚 F 22 经济与管理学院
请输入学号, 输入#号时结束: 3256
请按照姓名性别年龄院系顺序输入数据:
吴晓蓉 F 20 电气工程学院
请输入学号, 输入#号时结束: 2237
请按照姓名性别年龄院系顺序输入数据:
章子函 M 20 法学院
请输入学号, 输入#号时结束: #
学生信息如下:
1023 程楠 F 23 计算机学院
1089 唐灿 M 24 法学院

```
2077 洪颖戚 F 22 经济与管理学院
2237 章子函 M 20 法学院
3256 吴晓蓉 F 20 电气工程学院
可以根据 number、name、gender、age 和 department 查询，请输入查询属性：age
请输入属性值：20
查询结果如下：
2237 章子函 M 20 法学院
3256 吴晓蓉 F 20 电气工程学院
是否继续查询(Y or N)? y
可以根据 number、name、gender、age 和 department 查询，请输入查询属性：department
请输入属性值：法学院
查询结果如下：
attribute value：法学院
1089 唐灿 M 24 法学院
2237 章子函 M 20 法学院
是否继续查询(Y or N)? n
```

10.7.3 贪食蛇游戏

【程序 10-11】编写一个贪食蛇游戏。

分析：定义方向枚举类型、食物结构体、蛇身链表结构体和蛇的属性结构体等，编写 homePage()函数显示游戏主界面；编写 keybordHit()函数监控键盘按键，如果键盘有键被按下，且按下的键是 W、A、S、D，则改变蛇的方向；编写 move()函数，刷新蛇身每个结点的坐标，且根据蛇的方向通过 addNode()函数改变各结点坐标；编写 draw()函数；绘制蛇的形状。

下面是程序的源代码(ch10_snake.c)：

```c
#include<stdio.h>
#include<process.h>
#include<windows.h>
#include<conio.h>
#include<time.h>
#include<stdlib.h>
#define WIDTH 40
#define HEIGH 12
enum direction                  /*方向枚举类型*/
{
    LEFT,RIGHT,UP,DOWN
};
struct structFood                /*食物结构体*/
```

```
{
    int x;
    int y;
};
struct structNode                /*蛇身结构体*/
{
    int x;
    int y;
    struct structNode *pNext;
};
struct structSnake               /*蛇属性结构体*/
{
    int lenth;                   /*长度*/
    enum direction dir;          /*方向*/
};
struct structFood *pFood;
struct structSnake *pSnake;
struct structNode *pNode, *pTail;
int speech=200;                  /*速度*/
int score=0;                     /*分数*/
int smark=0;                     /*吃食物标记*/
int stop=0;
void hideCursor(void);                   /*隐藏光标*/
void gotoXY(int x,int y);                /*定位光标*/
void initSnake(void);                    /*构造蛇*/
void addNode(int x,int y);               /*增加蛇身*/
void initFood(void);                     /*产生食物*/
void homePage(void);                     /*主界面*/
void keybordHit(void);                   /*监控键盘按键*/
void move(void);                         /*蛇移动*/
void draw(void);                         /*画蛇*/
void eatFood(void);                      /*吃到食物*/
void addTail(void);                      /*增加蛇尾*/
int main(void)
{
    homePage();
    while(! stop)
    {
        keybordHit();            /*监控键盘按键*/
        move();                  /*蛇移动*/
```

```
        draw();                /*画蛇*/
        Sleep(speech);         /*暂时挂起线程*/
    }
    return 0;
}
void hideCursor(void)          /*隐藏光标*/
{
    CONSOLE_CURSOR_INFO cursorInfo={1,0};
    SetConsoleCursorInfo(GetStdHandle(STD_OUTPUT_HANDLE),&cursorInfo);
}
void gotoXY(int x,int y)       /*定位光标*/
{
    COORD pos;
    pos.X=x-1;
    pos.Y=y-1;
    SetConsoleCursorPosition(GetStdHandle(STD_OUTPUT_HANDLE),pos);
}
voidaddNode(int x,int y)       /*增加蛇身*/
{
    struct structNode *newnode=
            (structs tructNode *)malloc(sizeof(struct structNode));
    struct structNode *p=pNode;
    newnode->pNext=pNode;
    newnode->x=x;
    newnode->y=y;
    pNode=newnode;
    if(x<2 || x>=WIDTH || y<2 || y>=HEIGH)        /*碰到边界,失败*/
    {
        stop=1;
        gotoXY(10,19);
        printf("撞墙,游戏结束,任意键退出! \n");
        getch();
        free(pNode);
        free(pSnake);
        exit(0);
    }
    while(p ! =NULL)           /*碰到自身,失败*/
    {
```

```
        if(p->pNext ! =NULL)
            if((p->x==x)&&(p->y==y))
            {
                stop=1;
                gotoXY(10,19);
                printf("撞到自身,游戏结束,任意键退出! \n");
                _getch();
                free(pNode);
                free(pSnake);
                exit(0);
            }
        p=p->pNext;
    }
}
void initSnake(void)            /*构造蛇*/
{
    int i;
    pSnake=(struct structSnake *)malloc(sizeof(struct structSnake));
    pFood=(struct structFood *)malloc(sizeof(struct structFood));
    pSnake->lenth=5;                /*初始长度 5*/
    pSnake->dir=RIGHT;              /*初始蛇头方向右*/
    for(i=2;i<=pSnake->lenth+2;i++)         /*增加结点*/
        addNode(i,2);
}
void homePage(void)/*主界面*/
{
    hideCursor();
    printf("----------------------------------------\n");
    printf("|\t\t\t\t        |\n");
    printf("|\t\t\t\t        |\n");
    printf("|\t\t\t\t        |\n");
    printf("|\t\t\t\t        |\n");
    printf("|\t\t\t\t        |\n");
    printf("|\t\t\t\t        |\n");
    printf("|\t\t\t\t        |\n");
    printf("|\t\t\t\t        |\n");
    printf("|\t\t\t\t        |\n");
    printf("|\t\t\t\t        |\n");
```

```
    printf("--------------------------------------\n");
    gotoXY(5,13);
    printf("任意键开始游戏! 按 W. A. S. D 控制方向");
    _getch();
    initSnake();
    initFood();
    gotoXY(5,13);
    printf("                                        ");
}
void keybordHit(void)            /*监控键盘按键*/
{
    char ch;
    if(_kbhit())
    {
        ch=getch();
        switch(ch)
        {
            case 'W':
            case 'w':
                /*如果蛇本来方向是向下,则按相反方向无效*/
                if(pSnake->dir==DOWN)
                    break;
                else
                    pSnake->dir=UP;break;
            case 'A':
            case 'a':
                /*如果蛇本来方向是向右,则按相反方向无效*/
                if(pSnake->dir==RIGHT)
                    break;
                else
                    pSnake->dir=LEFT;break;
            case 'S':
            case 's':
                /*如果蛇本来方向是向上,则按相反方向无效*/
                if(pSnake->dir==UP)
                    break;
                else
                    pSnake->dir=DOWN;break;
```

```
        case 'D':
        case 'd':
            /*如果蛇本来方向是向左,则按相反方向无效*/
            if(pSnake->dir==LEFT)
                break;
            else
                pSnake->dir=RIGHT;break;
        case 'O':
        case 'o':
            if(speech>=150)        /*加速*/
                speech=speech-50;
            break;
        case 'P':
        case 'p':
            if(speech<=400)        /*减速*/
                speech=speech+50;
            break;
        case ' ':
            gotoXY(15,18);        /*暂停*/
            printf("游戏已暂停,按任意键恢复游戏");
            system("pause>nul");
            gotoXY(15,18);
            printf("                                    ");
            break;
        default:break;
        }
    }
}
void initFood(void)        /*产生食物*/
{
    struct structNode *p=pNode;
    int mark=1;
    srand((unsigned)time(NULL));        /*以时间为种子产生随机数*/
    while(1)
    {
        pFood->x=rand()%(WIDTH-2)+2;            /*食物X坐标*/
        pFood->y=rand()%(HEIGH-2)+2;            /*食物Y坐标*/
        while(p! =NULL)
```

```
            {
                /*如果食物产生在蛇身上,则重新生成食物*/
                if((pFood->x==p->x)&&(pFood->y==p->y))
                {
                    mark=0;
                    break;
                }
                p=p->pNext;
            }
            if(mark==1)
            {
                gotoXY(pFood->x ,pFood->y);
                printf("%c",3);
                break;
            }
            mark=1;
            p=pNode;
        }
}
void move(void)     /*蛇移动*/
{
    struct structNode *q, *p=pNode;
    if(pSnake->dir==RIGHT)
    {
        addNode(p->x+1,p->y);
        if(smark==0)
        {
            while(p->pNext ! =NULL)
            {
                q=p;
                p=p->pNext;
            }
            q->pNext=NULL;
            free(p);
        }
    }
    if(pSnake->dir==LEFT)
    {
```

```
        addNode(p->x-1,p->y);
        if(smark==0)
        {
            while(p->pNext ! =NULL)
            {
                q=p;
                p=p->pNext;
            }
            q->pNext=NULL;
            free(p);
        }
    }
    if(pSnake->dir==UP)
    {
        addNode(p->x,p->y-1);
        if(smark==0)
        {
            while(p->pNext! =NULL)
            {
                q=p;
                p=p->pNext;
            }
            q->pNext=NULL;
            free(p);
        }
    }
    if(pSnake->dir==DOWN)
    {
        addNode(p->x,p->y+1);
        if(smark==0)
        {
            while(p->pNext ! =NULL)
            {
                q=p;
                p=p->pNext;
            }
            q->pNext=NULL;
            free(p);
```

```
            }
        }
}
void draw(void)      /* 画蛇 */
{
    struct structNode * p=pNode;
    while(p ! =NULL)
    {
        gotoXY(p->x,p->y);
        printf("%c",2);
        pTail=p;
        p=p->pNext;
    }
    if(pNode->x==pFood->x &&pNode->y==pFood->y)
    {
        smark=1;
        eatFood();
        initFood();
    }
    if(smark==0)
    {
        gotoXY(pTail->x,pTail->y);
        printf("%c",' ');
    }
    else
    {
        gotoXY(pTail->x,pTail->y);
        printf("%c",' ');
        smark=0;
    }
    gotoXY(50,12);
    printf("食物:%d,%d",pFood->x,pFood->y);
    gotoXY(50,5);
    printf("分数:%d",score);
    gotoXY(50,7);
    printf("速度:%d",speech);
    gotoXY(15,14);
    printf("按o键加速");
```

```
    gotoXY(15,15);
    printf("按 p 键减速");
    gotoXY(15,16);
    printf("按空格键暂停");
}
void eatFood(void)      /*吃到食物*/
{
    addTail();
    score++;
}
void addTail(void)      /*增加蛇尾*/
{
    struct structNode * newnode
            =(structstructNode * )malloc(sizeof(struct structNode));
    struct structNode * p=pNode;
    pTail->pNext=newnode;
    newnode->x=50;
    newnode->y=20;
    newnode->pNext=NULL;
    pTail=newnode;
}
```

程序运行过程和输出结果如图 10-6 所示:

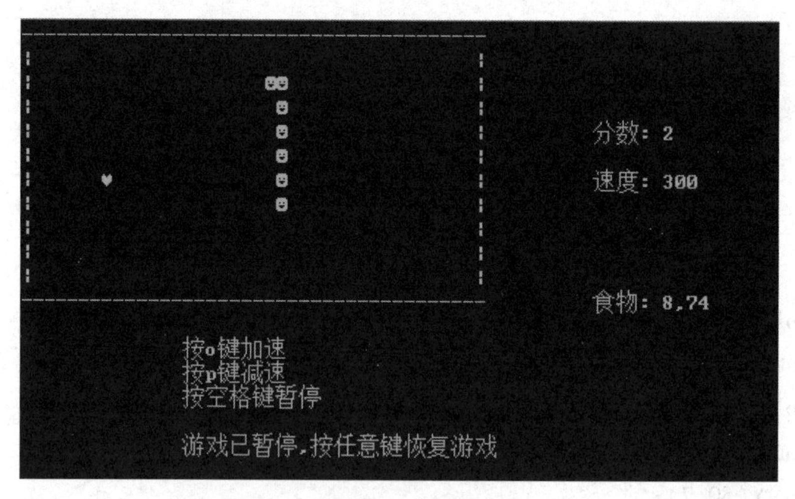

图 10-6　贪食蛇游戏程序运行过程

本章小结

本章介绍了结构体、共用体和枚举三种数据类型的概念、定义形式与使用方法。

结构体是可能由不同类型的成员所构成的集合，用来描述简单类型无法描述的复杂对象。结构体的主要应用是结构体数组和链表等。共用体可以每次存储一个成员，但无法同时存储全部成员。因此，共用体各成员必须互斥地使用。枚举类型是某种数据可能取值的集合。每一个枚举元素均有一个序号值与之对应，该序号值可以在定义枚举类型时赋给枚举元素，也可取其默认序号，默认序号从 0 开始依次加 1。枚举变量可进行赋值运算与比较运算。

思考题

1. 简述结构体类型和结构体变量的区别。
2. 使用结构体指针引用结构体变量有几种方式？
3. 简述结构体数组和单链表异同。
4. 简述结构体和共用体的区别。
5. 简述枚举类型的特点。

第11章 文件处理

在前面的章节中，C 程序处理的数据不论是从键盘上输入的数据还是在终端上显示的运行结果，均存放在内存中。程序执行完毕后，数据就立即消失，如果能将输入的数据以及运行结果以文件的形式存放在磁盘上，需要时，随时查看、修改、使用，这无疑会给用户带来很大的方便。

C 程序提供了相关的文件操作。对需要输入的大批量数据，可以事先以文件的形式存放在磁盘上，在程序中，用相关的函数从指定的文件中读取数据；对程序的运行结果也可以用相关的函数写入磁盘上指定的文件，使用时再将文件中的数据读入。

11.1 文件的概念及其分类

11.1.1 文件的概念

文件是存储在外部介质上的数据集合。这里的外部介质是指能大规模、持久保存数据的外存储器，例如磁盘。文件是操作系统管理外部介质上的数据的单位，操作系统给每个文件一个单独的文件名，并根据该文件名对其进行控制和管理，程序对文件的处理也是通过文件名来实现。

11.1.2 文件的分类

按文件的存储介质可将文件分为磁盘文件和设备文件两种。

(1)磁盘文件：存储在外部介质上的文件称为磁盘文件，可以是源文件、目标文件、可执行程序，也可以是一组待输入处理的原始数据，或者是一组输出的结果。其中源文件、目标文件、可执行程序等称作程序文件，输入或输出的数据称作数据文件。

(2)设备文件：与主机相连的各种外部设备称为数据文件，如显示器、打印机、键盘等。在操作系统中，外部设备也看作是一个文件来进行管理，对它们的输入、输出等同于磁盘文件的读和写。但它们是特殊的“文件”，故往往被赋予固定的“文件名”，以便按“名”完成指定的输入输出任务。

通常把显示器定义为标准输出文件，一般情况下在屏幕上显示有关信息就是向标准输出文件输出。如前面章节中经常使用的库函数 printf、putchar 就是这类输出。键盘通常被指定为标准的输入文件，从键盘上输入就意味着从标准输入文件上输入数据。库函数 scanf、getchar 就属于这类输入。

按文件中数据的存储形式可将文件分为文本文件和二进制文件两种。

(1)文本文件：以字符形式存储数据的文件称为文本文件，字符可以是字母、数字、运算符等，每个字符通过相应的编码存储在文件中。常用编码是 ASCII 码，即一个字符有一个

ASCII 代码，占用一个字节的存储空间。这种存储形式的缺点是占用空间大。如存储一个整数 12345，在这里就被看作是 5 个字符，因此，需占用 5 个字节的存储空间。另外，把内存中的数据写入 ASCII 码文件或者从 ASCII 码文件读数据到内存中，需要转换，存取速度相对较慢。但 ASCII 码文件是可读文件，用有关文件浏览的命令可看到文件的具体内容。

(2)二进制文件：以二进制形式存储数据的文件称为二进制文件，它是按照数据在内存中的存储形式原样存储数据的。如整数 12345 在二进制文件中只需占用 4 个字节的存储空间。另外，把内存中的数据写入二进制文件或者从二进制文件读数据到内存中，不需转换，存取速度相对较快。但二进制文件是不可读文件，不能用有关文件浏览的命令查看其具体内容。

11.2 C 语言的文件处理方法

11.2.1 流

C 语言中的文件为流式文件，即把文件看作是一个有序的字节序列(字符序列或二进制序列)。流是数据输入输出的动态过程，表示信息从源到目的端的流动。在输入操作时，数据从文件流向程序。例如，程序可以调用 scanf 函数使数据从输入设备(如键盘等)流向程序。在输出操作时，数据从程序流向文件。例如，程序可以调用 printf 等函数使数据从程序流向输出设备(如显示器等)。

11.2.2 缓冲区

文件通常驻留在外部设备上，在使用时才被调入到内存中。

有了文件与流的概念，就在理论上解决了程序与外设交换数据的问题。但在对文件进行具体读写的操作时，也不是简单地用流就可以实现的。由于外设传输数据较慢，而内存的数据处理速度要快得多，故不能直接进行所需的数据交换。

为此，C 标准库中采用了“缓冲文件系统”处理文件，即在内存中开辟一块数据缓冲区以使慢速的外设与此缓冲区成块地进行数据交换。数据交换操作与 CPU 中程序的执行可并行工作，这样能大大提高程序的执行效率。程序执行过程中对文件的操作，实际上是与内存中对应此文件的缓冲区在打交道。由于内存缓冲区与外设间数据的成块交换是自动执行的，不需程序员干预，故可以将程序与文件间的数据交换视为是直接进行的。即对程序员而言，这种看不到的通过“缓冲区”进行的数据交换是“透明的”。

11.2.3 文件指针

缓冲文件系统中，关键的概念是文件指针。在对一个缓冲文件进行操作时，系统需要许多控制信息，如文件名、文件当前的读写位置、与该文件对应的内存缓冲区的地址、缓冲区中未被处理的字符数、文件的操作方式等。缓冲文件系统为每一个文件定义了一个 FILE 型的结构体变量来存放这些控制信息。FILE 定义在头文件“stdio. h”中。不同的 C 编译环境下，FILE 类型包含的内容不完全相同，但大同小异，例如：

```
typedef struct
```

```
{
    short level;                    /* 缓冲区状态(满/空) */
    unsigned flags;                 /* 文件状态标志 */
    char fd;                        /* 文件描述符 */
    unsigned char hold;             /* 如无缓冲区,不读取字符 */
    short bsize;                    /* 缓冲区大小 */
    unsigned char * buffer;         /* 文件缓冲区位置指针 */
    unsigned char * curp;           /* 当前位置指针 */
    unsigned istemp;                /* 临时文件标志 */
    short token;                    /* 合法性检查 */
}FILE;
```

有了结构体 FILE 类型后，可以用它来定义 FILE 类型的指针变量保存指向文件的指针，这个指针称为文件指针。通过文件指针就可对它所指的文件进行各种操作。

定义文件指针的一般形式为：

FILE　* 指针变量标识符;

例如：

FILE　* fp;

表示 fp 是指向 FILE 类型的指针变量，通过 fp 即可找到存放某个文件信息的结构体变量，然后按结构体变量提供的信息找到该文件，实施对文件的操作。

11.3　文件的打开与关闭

11.3.1　文件的打开

对文件进行读、写操作前，必须要“打开”文件，即建立文件的各种有关信息和文件缓冲区，并使文件指针指向该文件，以便进行其他操作。

函数 fopen 用来打开一个文件，其调用形式通常为：

FILE　* 文件指针名;

文件指针名=fopen(Filename, Mode);

其中：

文件指针名是 FILE 类型的指针变量，文件打开成功时，函数 fopen 返回文件指针(即文件信息区的起始地址)；否则返回 NULL。

“Filename”是一个字符串或字符数组，指明被打开文件的路径和文件名。

“Mode”是一个字符串，指出对指定文件的使用方式。

例如：

```
FILE  * fp;
fp=fopen("test.txt","r");
```

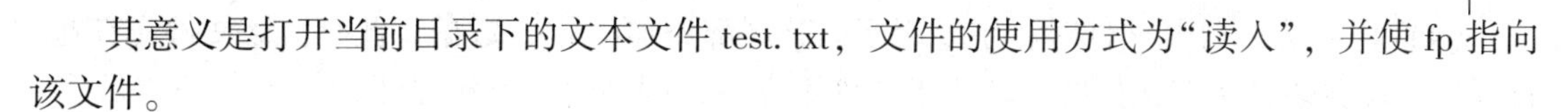

其意义是打开当前目录下的文本文件 test. txt，文件的使用方式为“读入”，并使 fp 指向该文件。

又如：

```
FILE    *fp;
fp=fopen("c:\\data. bin","rb");
```

其意义是打开 C 盘根目录下的文件 data. bin，这是一个二进制文件，只允许按二进制方式进行读操作。两个反斜线“ \\ ”中的第一个表示转义字符，第二个表示根目录。

使用文件的方式见表 11-1。

表 11-1　　**文件使用方式**

文件使用方式	意　义
“r”	打开一个文本文件，以执行读取操作
“w”	创建一个文本文件，以执行写入操作
“a”	打开或创建一个文本文件，向其末尾添加(写入)数据
“rb”	打开一个二进制文件，以执行读取操作
“wb”	创建一个二进制文件，以执行写入操作
“ab”	打开或创建一个二进制文件，向其末尾添加(写入)数据
“r+”	打开一个文本文件，可执行读写操作
“w+”	创建一个文本文件，可进行读写操作
“a+”	打开或创建一个文本文件，向其末尾添加(写入)数据，允许读
“rb+”	打开一个二进制文件，可执行读写操作
“wb+”	创建一个二进制文件，可执行读写操作
“ab+”	打开或创建一个二进制文件，向其末尾添加(写入)数据，允许读

对于文件使用方式有以下几点说明：

(1)文件使用方式由 r、w、a、t、b、+ 六个字符拼成，各字符的含义是：

r(read)：读

w(write)：写

a(append)：追加

t(text)：文本文件，可省略不写

b(banary)：二进制文件

+：读和写

(2)用“r”方式打开一个文件时，该文件必须已经存在，且只能从该文件读出数据，若文件不存在，则出错。

(3)用“w”方式打开文件时，只能向该文件写入数据。若打开的文件已经存在，则将该文件删去，重新创建一新文件；若打开的文件不存在，则以指定的文件名创建新文件。

(4)以"a"方式打开文件时，主要用于向其尾部添加(写入)数据。此时，该文件应存在，打开后，位置指针指向文件尾。若所指文件不存在，则创建一个新文件。

(5)以"r+"、"w+"、"a+"方式打开的文件，既可以读出数据，也可以写入数据。以"r+"方式打开文件时，文件应存在，以便读出数据。"w+"方式是新建文件，操作时，应先向其写入数据，有了数据后，也可读出数据。以"a+"方式打开文件时，其所指文件内容不被删除，指针至文件尾，可以添加(写入)数据，也可以读出数据。若文件不存在，则新建一文件。

(6)打开文件操作不能正常执行时，函数 fopen 返回空指针 NULL(其值为 0)，表示出错。出错原因大致为：以"r"、"r+"方式打开一个并不存在的文件、磁盘故障、磁盘满、无法建立新文件等。

常用以下方法打开文件：

```
if((fp=fopen("test.txt","r"))==NULL)
{
    printf("文件打开失败\n");
    exit(1);
}
```

exit 函数的作用是关闭所有文件，终止正在执行的程序。在终止以前，所有文件被关闭，缓冲输出(正等待输出的)内容被写完，调用退出函数。括号内的值定义了程序的退出状态，一般来说，0 表示正常退出，非 0 表示错误。exit 是标准库函数，用此函数时应在程序的开头包含"stdlib.h"头文件。

11.3.2 文件的关闭

不再使用打开的文件，要进行"关闭"文件操作，释放其占有的内存缓冲区，断开指针与文件之间的联系，禁止再对该文件进行操作，以避免文件数据丢失等错误。

函数 fclose 的调用形式是：

fclose(文件指针);

例如：

```
fclose(fp);
```

前面曾用 fp 指向被打开的文件，现在用函数 fclose 将 fp 所指向的文件关闭，即 fp 将不再指向该文件。

正常完成关闭文件操作时，函数 fclose 返回值为 0。出现问题时返回 EOF(是在 stdio.h 文件中定义的符号常量，一般情况下，值为-1)。

在向文件写数据时，是先将数据输出到缓冲区，待缓冲区满后才输出到文件。当数据未充满缓冲区而程序结束运行时，就有可能遗失缓冲区中的数据，因此，使用完文件后，要用 fclose 函数关闭文件。对于输出文件，把其对应的内存缓冲区中所有剩余数据写到文件中去；对于输入文件，则丢掉缓冲区内容；动态分配的内存缓冲区得以释放。应该养成在程序运行

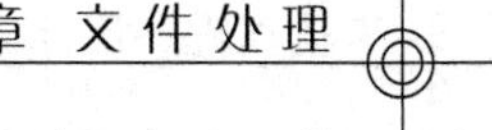

终止前关闭所有文件的习惯，以免丢失部分缓冲区中的数据。为了能够关闭所有文件，C 语言提供了函数 fcloseall，其调用形式为：

fcloseall( );

这是一个无参数函数。它能够关闭所有文件。

11.4 文件的顺序读写

前面章节中涉及的输入输出函数，如 scanf、printf、getchar、putchar 等都是在 C 语言系统标准输入输出函数库中定义的，以终端(键盘与显示器)作为数据交换的来源与目的地。它们也是以"流"的形式操作，只不过是以终端作为数据交换对象而已。使用 scanf、printf、getchar、putchar 不需要打开文件(默认其一直是打开的)，也不需要进行关闭操作。从键盘读取数据、向显示器输出显示内容等都是以顺序方式进行的。

对文件的顺序存取完全类似于对 scanf、printf、getchar、putchar 的使用，只不过操作对象不是终端而是文件。对顺序读写来说，对文件读写数据的顺序和数据在文件中的物理顺序是一致的。

11.4.1 字符读写

fgetc 是字符读函数，fputc 是字符写函数。它们都是在"stdio. h"标准输入输出函数库中定义的。

1. 写单个字符的函数 fputc

fputc 的功能是向指定的文件写入一个字符。写入成功时，其返回值就是所写入的字符，否则返回值为 EOF(-1)。函数调用的一般形式为：

fputc(字符量，文件指针);

其中，待写入的字符量可以是字符常量或变量，例如：

```
fputc('a', fp);
```

表示向文件指针变量 fp 指向的文件输出一个字符 a。

使用 fputc 时应注意：被写入的文件可以用写、读写、追加方式打开，用写或读写方式打开一个已存在的文件时将清除原有的文件内容，写入字符从文件首开始。如需保留原有文件内容，希望写入的字符从文件末开始存放，必须以追加方式打开文件。被写入的文件若不存在，则创建该文件。

【程序 11-1】从键盘输入若干字符(以"!"结束)，将其逐个写入文件"ch11_1_test. txt"。

下面是程序的源代码(ch11_1. c)：

```
#include<stdio. h>
#include<stdlib. h>
int main(void)
{
    FILE * fp;
```

```
    char  ch;
    /*以写方式打开文本文件并使 fp 指向该文件*/
    fp=fopen("ch11_1_test.txt","w");
    if((fp)==NULL)
    {
        printf("文件打开失败。\n");
        exit(1);
    }
    printf("请输入字符:");
    ch=getchar();      /*接收从键盘输入的第一个字符*/
    while(ch!='!')
    {
        fputc(ch,fp);  /*将 ch 写入文件*/
        ch=getchar();      /*接收从键盘输入的下一个字符*/
    }
    fclose(fp);  /*关闭文件*/
    return 0;
}
```

2. 读单个字符的函数 fgetc

fgetc 必须在以读或读写方式成功打开一个文件以后，才能使用。其功能是从指定的文件中读取一个字符。读取成功时，函数返回所读的字符；读取失败，则返回文件结束标志 EOF。函数调用的一般形式为：

字符变量=fgetc(文件指针);

例如：

ch=fgetc(fp);

表示从文件指针变量 fp 指向的文件中读取一个字符，赋给字符变量 ch。

fgetc 和 fputc 这两个函数的功能类似于函数 getchar 和 putchar，只是 getchar 和 putchar 以终端(如键盘和显示器)为读写对象，而 fgetc 和 fputc 以指定的文件为读写对象。

【程序 11-2】统计文本文件"ch11_2_test.txt"中的字符个数。

下面是程序的源代码(ch11_2.c)：

```
#include<stdio.h>
#include<stdlib.h>
int main(void)
{
    FILE *fp;
    int num=0;  /*用于统计字符个数*/
    if((fp=fopen("ch11_2_test.txt","r"))==NULL)   /*以读方式打开文本文件*/
    {
```

```
        printf("文件打开失败。\n");
        exit(1);
    }
    while(fgetc(fp)! =EOF)   /* 字符读取完毕后结束循环 */
        num++;           /* 每读取一个字符后 num 加 1 */
    printf("num=%d\n",num);
    fclose(fp);      /* 关闭文件 */
    return 0;
}
```

若文件中字符为：hello world!，执行该程序得到下面的运行结果：

```
num=12
```

3. 判断文件结束的函数 feof

文件型数据结构中，有一个位置指针，指向当前对文件进行读写操作的位置。在文件打开时，该指针总是指向文件的第一个字节。在顺序存取文件的操作中，每读写一个字符，该位置指针的值都会自动加 1，指向下一个字符的位置。改变这个位置指针的值，也就改变了下一次读写操作在文件中执行时的位置。应注意文件指针和文件内部的位置指针不是一回事。文件指针是指向文件结构体的，需在程序中定义说明，只要不重新赋值，文件指针的值是不变的。文件内部的位置指针用以指示文件内部的当前读写位置，每读写一次，该指针均向后移动，它不需在程序中定义说明，而是由系统自动设置。

从 C 语言文件“流”的特性可以知道，每次调用函数 fgetc 读取一个字符，文件的位置指针会指向文件中的下一个字符。在读完文件中最后一个字符，再使用 fgetc 时，函数已读不到文件中的字符，将返回一个文件结束符 EOF(值为-1)。这在对文本文件操作时不会产生问题，只要根据函数返回值进行判断即可得知是否已至文件尾。但对二进制文件进行读操作时，由于-1 是二进制数据中的一个合法值，故用一个合法值作为文件结束标志是会产生问题的：读到一个正常的二进制数据-1 后，认为已至文件结束处，不再对文件后面的内容进行读入操作，这将影响文件数据的读取。为了解决此问题，ANSI C 提供了一个专门判断文件结束的函数 feof。feof 用来判断文件位置指针是否已至文件尾，调用的一般形式为：

feof(文件指针);

函数返回值为非 0(真)时表示已至文件尾部，为 0(假)时则还未到文件结束处。feof 函数的调用，不影响文件位置指针指向文件中字符的位置，它只是对文件结束标志置入相应的值。调用 feof 来判断文件位置指针是否已至文件结束处同样也可用于文本文件。

【程序 11-3】打开文本文件“ch11_3_infile. txt”,然后将其复制到“ch11_3_outfile. txt”中。

下面是程序的源代码(ch11_3. c)：

```
#include<stdio. h>
#include<stdlib. h>
int main(void)
```

```
{
    FILE * infp, * outfp;
    char  ch;
    infp=fopen("ch11_3_infile.txt","r");/ * 以读方式打开文本文件 * /
    if((infp)==NULL)
    {
        printf("文件打开失败。\n");
        exit(1);
    }
    if((outfp=fopen("ch11_3_outfile.txt","w"))==NULL)
    {
        printf("文件打开失败。\n");
        exit(1);
    }
    while(! feof(infp))     / * 遇到输入文件的结束标志时结束循环 * /
    {
        ch=fgetc(infp);     / * 从输入文件读出一个字符,暂放在变量 ch 中 * /
        fputc(ch,outfp);  / * 将 ch 写入输出文件 * /
    }
    fclose(infp);
    fclose(outfp);
    return 0;
}
```

11.4.2 字符串读写

fgets 是字符串读函数，fputs 是字符串写函数，它们也是在“stdio.h”标准输入输出函数库中定义的。

1. 写字符串的函数 fputs

fputs 的功能是向指定的文件写入一个字符串，字符串结束符“\0”不写入。fputs 函数若写入成功，则返回值为 0，否则返回 EOF。其调用一般形式为：

fputs(字符串，文件指针)；

其中字符串可以是字符串常量，也可以是字符数组名，或字符指针变量名，例如：

```
fputs("abcd", fp);
```

其意义是把字符串“abcd”写入 fp 所指的文件之中。

【程序 11-4】从键盘上输入一串字符，将其写入文本文件“ch11_4_test.txt”中。

下面是程序的源代码(ch11_4.c)：

```
#include<stdio.h>
#include<stdlib.h>
int main(void)
{
    FILE *fp;   char str[100];
    if((fp=fopen("ch11_4_test.txt","w"))==NULL)   /*以写方式打开文本文件*/
    {
        printf("文件打开失败。\n");
        exit(1);
    }
    printf("请输入一串字符:\n");
    gets(str);      /*从键盘输入一串字符存放在数组str中*/
    fputs(str,fp);      /*将数组str中的字符写入fp所指的文件*/
    fclose(fp);   /*关闭文件*/
    return 0;
}
```

若程序运行时输入：hello world!，执行该程序后，文本文件“ch11_4_test.txt”中的内容是：

hello world!

2. 读字符串函数fgets

fgets的功能是从指定的文件中读一个字符串到字符数组中。读取成功时，函数返回字符数组的首地址，否则返回NULL。函数调用的一般形式为：

fgets(字符数组名，n，文件指针)；

其中n是一个正整数。表示从文件中读出的字符串不超过n-1个字符。如果读了n-1个字符，或遇到了换行符或EOF，表示读入结束。系统自动在读入的最后一个字符后加上串结束标志“\0”。

例如：

```
fgets(str, n, fp);
```

其意义是从fp所指的文件中读出n-1个字符，并在最后加一个“\0”字符，然后把这n个字符存放到字符数组str中。

【程序11-5】打开文本文件“ch11_5_test.txt”,读取其中一串字符并在屏幕上输出。

下面是程序的源代码(ch11_5.c)：

```
#include<stdio.h>
#include<stdlib.h>
int main(void)
{
```

```
    FILE *fp;
    char str[60];
    if((fp=fopen("ch11_5_test.txt","r"))==NULL)   /*以读方式打开文本文件*/
    {
        printf("文件打开失败。\n");
        exit(1);
    }
    /*将从fp所指文件中读出的59个字符加一个"\0",共60个字符存放到字符数组
str中  */
    fgets(str,60,fp);
    puts(str);
    fclose(fp);
    return 0;
}
```

fgets和fputs这两个函数的功能类似于函数gets和puts，只是gets和puts以终端(如键盘和显示器)为读写对象，而fgets和fputs以指定的文件为读写对象。

11.4.3 格式读写

fscanf是格式化读函数，fprintf是格式化写函数，它们也是在"stdio.h"标准输入输出函数库中定义的。

1. 格式化写函数fprintf

fprintf函数的功能是按格式控制字符串规定的格式向指定的文件写入在输出表列中列出的各输出项。函数调用的一般形式为：

fprintf(文件指针,"格式控制字符串"，输出表);

其中，文件指针是在以写或读写方式成功打开一个文件后得到的指向此文件的一个指针值。被写入的文件可以用写、读写、追加方式打开。用写或读写方式打开一个已存在的文件时将清除原有的文件内容，写入字符从文件首开始。如需保留原有文件内容，希望写入的字符从文件末开始存放，必须以追加方式打开文件。被写入的文件若不存在，则创建该文件。至于"格式控制字符串"以及输出表列参数，其意义完全等同于printf中的相应参数。例如：

```
fprintf(fp,"%d,%c", a, b);
```

表示将整型变量a(假设其值为123)，字符变量b(假设其值为'A')中的值按%d和%c的格式(其间要加上字符"和")输出到fp指向的文件中去。

【程序11-6】从键盘输入一个实数和一个整数，将其写入文本文件ch11_6_test.txt。

下面是程序的源代码(ch11_6.c)：

```
#include<stdio.h>
#include<stdlib.h>
```

```
int main(void)
{
    FILE *fp;
    float f;
    int a;
    if((fp=fopen("ch11_6_test.txt","w"))==NULL)  /*以写方式打开文本文件*/
    {
        printf("文件打开失败。\n");
        exit(1);
    }
    printf("请输入一个实数和一个整数:");
    scanf("%f%d",&f,&a);
    fprintf(fp,"%f\n%d\n",f,a);  /*按指定格式将实数和整数写入文件*/
    fclose(fp);
    return 0;
}
```

从键盘输入：

```
1.23 100
```

执行该程序后文件 test. txt 中的内容为：

```
1.230000
100
```

2. 格式化读函数 fscanf

fscanf 函数的功能是按格式控制字符串规定的格式从指定的文件中读取数据到指定的变量中。函数调用的一般形式为：

fscanf(文件指针,"格式控制字符串", 地址表);

其中，文件指针是在以读或读写方式成功打开一个文件后得到的指向此文件的一个指针值；至于"格式控制字符串"以及地址表列参数，其意义完全等同于 scanf 中的相应参数。例如：

```
fscanf(fp,"%d,%c", &a, &b);
```

表示将 fp 指向的文件中形如"123，A"的数据中的 123 赋给整型变量 a，'A'赋给字符变量 b。

【**程序 11-7**】从键盘输入一个实数和一个整数，将其写入文本文件 ch11_7_test. txt。读取并在显示器上显示 ch11_7_test. txt 文件的内容。

下面是程序的源代码(ch11_7. c)：

```
#include<stdio.h>
#include<stdlib.h>
int main(void)
{
    FILE *fp;
    float f;
    int a;
    /*以写方式打开文本文件*/
    if((fp=fopen("ch11_7_test.txt","w"))==NULL)
    {
        printf("文件打开失败。\n");
        exit(1);
    }
    printf("请输入一个实数和一个整数:");
    scanf("%f%d",&f,&a);
    fprintf(fp,"%f\n%d",f,a);   /*按指定格式将实数和整数写入文件*/
    fclose(fp);
    /*以读方式再次打开文本文件*/
    if((fp=fopen("ch11_7_test.txt","r"))==NULL)
    {
        printf("文件打开失败。\n");
        exit(1);
    }
    fscanf(fp,"%f%d",&f,&a);   /*从指定文件读出字符串和整数*/
    printf("%f\n%d\n",f,a);   /*将读出的字符串和整数显示在屏幕上*/
    fclose(fp);
    return 0;
}
```

从键盘输入：

1.23 100

执行该程序后文件屏幕上显示：

1.230000
100

fscanf、fprintf 与 scanf、printf 函数的功能与使用方法极其相似，都是格式化读写函数。两者的区别在于 fscanf 和 fprintf 的读写对象不是键盘和显示器，而是文件，其函数的参数表

中增加了文件指针参数。

11.4.4 数据块读写

scanf、printf是以终端为读写对象的，故读写的数据均为ASCII码可显示字符，用格式控制字符串对其进行规范化处理非常自然，也是必需的。但对于文件，大量的二进制数据，以此种方式操作，除了会占用更多的存储资源外，在其输入输出时，要根据格式控制字符串进行二进制数与ASCII码间的转换，在时间方面也会增加不少开销。在二进制数据量大时，显然，还应该有更好的读写方式，以方便使用。为此，C语言提供了数据块读函数fread和数据块写函数fwrite。函数fread和fwrite也是在“stdio.h”标准输入输出函数库中定义的。通过它们可以对组织有序的数据块(如结构体、数组等)进行读写。

1. 写数据块的函数fwrite

fwrite函数的功能是将指定字节数的若干个数据项写入文件，若写入数据成功，函数返回写入的数据项个数。函数调用的一般形式为：

fwrite(内存地址，数据项字节数，数据项个数，文件指针)；

其中，内存地址表示要写入的数据项在内存中的开始位置。

fwrite通常用于对二进制文件的写操作。例如，要将整型数组a中的5个整数依次写入文件指针fp所指向的文件，只需调用一次fwrite即可完成：

```
fwrite(a,sizeof(int),5,fp);
```

其中，存放写入数据的内存地址为整型数组a的地址。sizeof是求字节数运算符，sizeof(int)表示取整型数据的长度。参数表中第三个参数5是数据项的个数。fp为以写或读写方式成功打开的文件指针。

同样，用fread、fwrite来读出、写入结构体类型的数据也是很方便的。设某班有35名学生，其个人资料(包括学号、姓名、性别、年龄)存放于如下结构的结构体数组stu中：

```
struct  studtype
{
    int  num;
    char  name[8];
    char  sex[5];
    int  age;
}stu [35];
```

在其信息完整存入结构体数组stu，且文件以写或读写方式成功打开后，则可以用fwrite将结构体数组stu写入文件：

```
for(i=0;i<35;i++)
    fwrite(&stu[i],sizeof(struct  studtype),1,fp);
```

其中，sizeof(struct studtype)表示取结构体类型 struct studtype 的长度，即其成员长度之和(12 字节)。

【程序 11-8】从键盘输入 *N* 个整数，并将其写入二进制文件 ch11_8_data. bin。

下面是程序的源代码(ch11_8. c)：

```
#include<stdio.h>
#include<stdlib.h>
#define N 5
int main(void)
{
    FILE *fp;
    int x[N],i;
    if((fp=fopen("ch11_8_data.bin","wb"))==NULL)/*以写方式打开二进制文件*/
    {
        printf("打开文件失败。\n");
        exit(1);
    }
    printf("请输入N个整数:");
    for(i=0;i<N;i++)            /*从键盘输入N个整数存入数组x*/
        scanf("%d",&x[i]);
    fwrite(x,sizeof(int),N,fp);  /*将数组x中的N个整数写入文件指针fp指向的文件*/
    fclose(fp);
    return 0;
}
```

【程序 11-9】创建一个二进制文件 ch11_9_student. bin，并向其中格式化写入 *N* 个姓名和成绩。

下面是程序的源代码(ch11_9. c)：

```
#include<stdio.h>
#include<stdlib.h>
#define N 5
int main(void)
{
    FILE *fp;
    struct student
    {
        char name[10];
```

```
        int score;
    }stud[N]={{"张雄",60},{"李平",72},{"孙兵",80},{"刘军",88},{"王伟",
92}};
    int i;
/*以写方式打开二进制文件*/
    if((fp=fopen("ch11_9_student.bin","wb"))==NULL)
    {
        printf("打开文件失败。\n");
        exit(1);
    }
    /*将结构体数组stud中的N个学生信息写入文件指针fp指向的文件*/
    for(i=0;i<N;i++)
    fwrite(&stud[i],sizeof(struct student),1,fp);
    fclose(fp);
    return 0;
}
```

2. 读数据块的函数 fread

fread 函数的功能是由指定的文件读出指定字节数的若干个数据项。若读取数据成功，函数返回读取的数据项个数。函数调用的一般形式为：

fread(内存地址，数据项字节数，数据项个数，文件指针);

其中，内存地址表示要读出的数据项在内存中的开始位置。

fread 通常用于对二进制文件的读操作。

fread 的用法与 fwrite 的用法完全类似，只不过其数据传输的方向正好相反，fread 是从已打开的文件中读数据，调用 fread 一次可读取的字节数为数据项字节数乘以数据项个数的乘积。

【程序 11-10】从键盘输入 *N* 个整数，将其写入二进制文件 ch11_10_data.bin，读取并在显示器上显示 ch11_10_data.bin 文件的内容。

下面是程序的源代码(ch11_10.c)：

```
#include<stdio.h>
#include<stdlib.h>
#define N 5
int main(void)
{
    FILE *fp;
    int x[N],i;
    if((fp=fopen("ch11_10_data.bin","wb"))==NULL)/*以写方式打开二进制文件
*/
    {
```

```
        printf("打开文件失败。\n");
        exit(1);
    }
    printf("请输入 N 个整数:");
    for(i=0;i<N;i++)            /* 从键盘输入 N 个整数存入数组 x */
        scanf("%d",&x[i]);
    /* 将数组 x 中的 N 个整数写入文件指针 fp 指向的文件 */
    fwrite(x,sizeof(int),N,fp);
    fclose(fp);
    /* 以读方式打开二进制文件 */
    if((fp=fopen("ch11_10_data.bin","rb"))==NULL)
    {
        printf("打开文件失败。\n");
        exit(1);
    }
    /* 将文件指针 fp 指向的文件中的 N 个整数读入数组 x */
    fread(x,sizeof(int),N,fp);
    for(i=0;i<N;i++)          /* 将数组 x 中的 N 个整数在屏幕上显示 */
        printf("%d  ",x[i]);
    fclose(fp);
    return 0;
}
```

【**程序 11-11**】创建一个二进制文件 ch11_11_student.bin,向其中格式化写入 *N* 个姓名和成绩,读取并在显示器上显示 ch11_11_student.bin 文件的内容。

下面是程序的源代码(ch11_11.c):

```
#include<stdio.h>
#include<stdlib.h>
#define N 5
int main(void)
{
    FILE *fp;
    struct student
    {
        char name[10];
        int score;
    }stud[N]={{"张雄",60},{"李平",72},{"孙兵",80},{"刘军",88},{"王伟",
92}};
    int i;
```

```
    /*以写方式打开二进制文件*/
    if((fp=fopen("ch11_11_student.bin","wb"))==NULL)
    {
        printf("打开文件失败。\n");
        exit(1);
    }
    /*将结构体数组stud中的N个学生信息写入文件指针fp指向的文件*/
    for(i=0;i<N;i++)
        fwrite(&stud[i],sizeof(struct student),1,fp);
    fclose(fp);
    /*以读方式打开二进制文件*/
    if((fp=fopen("ch11_11_student.bin","rb"))==NULL)
    {
        printf("文件打开失败。\n");
        exit(1);
    }
    printf("姓名成绩\n");
    printf("--------------\n");
    for(i=0;i<N;i++)      /*将指定文件中的N个学生信息读入数组stu并显示在屏
幕上*/
    {
        fread(&stud[i],sizeof(struct student),1,fp);
        printf("%s     %d\n",stud[i].name,stud[i].score);
    }
    fclose(fp);
    return 0;
}
```

从上述例子可以看出，fwrite/fread 与 fprintf/fscanf 功能相似，但由于 fprintf/fscanf 在输入时要将 ASCII 码转换成二进制形式，在输出时又要将二进制形式转换成 ASCII 码字符，花费较多时间，效率较低；而 fwrite/fread 不做这样的转换，因此效率更高些。

11.5 文件的随机读写

前面介绍的对文件的读写方式都是顺序读写，即读写文件只能从头开始，顺序读写各个数据。但在实际问题中常要求只读写文件中某一指定的部分。为了解决这个问题，可移动文件内部的位置指针到需要读写的位置，再进行读写，这种读写称为随机读写。实现随机读写的关键是要按要求移动位置指针，这称为文件的定位。涉及文件定位及检测当前文件位置指针值的函数，普遍被使用的有函数 rewind、fseek 和 ftell。

11.5.1 函数 rewind

函数 rewind 的功能是强制控制文件位置指针的内容，使其指向文件的开头。这是一个 void 型函数，它没有返回值。调用一般形式为：

rewind(文件指针);

11.5.2 函数 fseek

函数 fseek 是实现文件随机读写最重要的函数之一，它的功能是改变文件位置标记，即按程序的需要来对位置指针进行调整。文件的随机读写(存取)，指的是读写完一个字节(或字符)后，不一定非得顺序读写下一个字节，而是能读写文件中任意其他位置的字节。决定文件中下一次要进行读写操作的位置，是由文件的位置指针决定的，而 fseek 就是控制文件位置指针值的函数。函数 fseek 操作成功返回 0，否则返回非 0。

fseek 函数的调用形式为：

fseek(文件指针，位移量，起始点);

其中：

"文件指针"是要重新定位的文件指针。

"位移量"是距离起始点的位移。大多数 C 语言版本(包括 ANSI C)要求位移量为 long 型数。ANSI C 标准规定在位移量为数值常量时，其末尾加字母 l 或 L 来表示其值为 long 型。

"起始点"表示从何处开始计算位移量，规定的起始点有：文件开头处、文件当前位置、文件尾，分别用值 0、1、2 来表示，ANSI C 标准还为它们指定了名字，见表 11-2。

表 11-2 **fseek 函数起始点说明**

起始点	名字	数字代号
文件开始	SEEK_SET	0
文件当前位置	SEEK_CUR	1
文件末尾	SEEK_END	2

对于文本文件，位移量必须是 ftell 函数(详见下节)返回的值，起始点必须是 SEEK_SET，即对于文本文件，fseek 函数的所有操作都以文件的开头作为起始点。对于二进制文件，位移量是一个相对的字节数，当起始点指定为 SEEK_CUR 时，位移量可以是正数或负数。

有了函数 fseek，就可以实现文件的随机存取了。

【程序 11-12】从键盘输入"A…Z"存入二进制文件"ch11_12_alphabet.bin"中，再打开这个文件，用从尾部倒着读的方式将其信息读出并送屏幕显示。

下面是程序的源代码(ch11_12.c)：

```
#include<stdio.h>
#include<stdlib.h>
int main(void)
```

```
{
    FILE * fp;int   i;   char  ch;
    if((fp=fopen("ch11_12_alphabet.bin","wb"))==NULL)/* 以读方式打开二进制
文件 */
    {
        printf("打开文件失败。\n");
        exit(1);
    }
    for(ch='A';ch<='Z';ch++)   /* 将26个大写字母依次写入文件 */
        fputc(ch,fp);
    fclose(fp);      /* 关闭文件 */
    if((fp=fopen("ch11_12_alphabet.bin","rb"))==NULL)/* 以写方式打开文件 */
    {
        printf("打开文件失败。\n");
        exit(1);
    }
    for(i=1;i<=26;i++)
    {
        fseek(fp,-i,Z);          /* i=1时,定位于字母Z */
        putchar(fgetc(fp));   /* 显示读出的字符,位置指针+1 */
    }
    fclose(fp);
    return  0;
}
```

执行该程序得到下面的运行结果：

ZYXWVUTSRQPONMLKJIHGFEDCBA

函数fseek一般用于二进制文件，文本文件也可以二进制文件方式打开。文件无论以文本模式或是二进制文件打开，都可以访问其随机位置。然而，使用文本模式文件在某些环境下是比较复杂的。事实上，文件记录的字符数比实际写入的多，因为内存中的换行符“\n”在写入文本模式的文件时，会转换成两个字符(回车CR和换行LF)。当然，读取数据的C库函数会还原这个字符。问题是假定某个位置距离文件开头有N个字节，以文本模式在文件中写入N个字符，它们是否在文件中就占据N个字节，取决于数据中是否包含换行符。如果随后将内存中相同长度的不同数据写入文件，则只有该数据含有相同数量的“\n”字符，它们在文件中才会有相同的长度。

因此，最好避免写入文本文件。对二进制文件的随机访问实用且简单。

11.5.3 ftell 函数

在文件随机读写中，文件位置指针值的变化是非常大的，当前位置的计算往往容易出错，而对当前位置的使用又非常频繁，为了得到当前位置的详细值，C 语言使用了函数 ftell。当前位置是指相对于文件开头处的位移量值。由于当前位置不能为负值，故如果 ftell 返回值为-1L 时，表示出错。函数 ftell 的原型为：

ftell(文件指针)；

【程序 11-13】从键盘输入“A…Z”存入二进制文件“ch11_13_alphabet.bin”中，并显示 ch11_13_alphabet.bin 文件的长度。

下面是程序的源代码(ch11_13.c)：

```
#include<stdio.h>
#include<stdlib.h>
int  main(void)
{
    FILE * fp;int   i;   char  ch;
    /* 以读方式打开二进制文件 */
    if((fp=fopen("ch11_13_alphabet.bin","wb"))==NULL)
    {
        printf("打开文件失败。\n");
        exit(1);
    }
    for(ch='A';ch<='Z';ch++)   /* 将 26 个大写字母依次写入文件 */
        fputc(ch,fp);
    fclose(fp);     /* 关闭文件 */
    /* 以读方式打开二进制文件 */
    if((fp=fopen("ch11_13_alphabet.bin","rb"))==NULL)
    {
        printf("打开文件失败。\n");
        exit(1);
    }
    fseek(fp,0,2);   /* 将文件的位置指针移到文件末尾 */
    /* 输出当前文件位置指针的值 */
    printf("alphabet.bin 文件的长度是:%d 个字节\n",ftell(fp));
    fclose(fp);
    return  0;
}
```

执行该程序得到下面的运行结果：

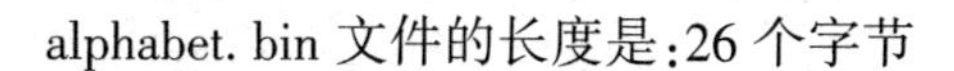
alphabet. bin 文件的长度是:26 个字节

11.6 程序设计案例

【程序 11-14】用冒泡排序法对文本文件 ch11_14_data. txt 中的数据进行排序，并在显示器上输出排序结果。

分析：程序将一组测试数据存入文本文件 ch11_14_data. txt 中，用 fscanf 函数读取数据后进行排序。假设输入文件中的数据为：3 1 2 4 5 9 8 6 7 0。

下面是程序的源代码(ch11_14. c)：

```
#include<stdio.h>
#include<stdlib.h>
#define N 10
int main(void)
{
    FILE * fp;
    int a[N],i,j,temp;
    if((fp=fopen("ch11_14_data.txt","r"))==NULL)  /* 以读方式打开文本文件 */
    {
        printf("打开文件失败。\n");
         exit(1);
    }
    for(i=0;i<N;i++)/* 从指定文件读取 N 个数据存入数组 a */
         fscanf(fp,"%d",&a[i]);
    printf("排序前数据:\n");
    for(i=0;i<N;i++)      /* 输出排序前数组 a 中数据 */
         printf("%d  ",a[i]);
    printf("\n");
    /* 用冒泡法对数组 a 中的 N 个数据由小到大排序 */
    for(i=0;i<N-1;i++)      /* 最多需要排序 N-1 趟 */
    {
        for(j=0;j<N-i-1;j++)
        {
            if(a[j]>a[j+1])
            {
                temp=a[j];
                a[j]=a[j+1];
                a[j+1]=temp;
            }
```

```
        }
    }
    printf("排序后数据是:\n");
    for(i=0;i<N;i++)   /*输出排序后数组 a 中数据*/
        printf("%d  ",a[i]);
    printf("\n");
    fclose(fp);
    return 0;
}
```

执行该程序得到下面的运行结果：

```
排序前数据：
3 1 2 4 5 9 8 6 7 0
排序后数据：
0 1 2 3 4 5 6 7 8 9
```

【程序 11-15】建立一个文件，向其中写入一组学生姓名和成绩，然后从该文件中读出成绩大于 80 分的学生信息并显示在屏幕上。

分析：用 fwrite 函数将学生记录写入二进制文件。用 rewind 函数定位于文件开头，用 fread 函数从文件中依次读出每条学生记录，然后判断成绩是否大于 80 分，若是，则输出。在读记录之前，要用 fseek 函数定位在正确的位置上。

下面是程序的源代码(ch11_ 15. c)：

```
#include<stdio.h>
#include<stdlib.h>
#define N 5
int main(void)
{
    FILE *fp;
    int i;
    struct student
    {
        char name[10];
        int score;
    }s, stud[N]={{"张雄", 90}, {"李平", 72}, {"孙兵", 80}, {"刘军", 88},
{"王伟", 92}};
    /*以读写方式打开二进制文件*/
    if((fp=fopen("ch11_ 15_ student. bin","wb+"))==NULL)
    {
```

```
        printf("打开文件失败。\n");
        exit(1);
    }
    /*将结构体数组 stud 中的 N 个学生信息写入文件指针 fp 指向的文件*/
    for(i=0; i<N; i++)
        fwrite(&stud[i], sizeof(struct student), 1, fp);
    rewind(fp);          /*将文件位置指针定位于文件开头*/
    printf("姓名成绩\n");
    printf("-----------\n");
    for(i=0; i<N; i++)
    {
        /*将文件位置指针定位于每个学生信息的起始位置*/
        fseek(fp, i*sizeof(struct student), 0);
        fread(&s, sizeof(struct student), 1, fp);    /*读取每个学生信息*/
        if(s.score>80)      /*学生成绩大于 80 则将其信息显示在屏幕上*/
            printf("%s      %d\n", s.name, s.score);
    }
    fclose(fp);
    return 0;
}
```

执行该程序得到下面的运行结果:

```
姓名成绩
-------------
张雄        90
刘军        88
王伟        92
```

【程序 11-16】在文件 ch11_16_in.bin 中存入 N 个产品销售记录，每个产品销售记录由产品代码 dm(字符型 4 位)，产品名称 mc(字符型 20 位)，单价 dj(整型)，数量 sl(整型)，金额 je(长整型)五部分组成。其中：金额=单价*数量。编写以下函数:

函数 saveDat 的功能是将输入的 N 个产品销售记录保存到文件 ch11_16_in.bin 中;

函数 readDat 的功能是从文件 ch11_16_in.bin 中读取这 N 个销售记录并存入结构体数组 sell 中;

函数 sortDat 的功能是对产品销售记录按金额从小到大进行排列，若金额相等，则按产品代码从小到大进行排列，最终排列结果仍然存入结构体数组 sell 中;

函数 writeDat 的功能是把排序结果输出到文件 ch11_16_out.bin 中。

分析：saveDat 函数——由键盘输入产品销售记录，用 fwrite 函数将其写入二进制文件 ch11_16_in.bin。readDat 函数——用 fread 函数将每个产品的销售记录由文件读入结构体数组 sell 中。writeDat 函数用 fwrite 函数将计算了金额的销售记录写入二进制文件 ch11_16_out.bin。

下面是程序的源代码(ch11_16.c):

```
#include<stdio.h>
#include<conio.h>
#include<string.h>
#include<stdlib.h>
#define N3
/*定义结构体数组用于存放产品销售记录*/
typedef struct
{
    char dm[5];
    char mc[21];
    double dj;
    int sl;
    double je;
}pro;
pro sell[N];
/*函数原型声明*/
int saveDat(void);
int readDat(void);
int sortDat(void);
int writeDat(void);
/*main( )函数*/
int main(void)
{
    saveDat();
    readDat();
    sortDat();
    writeDat();
    return 0;
}
/*将输入的N个产品销售记录保存到文件in.bin中*/
int saveDat(void)
{
    FILE *fp;
    int i;
    if((fp=fopen("ch11_16_in.bin","wb"))==NULL)/*以写方式打开二进制文件
*/
```

```
    {
        printf("打开文件失败。\n");
        exit(1);
    }
    for(i=0;i<N;i++)
    {
        printf("请输入产品销售记录:\n");
        scanf("%s%s%lf%d",sell[i].dm,sell[i].mc,&sell[i].dj,&sell[i].sl);
        sell[i].je=sell[i].dj * sell[i].sl;  /* 计算每个产品金额 */
        fwrite(&sell[i],sizeof(pro),1,fp);/* 将每个产品的销售记录写入文件 */
    }
    fclose(fp);
    return 0;
}
/* 从文件 in.bin 中读取这 N 个销售记录并存入结构体数组 sell 中 */
int readDat(void)
{
    FILE * fp;
    int i;
    if((fp=fopen("ch11_16_in.bin","rb"))==NULL)/* 以读方式打开二进制文件 */
    {
        printf("打开文件失败。\n");
        exit(1);
    }
    /* 将每个产品的销售记录由文件读入结构体数组 sell 中 */
    for(i=0;i<N;i++)
        fread(&sell[i],sizeof(pro),1,fp);
    fclose(fp);
    return 0;
}
/* 对产品销售记录按金额从小到大进行排列,若金额相等,则按产品代码从小到大进行
排列,最终排列结果仍然存入结构体数组 sell 中 */
int sortDat(void)
{
    int i,j;
    pro temp;
    for(i=1;i<N;i++)
      for(j=1;j<=N-i;j++)
        if(sell[j-1].je>sell[j].je)
        {
```

```
            temp=sell[j-1];
            sell[j-1]=sell[j];
            sell[j]=temp;
        }
        else if(sell[j-1].je==sell[j].je)  /*若金额相等按产品代码排序*/
        if(strcmp(sell[j-1].dm,sell[j].dm)>0)
        {
            temp=sell[j-1];
            sell[j-1]=sell[j];
            sell[j]=temp;
        }
    return 0;
}
/*把排序结果输出到文件 out.bin 中*/
int writeDat(void)
{
    FILE *fp;
    int i;
    if((fp=fopen("ch11_16_out.bin","wb"))==NULL)/*以写方式打开二进制文件
*/
    {
        printf("打开文件失败。\n");
        exit(1);
    }
    printf("\n");
    printf("产品代码产品名称单价数量金额\n");
    printf("------------------------------------------------------------\n");
    for(i=0;i<N;i++)
    {
        /*将产品销售记录显示在屏幕上*/
        printf("%-11s%-11s%-11.2lf%-11d%-11.2lf\n",
        sell[i].dm,sell[i].mc,sell[i].dj,sell[i].sl,sell[i].je);
        fwrite(&sell[i],sizeof(pro),1,fp);/*将产品销售记录写入文件*/
    }
    fclose(fp);
    return 0;
}
```

执行该程序的过程和结果见图 11-1。

【程序 11-17】用结构体数组和文件实现一个图书信息管理系统。

```
请输入产品销售记录:
a001
电冰箱
4800
12
请输入产品销售记录:
a004
空调
6800
15
请输入产品销售记录:
c008
食用油
68
243

产品代码     产品名称     单价        数量        金额
------------------------------------------------------------
c008         食用油       68.00       243         16524.00
a001         电冰箱       4800.00     12          57600.00
a004         空调         6800.00     15          102000.00
```

图 11-1　程序 11-16 运行结果

分析：本例在【程序 10-9】的基础上增加了将数据写入文件和从文件中读取数据的功能，在程序运行后，将从键盘输入的数据和查询结果以文件的形式保留下来。通过文件读取数据可以避免人工输入数据的繁琐和不便，较快地调试程序。

dataInput 函数：由键盘输入图书信息，用 fwrite 函数将其写入二进制文件 ch11_17_in. bin。readData 函数：用 fread 函数将图书信息由文件读入结构体数组 sBook 中。dataInput 函数用 fwrite 函数将排好序的图书信息写入二进制文件 ch11_17_out. bin。

下面是程序的源代码(ch10_book. c)：

```
#include<stdio. h>
#include<stdio. h>
#include<stdlib. h>
#include<string. h>
#include<conio. h>
#define N 100
int menu(void);
int dataInput(void);
int readData(int n);
void printfData( int n);
void sortName( int n);
void sortAuthor(int n);
void sortPrice(int n);
void searchName(int n,char * pFindName);
void searchAuthor(int n,char * pFindAuthor);
void pressCount(int n,char * pPress);
```

```
struct book/ * 定义图书结构体类型 * /
{
    char number[5];
    char name[20];
    char author[20];
    char press[20];
    int  year;
    float price;
} sBook[N];
int main(void)
{
    int item,n;
    char findName[30],findAuthor[20],press[20];
    n=dataInput( );
    readData(n);
    while(1)
    {   item=menu( );
        switch(item)
        {
            case 1:
                sortName(n);
                printfData(n);
                break;
            case 2:
                sortAuthor(n);
                printfData( n);
                break;
            case 3:
                sortPrice(n);
                printfData( n);
                break;
            case 4:
                printf("\n 请输入书名:");
                scanf("%s",findName);
                searchName(n,findName);
                break;
            case 5:
                printf("\n 请输入第一作者:");
                scanf("%s",findAuthor);
                searchAuthor( n,findAuthor);
```

```
                break;
            case 6:
                printf("\n 请输入出版社名:");
                scanf("%s",press);
                pressCount( n,press);
                break;
            case 0:
                printf("\n 谢谢您的使用,再见! \n");
                exit(0);
        }
    }
    return(0);
}
int menu(void)      /* 显示菜单 */
{
    int item=-1;
    printf("\n");
    printf("\t\t================================================\n");
    printf("\t\t                                                \n");
    printf("\t\t            图书信息管理系统菜单                \n");
    printf("\t\t                                                \n");
    printf("\t\t            1. 按书名排序                       \n");
    printf("\t\t            2. 按第一作者排序                   \n");
    printf("\t\t            3. 按价格排序                       \n");
    printf("\t\t            4. 按书名查询                       \n");
    printf("\t\t            5. 按第一作者查询                   \n");
    printf("\t\t            6. 按出版社统计数量                 \n");
    printf("\t\t            0. 退出                             \n");
    printf("\t\t                                                \n");
    printf("\t\t================================================\n\n");
    while(item==-1)
    {
        printf("请输入选项(0-6):");
        scanf("%d",&item);
        if(item==-1)
        {
            printf("\n 非法输入,程序退出! \n");
            exit(0);
        }
        else if(item<0 || item>6)
```

```
        {
            item=-1;
            printf("\n 输入错误。");
        }
    }
    return  item;
}
int  dataInput(void)   /*数据录入*/
{
    int  i,n;
    FILE *fp;
    if((fp=fopen("ch11_17_in.bin","wb"))==NULL)   /*以写方式打开二进制文件
*/
    {
        printf("打开文件失败。\n");
        exit(1);
    }
    printf("首先录入数据,请输入记录个数:");
    scanf("%d",&n);
    printf("请按如下顺序录入数据:\n ");
    printf("%-5s%-20s%-20s%-20s%-7s%-5s\n",
        "书号","书名","作者","出版社","出版年","价格");
    for(i=0;i<n;i++)
    {
        printf("请输入第 %d 本图书信息:\n",i+1);
        scanf("%s%s%s%s%d%f",
            sBook[i].number,sBook[i].name,
            sBook[i].author,sBook[i].press,
            &sBook[i].year,&sBook[i].price);
        fwrite(&sBook[i],sizeof(struct  book),1,fp);   /*将图书信息写入文件*/
    }
    fclose(fp);
    return  n;
}
int  readData(int  n)
{
    FILE *fp;
    int  i;
    if((fp=fopen("ch11_17_in.bin","rb"))==NULL)   /*以读方式打开二进制文件
*/
```

```
    {
        printf("打开文件失败。\n");
        exit(1);
    }
    /*将图书信息由文件读入结构体数组 sBook 中*/
    for(i=0;i<n;i++)
        fread(&sBook[i],sizeof(struct book),1,fp);
    fclose(fp);
    return 0;
}
void dataInput(int n)
{
    int i;
    FILE *fp;
    /*以写方式打开二进制文件*/
    if((fp=fopen("ch11_17_out.bin","wb"))==NULL)
    {
        printf("打开文件失败。\n");
        exit(1);
    }
    printf("\n%-5s%-20s%-20s%-20s%-7s%-5s\n",
        "书号","书名","作者","出版社","出版年","价格");
    for(i=0;i<n;i++)
    {
        printf("%-5s%-20s%-20s%-20s%-7d%-5.2f\n",
            sBook[i].number,sBook[i].name,
            sBook[i].author,sBook[i].press,
            sBook[i].year,sBook[i].price);
        fwrite(&sBook[i],sizeof(struct book),1,fp);   /*将图书信息写入文件*/
    }
    fclose(fp);
}
void sortName(int n)   /*按书名排序*/
{
    int i,j;
    struct book temp;
    for(i=0;i<n-1;i++)
    for(j=i+1;j<n;j++)
        if( strcmp(sBook[i].name,sBook[j].name)>0)
        {
```

```
                temp=sBook[i];
                sBook[i]=sBook[j];
                sBook[j]=temp;
            }
}
void sortAuthor(int n)  /*按第一作者排序*/
{
    int i,j;
    struct book temp;
    for(i=0;i<n-1;i++)
        for(j=i+1;j<n;j++)
            if( strcmp(sBook[i].author,sBook[j].author)>0)
            {
                temp=sBook[i];
                sBook[i]=sBook[j];
                sBook[j]=temp;
            }
}
void sortPrice(int n)  /*按价格排序*/
{
    int i,j;
    struct book temp;
    for(i=0;i<n-1;i++)
        for(j=i+1;j<n;j++)
            if( sBook[i].price>sBook[j].price)
            {
                temp=sBook[i];
                sBook[i]=sBook[j];
                sBook[j]=temp;
            }
}
void searchName(int n,char *pFindName)/*按书名查询*/
{
    int i,flag=0;
    for(i=0;i<n;i++)
    {
        if(strcmp(sBook[i].name,pFindName)==0)
        {
            if  (flag==0)
            {
```

```
                printf("\n%-5s%-20s%-20s%-20s%-7s%-5\n",
                "书号","书名","作者","出版社","出版年","价格");
                flag=1;
            }
            printf("%-5s%-20s%-20s%-20s%-7d%-5.2f\n",
                sBook[i].number,sBook[i].name,
                sBook[i].author,sBook[i].press,
                sBook[i].year,sBook[i].price);
        }
    }
    if(flag==0)
        printf("\n查无此书!\n");
}
void searchAuthor(int n,char * pFindAuthor)/* 按第一作者查询 */
{
    int i,flag=0;
    for(i=0;i<n;i++)
    {
        if(strcmp(sBook[i].author,pFindAuthor)==0)
        {   if(flag==0)
            {   printf("\n%-5s%-20s%-20s%-20s%-7s%-5s\n",
                "书号","书名","作者","出版社","出版年","价格");
                flag=1;
            }
            printf("%-5s%-20s%-20s%-20s%-7d%-5.2f\n",
                sBook[i].number,sBook[i].name,
                sBook[i].author,sBook[i].press,
                sBook[i].year,sBook[i].price);
        }
    }
    if(flag==0)
        printf("\n查无此人!\n");
}
void pressCount(int n,char * pPress)/* 按出版社统计数量 */
{
    int i,count=0;
    for(i=0;i<n;i++)
      if(strcmp(sBook[i].press,pPress)==0)
          count++;
    printf("\n%s共有 %d 本图书。\n",pPress,count);
```

```
}
```

执行该程序得到的运行结果同程序 10-9。

本 章 小 结

本章主要介绍了有关文件操作的基本知识：文件与“流”的基本概念，与文件有关的数据缓冲区，文件类型指针，文件的打开与关闭，文件的存取(包括字符读写函数，格式化读写函数，成块数据的读写函数)，以及文件定位等。

思 考 题

1. 什么是文件？什么是缓冲文件系统？什么是“流”？
2. 什么是文件指针？什么是文件位置指针？
3. 文件数据的存储形式有哪些？各有什么特点？
4. 对文件打开和关闭的含义是什么？为什么要打开和关闭文件？
5. 文件的存取方式有哪两种？

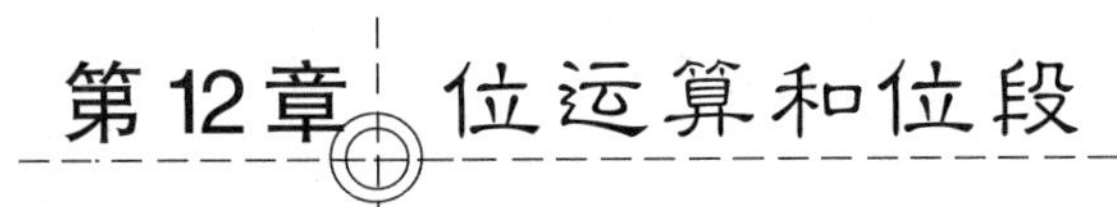

第12章　位运算和位段

前面几章介绍的C语言的各种运算和操作都是以字节为基本存储单位进行的。但是，在很多系统程序和对硬件进行控制的程序中，经常要求在位一级进行运算或处理。C语言提供了位运算的功能。位运算是C语言区别于其他高级语言的又一大特色，这使得C语言能够用来编写接近汇编语言的代码。同时，C语言又具有汇编语言所不具备的高级语言的优势，如数学运算、数据处理和可移植性等。因此，用C语言既可以编写系统软件，又可以编写应用软件，具有很强的生命力。本章将介绍位运算的概念和几种常用的位运算，同时还简要介绍位段的概念。

12.1　位运算的概念

位运算是指直接对二进制数位进行的运算。它是C语言区别于其他高级语言的又一大特色，利用这一功能，C语言就能实现一些底层操作，如对硬件编程或系统调用等。

要注意的是，位运算的数据对象只能是整型数据或字符型数据，不能是其他数据类型，如单精度浮点型或双精度浮点型。

位运算的优先级顺序是这样的：按位取反运算符“~”的优先级高于算术运算符，是所有位运算符中优先级最高的；左移“<<”和右移“>>”运算符的优先级高于关系运算符的优先级，但低于算术运算符的优先级；按位与“&”、按位或“|”和按位异或“^”都低于关系运算符的优先级。另外，这些位运算符中只有按位取反运算符“~”是单目运算符(只有一个运算对象)，其他的运算符都是双目运算符(有两个运算对象)，详见表12-1。

表12-1　　位运算符

位运算符	含义	优先级	结合性
&	按位与	8	左结合
|	按位或	9	左结合
^	按位异或	10	左结合
~	按位取反	2	右结合
<<	左移	5	左结合
>>	右移	5	左结合

12.2 位运算符的含义及其使用

12.2.1 按位“与”运算(&)

按位“与”运算的作用是：将参加运算的两个操作数，按对应的二进制位分别进行“与”运算，只有对应的两个二进制位均为1时，结果位才为1，否则为0。参与运算的数以补码形式出现。例如：9&8(一个字节)，其结果为：

```
           9：00001001
&          8：00001000
结果       8：00001000
```

按位与运算通常用来对某些位清零或保留某些位。例如，操作数a(两个字节)的值是10011010 00101011，要将此数的高8位清零，低8位保留。解决办法就是和00000000 11111111进行按位与运算。

```
       10011010   00101011
&      00000000   11111111
结果   00000000   00101011
```

从运算结果可看出，操作数a的高8位与0进行“&”运算后，全部变为0，低8位与1进行“&”运算后，结果与原数相同。

12.2.2 按位“或”运算(|)

按位“或”运算的规则是：参与运算的两数各对应的二进位相或。只要对应的两个二进制位有一个为1时，结果位就为1。参与运算的两个数均以补码形式出现。例如：38 | 27，其结果为：

```
        38：00100110
|       27：00011011
结果    63：00111111
```

根据“|”运算的特点，可用于将数据的某些位置1，这只要与待置位上二进制数为1，其它位为0的操作数进行“|”运算即可。

12.2.3 按位“非”运算(~)

按位“非”运算就是将操作数的每一位都取反(即1变为0，0变为1)。它是位运算中唯一的单目运算。例如：~83，其结果为：

```
       ~83：01010011
结果   -84：10101100
```

12.2.4 按位“异或”运算(^)

按位“异或”运算的运算规则是：两个参加运算的操作数中对应的二进制位若相同，则结果为0，若不同，则该位结果为1。例如：

```
              45：00101101
          ^  102：01100110
      结果   75：01001011
```

可以看出与0“异或”的结果还是0，与1“异或”的结果相当于原数位取反。利用这一特性可以实现某操作数的其中几位翻转，这只要与另一相应位为1其余位为0的操作数“异或”即可。这比求反运算的每一位都无条件翻转要灵活。

【程序12-1】编写程序使用位运算交换两个整型变量的值。

分析：可以利用前面讲过的位运算中的“异或”运算来实现，而不需要使用第三个变量。

下面是程序的源代码(ch12_01.c)：

```
#include<stdio.h>
int main(void)
{
    int a=56,b=37;
    a=a^b;
    b=b^a;
    a=a^b;
    printf("a=%d,b=%d\n",a,b);
    return 0;
}
```

执行该程序得到下面的运行结果：

```
a=37,b=56
```

12.2.5 “左移”运算(<<)

“左移”运算的规则是：把“<<”左边运算数的各二进位全部左移若干位，由“<<”右边的数指定移动的位数。其中，左端的高位丢弃，右端的低位补0。例如：

```
short x=5,y,z;
y=x<<1;
z=x<<2;
```

用二进制形式表示运算过程如下：

```
x:          00000000 00000101   (x=5)
y=x<<1:00000000 00001010   (y=x*2=10)
z=x<<2:00000000 00010100   (z=x*2²=20)
```

从上面的例子可以看出左移一位相当于原数乘 2，左移 n 位相当于原数乘 2^n，n 是要移动的位数。在实际运算中，左移位运算比乘法要快得多，所以常用左移位运算来代替乘法运算。但是要注意，如果左端移出的部分包含二进制数 1，这一特性就不适用了。例如：

```
short  x=10056,y,z;
y=x<<1;
z=x<<2;
```

运算情况如下：

```
x:          0010011101001000    (x=10056)
y=x<<1:0100111010010000    (y=x*2=20112)
z=x<<2:10011101  00100000    (z=-25312)
```

上例中当 x 左移两位时，左端移出的部分包含二进制数 1，造成与期望的结果不相符。

12.2.6 “右移”运算(>>)

“右移”运算的功能是把“>>”左边运算数的各二进位全部右移若干位，由“>>”右边的数指定移动的位数。左端的填补分两种情况：

若该数为无符号整数或正整数，则高位补 0。例如：

```
short  a=11,b;
a:          00000000  00001011
b=a>>2:00000000  00000010
```

若该数为负整数，则最高位是补 0 或是补 1，取决于编译系统的规定，在 VC2010 中是补 1。例如：

```
short  a=-25312,b;
a:          10011101  00100000
b=a>>1:11001110  10010000
```

【程序 12-2】编写一个程序，实现一个 16 位整数的右循环移位。

分析：前面讲过的位运算中的“右移”运算是将移出的位舍弃，而本题要求的右循环移位是要将移出的位依次放到左端高位上去。为实现这个目的，可按以下步骤进行：

(1)先将整数 k 要移出的右端 n 位通过“左移”运算移至左端高位上，并将结果存入一个中间变量 m 中，即 m=k<<(16-n)。

(2)将 k 右移 n 位(左端高位移入的是 0)，把结果存入另一中间变量 i 中，即 i=k>>n。

(3)最后将 m 和 k 进行“或”运算，得出循环右移的结果。

下面是程序的源代码(ch12_02.c)：

```
#include<stdio.h>
int main(void)
{
    unsigned short m,k,i;
    int n;
    printf("输入一个4位的16进制整数和向右循环移动的位数,用逗号隔开:\n");
    scanf("%hx,%d",&k,&n);
    m=k<<(16-n);
    i=k>>n;
    i=i | m;
    printf("向右循环移动后得到%x\n",i);
    return 0;
}
```

如果把16进制的整数abcd向右循环移动4位，执行该程序得到下面的运行结果：

```
输入一个4位的16进制整数和向右循环移动的位数,用逗号隔开:
abcd,4
向右循环移动后得到 dabc
```

12.2.7　长度不同的两个数进行位运算的规则

参加位运算的数可以是长整型(long int)、基本整型(int)以及字符型(char)。当两个类型不同的数进行位运算时，它们的长度不同，这时系统将二者按右端对齐。若较短的数为正数或无符号数，则其高位补足零。若较短的数为负数，则其高位补满1。

12.2.8　位复合赋值运算符

C语言允许在赋值运算符“=”之前加上位运算符，这样可以构成位复合赋值运算符，其目的是为了简化程序代码，提高编程效率，这些复合运算符有：

&=按位与赋值。例如:x&=y 与 x=x&y 等价。
|=按位或赋值。例如:x|=y 与 x=x|y 等价。
^=按位异或赋值。例如:x^=y 与 x=x^y 等价。
<<=左移位赋值。例如:x<<=y 与 x=x<<y 等价。
>>=右移位赋值。例如:x>>=y 与 x=x>>y 等价。

12.3　位段

有些信息在存储时，并不需要占用一个完整的存储单元，而只需占一个或多个二进制位。例如，在存放一个开关量时，只有 0 和 1 两种状态，用一个二进制位即可。为了节省存储空间，并使处理简便，C 语言规定可以在一个结构体中以二进制位为单位来指定其成员所占内存长度，这种以位为单位的成员就称为"位段"或"位域"。每个位段有一个名称，即位段名，允许在程序中按位段名进行操作。这样就可以把几个不同的数据用一个存储单元来存储。位段是 C 语言直接访问位的有效手段。

12.3.1 位段的定义

位段定义的一般形式如下：

```
    struct [结构体类型名称]
    {
        类型说明符 [位段名]: 长度;
        ⋮
  } [变量名表];
```

例如：

```
struct device
{
    unsigned busy:1;
    unsigned ready:1;
    unsigned check:1;
    unsigned adr:2;
} devCode;
```

以上结构体变量定义了 4 个位段：busy、ready、check、adr，分别占 1 个、1 个、1 个和 2 个二进制位。

注意：

(1)位段的位长度不能大于其类型的长度。例如：

```
struct packed0
{
    unsigned m:36;
};
```

这样的定义是错误的，因为 36 大于 unsigned 类型的长度(32)。

(2)一个位段必须存储在同一个存储单元(8 位、16 位或 32 位)中，不能跨两个单元。如果第一个单元空间容纳不下一个位段，则该单元剩余的空间不用，从下一个单元开始存放该位段。

(3)位段名缺省时称作无名位段，无名位段的存储空间通常不用。例如：

```
structpacked1
```

```
{
    unsigned  a:2;
    unsigned:2;/ * 这 2 位空间不用 * /
    unsigned  b:1;
} data;
```

(4)当无名位段的长度被指定为0时有特殊作用，它使下一个位段从一个新的存储单元开始存放。例如：

```
struct packed2
{
    unsigned  a:2;
    unsigned:2;
    unsigned:0;
    unsigned  b:1;/ * 从下一个整数开始存放 * /
} data;
```

此时，变量 data 在内存中占 8 个字节，而不是 4 个字节。

(5)一个结构体中既可以定义位段成员，也可以同时定义其他类型的成员。例如：

```
struct  packet3
{
    unsigned  m:4;
    unsigned  n:4;
    int  k;
} any;
```

12.3.2　位段的使用

位段的引用方式与结构体成员的引用方式相同，其一般形式为：

结构体变量名．位段名

例如：

```
data. a=2;
data. b=1;
any. m=3;
```

注意，如果写成 data. a=5；就错了。这是因为 a 只占 2 位，最大值也只能是 3。但是，系统并不报错，而是自动截取数 5 的二进制表示(0101)的低两位，故 data. a 的值是 1。

位段也可以参与算术表达式的运算，这时系统自动将其转化为整型数据。

在用 printf 函数输出位段时，可以用整型格式符(%d、%u、%o、%x)。
例如：

```
printf("%d\n",data.a);
```

【程序 12-3】编写程序说明位段的定义和使用。
下面是程序的源代码(ch12_03.c)：

```
#include<stdio.h>
int main(void)
{
    struct x
    {
        unsigned a:2;
        unsigned b:3;
        unsigned c:1;
        unsigned d:4;
        unsigned e:3;
    };
    union y
    {
        struct x m;
        unsigned i;
    } n;
    n.i=255;
    printf("%d\n",++n.m.d);
    return 0;
}
```

执行该程序得到下面的运行结果：

```
4
```

上例中，结构体类型 x 中的成员都定义为位段，其中 a 占 2 位，b 占 3 位，c 占 1 位，d 占 4 位，e 占 3 位。共用体类型 y 中的成员为结构体 m 和无符号整数 i，而 m 和 i 共用一块内存区(32 位)，其存储结构如图 12-1 所示。

从图中可以看出，n.m.d 的值为 3(二进制数 0011)，再做一次自增运算，其值为 4，所以得到输出结果为 4。

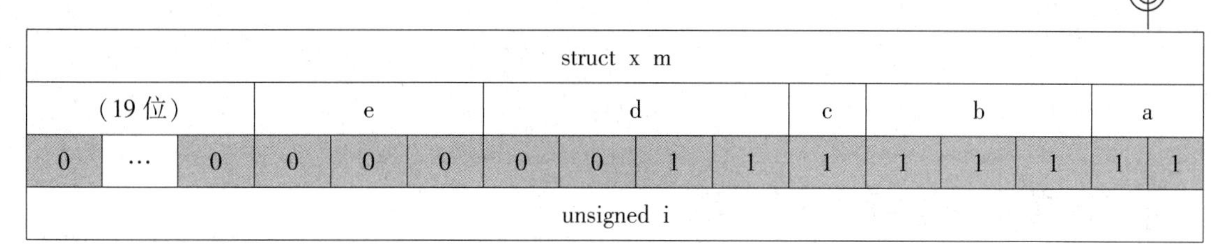

图 12-1　位段的存储结构

本 章 小 结

C 语言提供了位运算符，用来对整型数据和字符型数据中的二进制位进行操作，包括按位取反、按位与、按位或及按位异或。同时，C 语言还提供了左移位和右移位运算符，它们是将某一个整数值中的所有二进制位向左或向右移动指定数量的位数。

C 语言允许定义位段来对数据中的一组二进制位进行操作。

思 考 题

1. 按优先级从高到低的顺序说出位运算符，并说明各自的计算规则。
2. 举例说明各种位运算符的典型应用。
3. 移位运算符能用于浮点型数据吗？
4. 试比较位运算符和位段完成位操作的背景和优缺点。
5. 能在共用体中定义位段吗？考虑如何在共用体中定义带位段的结构体成员。

第13章 编译预处理

本章介绍编译预处理的概念和常用的编译预处理命令，如宏定义、文件包含和条件编译等。预处理过程扫描源代码，对其进行初步的转换，产生新的源代码提供给编译器编译。可见预处理过程先于编译器对源代码进行处理，所以称为预处理。宏定义可以简化C语言源程序的编写，并具有类似函数的功能；文件包含命令可以将其他源文件包含进来，以简化重复编写的工作；条件编译可以编写易移植、易调试的程序。

这三种编译预处理命令是本章介绍的重点，其中带参数的宏定义是本章的难点。

13.1 编译预处理的概念

预处理是指在进行编译的第一遍扫描(词法扫描和语法分析)之前所做的工作，其目的是对程序中的特殊命令作出解释，以产生新的源代码并对其进行正式编译。这些所谓特殊命令就是编译预处理命令。

编译预处理命令是C语言所独有的特色，它扩展了C语言的设计能力，合理地使用编译预处理命令，可以使程序便于阅读、移植、修改和调试。

C语言的编译预处理命令有三种：宏定义、文件包含和条件编译。

C语言规定，预处理命令必须独占一行，并以符号“#”开始，末尾不能加分号，以表示与一般C语句的区别。

13.2 宏定义

在C语言源程序中允许用一个标识符来表示一个字符串，称为“宏”。被定义为“宏”的标识符称为“宏名”。在编译预处理时，对程序中所有出现的“宏名”，都用宏定义中的字符串去代换，称为“宏代换”或“宏展开”。

宏定义是由源程序中的宏定义命令完成的。宏代换是由预处理程序自动完成的。

在C语言中，“宏”分为无参数的宏和有参数的宏两种。

13.2.1 不带参数的宏定义

无参数的宏定义的一般形式为：

#define 宏名字符串

其中，define是宏定义命令的关键字，宏名是一个标识符，字符串可以是常数、表达式、格式字符串等。

【程序13-1】无参数宏定义的一般形式。定义宏名PI，计算圆面积。

下面是程序的源代码(ch13_circuarea.c)：

```
#include<stdio.h>
#define PI 3.1415926
int main(void)
{
    float r=3.0;
    printf("area=%f",PI * r * r);
    return 0;
}
```

执行该程序得到下面的运行结果：

```
area=28.274333
```

上例中以宏名 PI 来替代常量 3.1415926。注意，预处理程序把 3.1415926 看作一个字符串，进行的是文本替换，而不是变量赋值。这样做的好处，一是可以简化程序，二是便于修改。

说明：

(1)通常将所有的宏定义都写在程序开头。

(2)宏名的命名规则同变量名，但一般习惯使用大写字母，以便引起注意。

(3)宏定义必须写在函数之外，宏名的有效范围是从宏定义开始到本源程序文件结束，或遇到预处理命令#undef 时止。

例如：

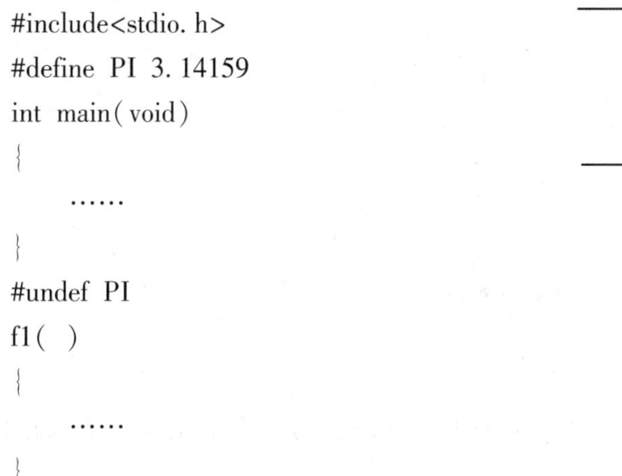

```
#include<stdio.h>
#define PI 3.14159
int main(void)
{
    ......
}
#undef PI
f1( )
{
    ......
}
```


(4)宏定义不但可以定义常量，还可以定义 C 语句和表达式等。

【程序 13-2】在宏定义中定义表达式。

下面是程序的源代码(ch13_defexp.c)：

```
#include<stdio.h>
#define  M(y * y+3 * y)      /* 定义括号内的表达式为宏名 M */
int  main(void)
{
    int  s,y;
    printf("请输入一个数:");
    scanf("%d",&y);
    s=3 * M+4 * M+5 * M;/* 在计算时使用宏名 M 代替表达式 */
    printf("s=%d\n",s);
    return  0;
}
```

执行该程序得到下面的运行结果：

```
请输入一个数:2
s=120
```

上例中首先进行宏定义，定义宏名 M 来替代表达式(y * y+3 * y)。在编写源程序时，所有需要写(y * y+3 * y)的地方都可直接写 M，而对源程序进行编译时，将先由预处理程序进行宏代换，即用字符串(y * y+3 * y)去替换所有的宏名 M，得到：

```
s=3 * (y * y+3 * y)+4 * (y * y+3 * y)+5 * (y * y+3 * y);
```

然后再进行编译。应注意的是，在宏定义中表达式(y * y+3 * y)两边的括号一定不能少，否则会发生错误。如作以下定义后：

```
#difine  M  y * y+3 * y
```

在宏展开时将得到下述语句：

```
s=3 * y * y+3 * y+4 * y * y+3 * y+5 * y * y+3 * y;
```

显然与原题意要求不符。

(5)宏定义允许嵌套，即在宏定义的字符串中可以使用被另一个宏定义所定义过的宏名。在宏展开时由预处理程序层层代换。

【程序 13-3】宏定义中的嵌套定义。

下面是程序的源代码(ch13_nestdef.c)：

```
#include<stdio.h>
#define  PI  3.14
```

```
#define R 30
#define AREA PI * R * R/ * 宏名 AREA 是嵌套定义 * /
#define PRN printf("\n");
int main(void)
{
    printf("%lf",AREA);/ * 宏代换后变为:printf("%lf",3.14 * 30 * 30); * /
    PRN/ * 宏代换后变为:printf("\n"); * /
    return 0;
}
```

执行该程序得到下面的运行结果：

```
2826.000000
```

(6)宏代换只是指定字符串替换宏名的简单替换，不做任何语法检查。如上例第4句，在后面加分号，则连分号一起替换。如有错误，只能在编译已完成宏展开后的源程序时发现。

(7)程序中用双引号括起来的字符串，以及用户标识符中的部分，即使有与宏名完全相同的成分，由于它们不是宏名，故编译预处理时，不会进行替换。

【程序 13-4】双引号内的字符串不会被替换。

下面是程序的源代码(ch13_doublequo.c)：

```
#include<stdio.h>
#define OK 100
int main(void)
{
    printf("OK");
    printf("\n");
    return 0;
}
```

执行该程序得到下面的运行结果：

```
OK
```

上例中定义宏名 OK 表示 100，但在 printf 语句中 OK 被双引号括起来，这表示把“OK”当字符串处理，因此不作宏代换。

13.2.2　带参数的宏定义

对带参数的宏，在调用中，不仅要宏展开，而且要用实参去代换形参。

带参宏定义的一般形式为：

#define 宏名(形参表)字符串

其中，宏名是一个标识符，(形参表)中的参数可以是一个或多个，多个参数之间用逗号分隔。字符串是由形参表中的各个参数组成的表达式。

例如：

```
#define M(a,b)a * b        /* 宏定义 */
……
s=M(3,5);                  /* 宏调用 */
……
```

说明：

(1)带参数的宏替换不仅仅是简单的字符串替换，还要进行参数部分的参数处理。宏名后面的参数表是形参表，替换字符串中会出现形参(也可能不止一次)，替换时，字符串中的形参将会被程序中相应的实参部分逐一替代。字符串中非形参字符将原样保留。

(2)带参数的宏定义中，宏名和形参表之间不能有空格出现。

例如，把下面的命令：

```
#define M(a,b)a * b
```

改写为：

```
#define M(a,b)a * b
```

将被认为是无参宏定义，宏名 M 代表字符串(a，b)a * b。

(3)上例中宏调用的替换结果应该是 s=3 * 5。字符串中的 a 和 b 为宏名后面的参数表中的形参，替换时，对应形参 a 和 b 的实参 3 和 5 替换至字符串中来了，字符串中的“ * ”原样保留。带参数的宏定义要求实参个数与形参个数相同，但没有类型要求，这点是与函数调用截然不同的，函数调用要求参数的类型必须一致。

(4)若宏调用改为 s=M(3+2，5+1)，则调用结果为 s=3+2 * 5+1，这是由于带参数的宏替换实质上仍然是字符串的替换，不进行算术计算，自然与希望的结果不符。这时，应将宏定义改为：

```
#define M(a,b)(a) * (b)
```

这样才能得到希望的结果 s=(3+2) * (5+1)。这种结果也是由于括住形参 a，b 的圆括号原样保留的原因。

(5)若宏调用改为 s=3/M(3+2，5+1)，则替换后得 s=3/(3+2) * (5+1)，也与希望的结果不符，这时应将宏定义改为：

```
#define M(a,b)((a)*(b))
```

这样才能得到所希望的结果 s=3/((3+2)*(5+1))。

以上两点表明，宏定义中圆括号的使用非常关键，否则会得到错误的结果。

(6)宏定义中由双引号括起来的字符串常量中，如果含有形参，则在做宏替换时实参是不会替换此双引号中的形参的。如：

```
#define ADD(m)printf("m=%d\n",m)
```

用 ADD(x+y)；语句调用，结果为 printf("m=%d\n", x+y);。这是由于第一个 m 是在双引号括起来的字符串中，是字符串常量的一部分，而不是形参的缘故。

若要解决此问题，则可在形参前加一"#"，变为如下形式：

```
#define ADD(m)printf(#m"=%d\n",m)
```

这样调用 ADD(x+y)；语句后，结果就会变为 printf("x+y=%d\n", x+y);。

(7)如宏定义包含"##"，则宏替换时将"##"去掉，并将其前后字符串合在一起。例如：

```
#define S(a,b)a##b
```

当调用 S(number，5)；语句时，宏展开为 number5。

13.3 文件包含

文件包含是指将一个源文件的全部内容包含到另一个源文件中，成为后者的一部分。

文件包含预处理命令的一般形式为：

#include<文件名>

或

#include "文件名"

其中，include 是关键字，文件名是被包含的文件全名。

两种格式的区别在于：用<>括起文件名的文件包含命令，在编译时将只在系统指定存放头文件的目录下查找该文件，一般是 include 目录；而用" "括起文件名的文件包含命令，编译时系统首先在当前的源文件所在目录下查找该头文件，若未找到，再到系统指定存放头文件的目录下去查找。

因此，对于 C 语言所提供的头文件(如"stdio. h"、"dos. h"、"io. h"和"math. h"等)，用第一种方式可以节省搜索时间。这里所说的"头文件"，是因为#include 命令所指定的被包含文件常放在文件的开头，习惯上称被包含文件为头文件，并常以 .h 作为其文件的扩展名，如"stdio. h"。文件包含命令使用" "时，双引号中的文件名还可以使用文件路径，如"c:\vc\include\stdio. h"。

用#include 文件包含预处理命令的好处是：当许多程序中需要用到一些共同的常量、数据等资料时，可以把这些共同的东西写在以 .h 作为扩展名的头文件中，若哪个程序需要用时就可用文件包含命令把它们包含进来，省去了重复定义的麻烦，并可减少出错。

例如，有以下文件“f. c”：

```
#include “stdio. h”
#define PI 3. 1415926
#define AREA(r)(PI*(r)*(r))
#define PR printf
#define D “%f”
```

下面程序要用到以上内容，就可用文件包含命令把它们包含进来，形成一个新的源程序。

```
#include "c:\vc\f. c"
int main(void)
{
    float r=3.5,s;
    s=AREA(3.5);
    PR(D,s);
    return 0;
}
```

执行该程序得到下面的运行结果：

```
38.484509
```

注意，一条包含命令只能包含一个文件，若要包含 n 个文件，就需要 n 条包含命令。

13.4 条件编译

条件编译命令可以使得编译器按不同的条件去编译程序中不同的部分，因而产生不同的目标代码文件。这就是说，通过条件编译命令，某些代码要在满足一定条件下才被编译，否则将不被编译。

条件编译通常用来编译不同平台上的同一个程序；也可以用来避免调试程序代码出现在可执行程序中，条件编译时被排除的程序代码在最后的可执行文件中被完全略去，所以不会对程序的大小或功能有任何影响；还可以避免文件重复包含带来的问题，也可以减少编译的代码量，提高程序的运行效率。

条件编译的形式主要有以下几种：

1. #ifdef-#else-#endif

```
#ifdef 标识符
```

```
        程序段 1
    [#else
        程序段 2]
    #endif
```

其中，ifdef 、else 和 endif 都是关键字。程序段 1 和程序段 2 是由若干预处理命令和语句组成的。

其含义是：若标识符已被 #define 命令定义过，则编译程序段 1；否则，编译程序段 2。[ ]中的部分可以没有。

2. #ifndef-#else-#endif

```
    #ifndef 标识符
        程序段 1
    [#else
      程序段 2]
    #endif
```

格式 2 与格式 1 的区别在于将关键字 ifdef 换成了 ifndef。其含义是：若标识符未被定义过，则编译程序段 1；否则，编译程序段 2。这与格式 1 的功能正好相反。

3. #if-#else-#endif

```
    #if 表达式
        程序段 1
    [#else
        程序段 2]
    #endif
```

其中，if、else 和 endif 是关键字，表达式只能包含整数常量、字符常量和预处理运算符 defined。其含义是：若表达式的值为真(非 0)，则编译程序段 1；否则，编译程序段 2。

4. #if-#elif-#endif

```
    #if 表达式 1
        程序段 1
    #elif 表达式 2
        程序段 2
    ……
    #elif 表达式 n
      程序段 n
    #endif
```

其中，elif 也是关键字，意即“else if”，它与 if 和 else 指令一起构成了 if-else-if 嵌套语句，用于多种编译选择的情况。

其含义是：如果表达式 1 的值为真，则编译程序段 1；否则，计算表达式 2。如果结果为真，则编译程序段 2；…否则，计算表达式 n，如果结果为真，则编译程序段 n。

【程序 13-5】条件编译的运用。使用条件编译命令定义宏名 PI 来计算圆面积。

下面是程序的源代码(ch13_condcompil. c)：

```
#include<stdio.h>
int main(void)
{
    float r=5.5,s;
    #if defined(PI)
        s=PI*r*r;
    #else
    #define PI 3.1415926
        s=PI*r*r;
    #endif
    printf("s=%f\n",s);
    return 0;
}
```

执行该程序得到下面的运行结果：

```
s=95.033176
```

说明：预处理测试运算符 defined 只能用在#if 或#elif 语句中，其使用格式如下：

defined(标识符)

或

defined 标识符

它表示如果标识符被宏定义，则返回非零值；否则，返回零值。

上例中，标识符 PI 未被宏定义，执行#else 后的语句，即先宏定义 PI，再求 s。

从上面叙述可以看出，条件编译与一般 if 条件控制语句用法相似，它们的本质区别在于：使用条件控制语句，编译器仍然对整个源程序进行编译，生成的目标代码程序很长；而采用条件编译，则根据条件只编译其中的部分源程序，生成的目标程序较短。如果根据条件选择的程序段很长，采用条件编译是十分必要的。

本章小结

编译预处理是在 C 语言编译前进行的。预处理命令是特殊命令，不是语句，它以#开头，结尾无分号。编译预处理命令可以控制编译器的行为，在有些情况下非常有用。

C 语言提供的编译预处理命令包括宏定义、文件包含和条件编译三种。这些命令可以简化编程工作，也可以增强源代码的易维护性和可移植性。

C 语言提供的预处理命令还有#error、#pragma 和#line 等，以及几个预定义的宏，如__LINE__、__FILE__等。本书没有对它们作介绍，有兴趣的读者可以进一步阅读相关资料自学。

思　考　题

1. 预处理命令在什么时候被处理？
2. 试比较带参数的宏和带参数的函数之间的区别。
3. 在#include 命令中用<>和“”括住文件名的区别是什么？
4. 试举例说明条件编译适用的场合。
5. 为什么#if 后面的表达式不能是变量表达式？

附录A 常用ASCII字符

ASCII值	控制字符	ASCII值	字符	ASCII值	字符	ASCII值	字符
000	NUL	032	(space)	064	@	096	`
001	SOH	033	!	065	A	097	a
002	STX	034	"	066	B	098	b
003	ETX	035	#	067	C	099	c
004	EOT	036	$	068	D	100	d
005	END	037	%	069	E	101	e
006	ACK	038	&	070	F	102	f
007	BEL	039	'	071	G	103	g
008	BS	040	(	072	H	104	h
009	HT	041	)	073	I	105	i
010	LF	042	*	074	J	106	j
011	VT	043	+	075	K	107	k
012	FF	044	,	076	L	108	l
013	CR	045	-	077	M	109	m
014	SO	046	.	078	N	110	n
015	SI	047	/	079	O	111	o
016	DLE	048	0	080	P	112	p
017	DC1	049	1	081	Q	113	q
018	DC2	050	2	082	R	114	r
019	DC3	051	3	083	S	115	s
020	DC4	052	4	084	T	116	t
021	NAK	053	5	085	U	117	u
022	SYN	054	6	086	V	118	v
023	ETB	055	7	087	W	119	w
024	CAN	056	8	088	X	120	x
025	EM	057	9	089	Y	121	y
026	SUB	058	:	090	Z	122	z
027	ESC	059	;	091	[	123	{
028	FS	060	<	092	\	124	|
029	GS	061	=	093	]	125	}
030	RS	062	>	094	^	126	~
031	US	063	?	095	_	127	DEL

附录B 运算符

优先级	符号	含义	运算对象个数	结合性
1	( )	圆括号		左结合
	[ ]	数组下标	2	
	->	取指针指向的结构体和共用体的成员	2	
	.	取结构体和共用体的成员	2	
2	!	逻辑非	1	右结合
	~	按位取反		
	++	自增		
	--	自减		
	-	负号		
	(类型名称)	强制类型转换		
	*	间接引用		
	&	取地址		
	sizeof	长度运算符		
3	*	乘法	2	左结合
	/	除法		
	%	取余		
4	+	加法	2	左结合
	-	减法		
5	<<	左移位	2	左结合
	>>	右移位		
6	< <= > >=	关系运算符	2	左结合
7	==	判断等于	2	左结合
	! =	判断不等于		
8	&	按位与	2	左结合
9	^	按位异或	2	左结合
10	|	按位或	2	左结合
11	&&	逻辑与	2	左结合

续表

<table>
<tr><th>优先级</th><th>符号</th><th>含义</th><th>运算对象个数</th><th>结合性</th></tr>
<tr><td>12</td><td>||</td><td>逻辑或</td><td>2</td><td>左结合</td></tr>
<tr><td>13</td><td>?:</td><td>条件</td><td>3</td><td>右结合</td></tr>
<tr><td>14</td><td>= += -= *= /= %= >>=
<<= &= ^= |=</td><td>赋值</td><td>2</td><td>右结合</td></tr>
<tr><td>15</td><td>,</td><td>逗号</td><td>2</td><td>左结合</td></tr>
</table>

附录C　常用标准库函数

ANSI/ISO C语言标准库把函数按功能分成不同的组，每个组都有与之相关的头文件。本附录只列出C语言初学者学习和进行基础训练所需要的最基本、最常用的标准库函数的原型，并做了简单的描述。如果在编写实际应用程序时需要完整的库函数说明，请查阅所用编译系统的文档或参考手册。

C.1　数学函数

调用数学函数时，要在源文件中使用以下命令包含头文件math.h：

```
#include<math.h>
```

函数名	函数原型	功　　能	说　　明
acos	double acos(double x)	计算arccos(x)的值	-1≤x≤1
asin	double asin(double x)	计算arcsin(x)的值	-1≤x≤1
atan	double atan(double x)	计算arctan(x)的值	
cos	double cos(double x)	计算cos(x)的值	x的单位为弧度
cosh	double cosh(double x)	计算x的双曲余弦函数的值	
exp	double exp(double x)	求e^x的值	
fabs	double fabs(double x)	求x的绝对值	
fmod	double fmod(double x, double, y)	求整除x/y的余数	
log	double log(double x)	求lnx(即$\log_e x$)的值	
log10	double log10(double x)	求lgx(即$\log_{10} x$)的值	
pow	double pow(double x, double y)	计算x^y的值	
sin	double sin(double x)	计算sin(x)的值	x的单位为弧度
sinh	double sinh(double x)	计算x的双曲正弦函数的值	
sqrt	double sqrt(double x)	计算$\sqrt{x}$的值	x≥0
tan	double tan(double x)	计算tg(x)的值	x的单位为弧度
tanh	double tanh(double x)	计算x的双曲正切函数的值	

C.2 字符函数

调用字符函数时，要在源文件中使用以下命令包含头文件 ctype. h：
#include<ctype. h>

函数名	函数原型	功　　能	说　　明
isalnum	int isalnum(int ch)	检查 ch 是不是字母或数字	是，则返回 1；否则返回 0
isalpha	int isalpha(int ch)	检查 ch 是不是字母	是，则返回 1；否则返回 0
iscntrl	int iscntrl(int ch)	检查 ch 是不是控制字符	是，则返回 1；否则返回 0
isdigit	int isdigit(int ch)	检查 ch 是不是数字	是，则返回 1；否则返回 0
isgraph	int isgraph(int ch)	检查 ch 是不是可打印字符，不包括空格	是，则返回 1；否则返回 0
islower	int islower(int ch)	检查 ch 是不是小写字母	是，则返回 1；否则返回 0
isprint	int isprint(int ch)	检查 ch 是不是可打印字符，包括空格	是，则返回 1；否则返回 0
ispunct	int ispunct(int ch)	检查 ch 是不是标点字符	是，则返回 1；否则返回 0
isspace	int isspace(int ch)	检查 ch 是不是空格、制表符或换行符	是，则返回 1；否则返回 0
isupper	int isupper(int ch)	检查 ch 是不是大写字母	是，则返回 1；否则返回 0
isxdigit	int isxdigit(int ch)	检查 ch 是不是 16 进制数学符号	是，则返回 1；否则返回 0
tolower	int tolower(int ch)	将 ch 转换成小写字母	返回小写字母的 ASCII 码
toupper	int toupper(int ch)	将 ch 转换成大写字母	返回大写字母的 ASCII 码

C.3 字符串函数

调用字符串函数时，要在源文件中使用以下命令包含头文件 string. h：
#include<string. h>

函数名	函数原型	功　　能	说　　明
strcat	char * strcat (char * str1, char * str2)	把字符串 str2 接到 str1 后面	返回 str1
strchr	char * strchr(char * str, int ch)	找出 str 指向的字符串中第一次出现字符 ch 的位置	返回指向该位置的指针；如果找不到，则返回 NULL
strcmp	int strcmp(char * str1, char * str2)	按字典顺序比较字符串 str1 和 str2 的大小	str1<str2，返回负数；str1 = str2，返回 0；str1>str2，返回正数

续表

函数名	函数原型	功 能	说 明
strcpy	char * strcpy (char * str1, char * str2)	把 str2 指向的字符串拷贝到字符串 str1 中去	返回 str1
strlen	unsigned int strlen(char * str)	统计字符串 str 中字符的个数(不包括'\0')	
strstr	char * strstr (char * str1, char * str2)	找出 str2 字符串中第一次出现字符串 str1 的位置	返回指向该位置的指针；如果找不到，则返回 NULL

C.4 输入输出函数

调用输入输出函数时，要在源文件中使用以下命令包含头文件 stdio. h：
#include<stdio. h>

函数名	函数原型	功 能	说 明
clearerr	void clearerr(FILE * fp)	清除 fp 指向的文件的错误标志和文件结束标志置 0	
fclose	int fclose(FILE * fp)	关闭 fp 指向的文件	关闭成功，返回 0；否则返回-1
feof	int feof(FILE * fp)	检查文件是否结束	遇文件结束，返回非零值；否则返回 0
fgetc	int fgetc(FILE * fp)	从 fp 指向的文件中读取下一个字符	
fgets	char * fgets(char * buf, int n, FILE * fp)	从 fp 指向的文件中读取长度为(n-1)的字符串，存入 buf 指向的内存区	返回 buf
fopen	FILE * fopen (char * filename, int mode)	打开名为 filename 的文件	成功，则返回文件指针；否则返回 0
fprintf	int fprintf(FILE * fp, char * format, args)	把 args 的值以 format 指定的格式输出到 fp 指向的文件中	返回输出的字符数
fputc	int fputc(char ch, FILE * fp)	将字符 ch 输出到 fp 指向的文件中	成功，返回该字符；否则返回非零值
fputs	char * fputs (char * buf, int n, FILE * fp)	将字符串 str 输出到 fp 指向的文件中	成功，返回 0；否则返回非零值

续表

函数名	函数原型	功　　能	说　　明
fread	int fread(char * pt, unsigned size, unsigned n, FILE * fp)	从 fp 指向的文件中读取长度为 size 的 n 个数据项，存储到 pt 所指的内存区	返回读取的数据项个数；出错，则返回 0
fscanf	int fscanf(FILE * fp, char format, args)	从 fp 指向的文件中按 format 指定的格式将输入数据送到 args 指定的内存单元	返回输入的数据个数
fseek	int fseek(FILE * fp, long offset, int base)	将 fp 指向的文件的位置指针移到以 base 所指出的位置为基准，以 offset 为偏移量的位置	成功，则返回当前位置；否则返回-1
ftell	long ftell(FILE * fp)	返回 fp 指向的文件中的读写位置	
fwrite	int fwrite(char * ptr, unsigned size, unsigned n, FILE * fp)	把 ptr 所指向的 n * size 个字节输出到 fp 指向的文件中	返回输出到文件中的数据项个数
getc	int getc(FILE * fp)	从 fp 指向的文件中读入一个字符	成功，则返回所读的字符；失败，返回-1
getchar	int getchar( )	从标准输入设备中读取一个字符	成功，则返回所读的字符；否则返回-1
gets	char * gets( )	从标准输入设备中字读取一个字符串	成功，则返回所读的字符串；否则返回 0
printf	int printf(char * format, args)	将 args 列表的值按 format 指定的格式输出	成功，则返回输出的字符个数；否则返回-1
putc	int putc(int ch, FILE * fp)	把字符 ch 输出到文件 fp 中	成功，则返回输出的字符；否则返回 EOF
putchar	int putchar(char ch)	把字符 ch 输出到标准输出设备	成功，则返回输出的字符；否则返回 EOF
puts	int gets(char * str)	把字符串 str 输出到标准输出设备	成功，则返回换行符；否则返回 EOF
rename	int rename(char * oldname, char * newname)	把文件名 oldname 改为 newname	成功，则返回 0；否则返回-1
rewind	void rewind(FILE * fp)	将 fp 指向的文件中的位置指针置于文件开头，并清除文件结束标志和错误标志	
scanf	int scanf(char * format, args)	从标准输入设备按 format 指定的格式输入数据给 args 指向的存储单元	成功，则返回输入并赋给 args 的数据个数；否则返回 EOF 或 0

C.5 进程函数

调用进程函数时，要在源文件中使用以下命令包含头文件 process. h 或 stdlib. h：
#include<process. h>或#include<stdlib. h>

函数名	函数原型	功　能	说　明
abort	void abort( )	异常终止程序	
exit	void exit(int status)	终止当前程序	
system	int system(char * command)	将控制台命令传递给系统执行	返回执行结果的状态码

C.6 内存分配函数

调用内存分配函数时，要在源文件中使用以下命令包含头文件 malloc. h：
#include<malloc. h>

函数名	函数原型	功　能	说　明
calloc	void * calloc(unsigned n, unsigned size)	分配 n 个数据项的连续内存空间，每个数据项占 size 字节	成功，则返回所分配内存区的起始地址；否则返回 0
free	void free(void * pt)	释放 pt 指向的内存区	
malloc	void * malloc(unsigned size)	分配 size 字节的内存空间	成功，则返回所分配内存区的起始地址；否则返回 0
realloc	void * realloc(void * pt, unsigned size)	将 pt 所指向的已分配内存区的大小改为 size，size 可以比原来分配的空间大或小	成功，则返回所分配内存区的起始地址；否则返回 0

C.7 时间函数

调用时间函数时，要在源文件中使用以下命令包含头文件 time. h：
#include<time. h>

函数名	函数原型	功　能	说　明
ctime	char * ctime(const time_ t * timer)	将以 time_ t 格式存放的时间转换为相应的字符串	返回时间的字符串形式

续表

函数名	函数原型	功　能	说　明
difftime	double difftime (time_ t * time1, time_ t * time2)	求从 time 2 到 time 1 之间以秒为单位的时间间隔	
time	time_ t time(time_ t * timer)	取当前系统时间。类型 time_ t 相当于 long int，存放自 1970 年 1 月 1 日午夜起流逝的秒数	

C.8 随机数产生器函数

调用随机数产生器函数时，要在源文件中使用以下命令包含头文件 stdlib. h：

#include<stdlib. h>

函数名	函数原型	功　能	说　明
rand	int rand( )	产生一个伪随机数，该数在 0 到 RAND_ MAX(0x7fff)范围内	返回产生的随机整数
srand	void srand(unsigned int seed)	根据给定的值初始化随机数产生器	

C.9 类型转换函数

调用类型转换函数时，要在源文件中使用以下命令包含头文件 stdlib. h：

#include<stdlib. h>

函数名	函数原型	功　能	说　明
atof	double atof(char * str)	将字符串 str 转换成双精度数	成功，则返回得到的双精度数；否则返回 0
atoi	int atoi(char * str)	将字符串 str 转换成整数	成功，则返回得到的整数；否则返回 0
atol	int atol(char * str)	将字符串 str 转换成长整数	成功，则返回得到的长整数；否则返回 0

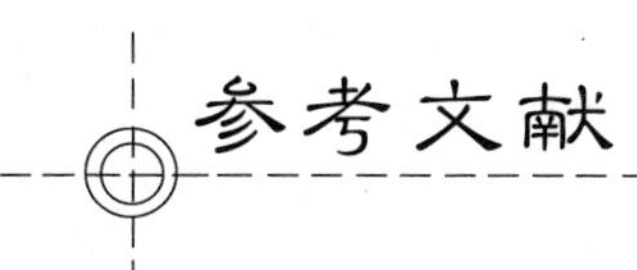

[1] 杨健霑，汪同庆等 . C 语言程序设计[M]. 武汉：武汉大学出版社，2009.

[2] 汪同庆，张华，杨先娣等 . C 语言程序设计教程[M]. 北京：机械工业出版社，2007.

[3] 谭浩强 . C 程序设计(第四版)[M]. 北京：清华大学出版社，2010.

[4] 张曙光，刘英，周雅洁等 . C 语言程序设计[M]. 北京：人民邮电出版社，2014.

[5] Ivor Horton. C 语言入门经典(第 5 版)[M]. 北京：清华大学出版社，2013.

[6] K. N. King. C 语言程序设计现代方法(第 2 版)[M]. 北京：人民邮电出版社，2010.

[7] http：//www. codefans. net.